认线识通信

——通信入门新学

龚为佳　编著

东南大学出版社
SOUTHEAST UNIVERSITY PRESS
·南京·

内容提要

本书作为现代信息通信学科的基础读本，分为两部分：1～14章为第一部分，主要内容为通信线缆，涵盖了市话、传输、程控、网络数据、音视频系统，通信线路、通信电源、无线通信、应用网等10个专业、17类、100余种主流通信线缆的基本情况，即梳理汇总了各类通信线缆的定义、功能、特点、参数、制造、原理、历史、结构、色谱、分类、型号、设计选型及应用等相关知识，拓展了线缆对应的接口、连接头、通达设备、测试维修仪表工具、耗材等知识，涉及行业规范、接口标准、通信协议等；15～22章为第二部分，主要内容为综合应用拓展，介绍了配线配电、综合布线、系统组网、机房、工程建筑、室外设备设施、标签标识、信息化、新技术等相关知识。

本书可供信息通信技术初学者、信息通信行业工程技术人员、线缆行业管理营销人员阅读。

图书在版编目(CIP)数据

认线识通信:通信入门新学 / 龚为佳编著. — 南京 : 东南大学出版社，2020.3

ISBN 978-7-5641-8862-7

Ⅰ. ①认… Ⅱ. ①龚… Ⅲ. ① 通信工程 Ⅳ. ① TN91

中国版本图书馆CIP数据核字(2020)第042639号

认线识通信——通信入门新学

Renxian Shi Tongxin——Tongxin Rumen Xinxue

编　　著：龚为佳
责任编辑：戴　丽
封面设计：王　玥
责任印制：周荣虎
出版发行：东南大学出版社
社　　址：南京市四牌楼2号　　邮编：210096
网　　址：http://www.seupress.com
出 版 人：江建中
经　　销：全国各地新华书店
印　　刷：江苏凤凰数码印务有限公司
排　　版：南京布克文化发展有限公司
开　　本：787 mm×1 092 mm　1/16
印　　张：17.75
字　　数：400千字
版　　次：2020年3月第1版
印　　次：2020年3月第1次印刷
书　　号：978-7-5641-8862-7
定　　价：68.00元

序

作为一名从事邮电通信教育多年的工作者，怀着极大的兴趣，阅读了龚为佳的《认线识通信》一书，读完后，个人深受启发。同时，体会到该书主要呈现以下鲜明特点：该书构思独特，以各类线缆为切入，吸引读者了解信息通信技术原理和应用等相关知识。从直观到抽象的方法为知识学习另辟了蹊径，益于信息技术初学者和入行新手学习。该书内容丰富，图文并茂，系统介绍了十几类百余种主要通信线缆的基本情况，详细汇总了线缆结构、分类、选型、施工、通信拓展等基础内容，全面概括了综合布线、系统组网、机房配置、工程建设等相关知识。除信息通信以外，还涉及机械电子、建筑工程、能源电力、材料科学、管理学等近十个学科，知识涵盖面广，使读者通过学习线缆铺设工程技术而认识通信工程建设的全貌，对于线缆行业工程技术和管理人员而言，既是教材亦是手册，实用性较强。该书行文通畅，作者分享了其十多年工作的经验和心得体会，其内容对刚刚步入信息通信行业的工程技术人员和线缆行业的管理及营销人员大有裨益。作者为写作该书进行了长期的知识积淀，并付出了大量的心血。最后愿《认线识通信》在信息通信领域发挥其相应作用。

唐金土

2020 年 3 月

前　言

作者在2005年刚步入通信行业时，由于专业不对口，加之工科生与生俱来的定势思维，所以在很长一段时间内无法适应新工作。通过十几年不断摸索，终于融入该行业。目前，信息通信已步入数字智慧的崭新阶段，行业发展迅猛，吸引着更多的新人涌入。随着需求和技术的快速提高与更新，要求从业人员既要具备全面的基础知识结构，又要具备灵活的拓展能力，“如何快捷切入”成为摆在新人面前的一个十分现实的问题。

通信线缆作为现代信息通信网的基础物理链路，具有“架构骨干、通达末梢、承载信息、引接设备”等功能。所谓“认线识通信”，正是按照“线缆—接口—设备—系统—网络”和“线缆选型设计—接头制作—设备安装—机房工程施工”的认知规律，让读者通过对线缆的扎实“认、辨”，逐步形成对设备原理、组网应用、工程建设、维护管理等的初步“识、知”。通信线缆的易见易学，避开了纯粹学习通信原理的生涩枯燥，为通信基础知识学习另辟蹊径。本书作为现代信息通信学科的基础读本，分为两部分内容：1～14章为第1部分，主要内容为通信线缆，涵盖了市话、传输、程控、网络数据、音视频系统，通信线路、通信电源、无线通信、应用网等17类100余种主流通信线缆的基本内容，梳理汇总了各类通信线缆的定义、功能、特点、参数、制造、原理、历史、结构、色谱、分类、型号、设计选型及应用等相关知识，介绍了线缆对应的接口、连接头、通达设备、测试维修仪表工具、耗材等知识，涉及行业规范、接口标准、通信协议等；15～22章为第2部分，主要内容为综合应用拓展，介绍了配线配电、综合布线、系统组网、机房、工程建筑、室外设备设施、标签标识、信息化、新技术等相关知识。

俗话说得好，“窥一斑而知全豹”，掌握了各类通信线缆及其相关应用技术，便意味着初步把握了信息通信系统的基础结构，从而形成宏观印象。当然，在实际工作过程中，需要读者进一步完善知识结构，进行专业原理和技术应用等方面的“充电补缺”。愿此书化为一把入门钥匙，让初学者学有所获，少走弯路。

本书面向的读者对象主要是刚步入或准备迈入信息通信行业的初学者，以及线缆行业的管理、营销、保管人员。由于编者水平有限，且信息通信技术更新很快，本书难免存在疏漏，欢迎读者批评指正。

目　录

序
前言
综述 …… 1
0.1 定义 …… 1
0.2 历史事记 …… 1
0.3 分类 …… 5
0.4 机构、标准、认证、协议 …… 6
0.5 行业前景 …… 11
第1章 市话电缆 …… 13
1.1 概述 …… 13
1.2 历史事记 …… 14
1.3 材质结构 …… 14
1.4 分类 …… 18
1.5 型号 …… 18
1.6 设计选型 …… 19
1.7 制作施工 …… 19
1.8 通信拓展 …… 27
1.9 用户线 …… 28
第2章 光纤光缆 …… 31
2.1 概述 …… 31
2.2 历史事记 …… 31
2.3 材质结构 …… 32
2.4 分类 …… 34
2.5 型号 …… 35
2.6 设计选型 …… 36
2.7 制作施工 …… 37
2.8 通信拓展 …… 45
第3章 纤线 …… 48
3.1 概述 …… 48
3.2 材质结构 …… 50
3.3 光纤的分类 …… 50
3.4 制作施工 …… 53
3.5 通信拓展 …… 54
第4章 双绞线 …… 56
4.1 概述 …… 56
4.2 历史事记 …… 56
4.3 材质结构 …… 57
4.4 分类 …… 59
4.5 型号 …… 62
4.6 设计选型 …… 63
4.7 制作施工 …… 63
4.8 通信拓展 …… 64
第5章 射频同轴电缆 …… 68
5.1 概述 …… 68
5.2 历史事记 …… 70
5.3 材质结构 …… 71
5.4 分类 …… 71
5.5 型号 …… 74
5.6 设计选型 …… 75
5.7 制作施工 …… 76
5.8 通信拓展 …… 79
第6章 视频线 …… 81
6.1 概述 …… 81
6.2 图像和视频基础 …… 81
6.3 分类 …… 82
6.4 制作施工 …… 86
6.5 选型选购 …… 88
6.6 视频设备拓展 …… 88
第7章 音频线 …… 91
7.1 概述 …… 91
7.2 分类 …… 91
7.3 制作施工 …… 92
7.4 选型选购 …… 96
7.5 音频设备拓展 …… 97
第8章 漏泄电缆 …… 99
8.1 概述 …… 99
8.2 材质结构 …… 100

8.3 分类 …… 100
8.4 设计选型 …… 100
8.5 制作施工 …… 101
8.6 通信拓展 …… 103

第9章 天线和馈线 …… 104
9.1 概述 …… 104
9.2 历史事记 …… 106
9.3 分类 …… 106
9.4 设计选型 …… 108
9.5 制作施工 …… 110
9.6 通信拓展 …… 112

第10章 电力电缆 …… 118
10.1 概述 …… 118
10.2 历史事记 …… 119
10.3 材质结构 …… 119
10.4 分类 …… 120
10.5 型号 …… 120
10.6 设计选型 …… 121
10.7 制作施工 …… 126
10.8 电缆拓展 …… 130
10.9 电力载波通信 …… 134

第11章 电源线 …… 136
11.1 概述 …… 136
11.2 材质结构 …… 137
11.3 分类 …… 137
11.4 型号 …… 137
11.5 设计选型 …… 142
11.6 制作施工 …… 144
11.7 电源线拓展 …… 149

第12章 绕组线 …… 151
12.1 概述 …… 151
12.2 结构材质 …… 151
12.3 分类 …… 152
12.4 型号 …… 152
12.5 制作施工 …… 153
12.6 设计选型 …… 158
12.7 电气拓展 …… 160

第13章 其他线缆 …… 161
13.1 概述 …… 161
13.2 弱电线缆 …… 161
13.3 功能型线缆 …… 164
13.4 结构型线缆 …… 164
13.5 特种电缆 …… 165

第14章 转换接头 …… 167
14.1 概述 …… 167
14.2 接头转换 …… 168
14.3 转换设备 …… 172

第15章 配线(电)和布线设备设施 …… 174
15.1 音频配线架 …… 174
15.2 数字配线架 …… 175
15.3 光纤配线架 …… 178
15.4 网络配线架 …… 179
15.5 综合配线架 …… 179
15.6 配电柜 …… 180
15.7 通信管道 …… 180
15.8 线槽 …… 181
15.9 桥架 …… 181
15.10 地沟 …… 183
15.11 转换井 …… 184
15.12 人(手)孔和通道 …… 184
15.13 地下综合管廊 …… 184

第16章 综合布线 …… 185
16.1 定义 …… 185
16.2 历史事记 …… 186
16.3 组成 …… 186
16.4 分类 …… 187
16.5 相关要求 …… 187

第17章 系统组网 …… 193
17.1 定义 …… 193
17.2 基本结构 …… 193
17.3 网络类型 …… 194
17.4 拓扑结构 …… 194
17.5 通信组网 …… 194
17.6 应用网组网 …… 196
17.7 支撑组网 …… 197
17.8 音/视频组网 …… 198
17.9 环境监控组网 …… 204
17.10 安防组网 …… 204

17.11 消防报警系统 …… 207
17.12 办公自动化 …… 207
17.13 智能组网 …… 208
17.14 无线通信组网 …… 209

第 18 章 机房 …… 211
18.1 概述 …… 211
18.2 功能和配置 …… 211
18.3 前期准备 …… 215
18.4 建筑装修 …… 216
18.5 环境 …… 218
18.6 配套系统设施 …… 223
18.7 设备配置要求 …… 227
18.8 机房运维智能化 …… 227

第 19 章 工程建筑 …… 229
19.1 定义 …… 229
19.2 分类 …… 230
19.3 工程基础概念 …… 230
19.4 设计计算 …… 232
19.5 环境要求 …… 235
19.6 工程系统设备 …… 235
19.7 老旧工程及楼宇的智能化改造 …… 236

第 20 章 室外通信设施 …… 238
20.1 概述 …… 238
20.2 电信网 …… 238
20.3 电力网 …… 241
20.4 其他室外设备设施 …… 244

第 21 章 标签标识 …… 245
21.1 定义 …… 245
21.2 结构材质 …… 245
21.3 分类 …… 246
21.4 注释和编码 …… 247
21.5 制作 …… 249
21.6 设计选型 …… 249

第 22 章 网络与信息智能 …… 250
22.1 定义和概述 …… 250
22.2 发展历史 …… 255
22.3 网络时代的新生态 …… 258
22.4 信息智能时代的主要技术支撑 …… 260
22.5 信息智能技术的典型应用 …… 263
22.6 网络和信息安全 …… 269
22.7 未来展望 …… 270

参考文献 …… 273

致谢 …… 274

综 述

0.1 定义

通信线缆(缆线)(Telecommunication Cable)[注1],本书范围内主要讨论和通信相关的各类线缆,主要包括通信电缆(各类弱电电缆)、光纤光缆、电线电缆、天馈线等几大类。其中:通信电缆、光纤光缆是传输电话、电报、传真、电视广播、数据网络和其他光、电信号的有线传输元件;天线是发射和接收电磁波换能(将电磁波和电流相互转换)的元件;电(源)线电缆是传送电能的元件,也可用于有线载波通信。

通信线缆广泛应用于现代信息通信行业的各个领域。在信息通信领域,线缆主要有市话电缆、电视电缆、电子线缆、射频电缆、光纤光缆、数据电缆、馈线(无线)、波导(无线)、电力通信电缆或其他复合电缆等;在电力领域,线缆主要包括架空裸电线、电力电缆(塑料线缆、油纸力缆(基本淘汰)、橡套线缆、架空绝缘电缆)、汇流牌(母线)、分支电缆(取代部分母线)、电磁线(圈)以及电力设备用电气装备电线电缆等;在仪器仪表领域,主要是电力电缆、电磁线、数据电缆、仪器仪表线缆等,几乎所有线缆产品均有应用。

0.2 历史事记

通信线缆是服务于通信设备的,其发展取决于设备需求。不同时代生产的线缆,其传送能力(包括传送速率、传送距离、频率损耗等)、制造工艺和制造成本都与当时的科技、经济发展水平密切相关,因此,线缆发展史具有鲜明的时代特征。

历史上,有线通信始于1837年美国人莫尔斯发明电报机,无线通信始于1895年意大利人马可尼发明了传距仅数百米的无线电报机(另一说法是1864年英国人麦克斯韦预言电磁波存在)。通信技术发展可划分为3个阶段:从1837年发明电报开始的通信初级阶段;从1948年香农提出信息论开始的近代通信阶段;从20世纪80年代以后光纤通信应用、综合业务数字网崛起的现代通信阶段。目前,通信已步入数字网络化、智能智慧化的新时代,高新技术层出不穷,而且5G通信已成为现实,未来通信的稳定性、安全性和便利性也会再上一个台阶。下面,主要回顾一下距我们不远的30、40年前载波通信(Cable Carrier Communication)时代的有、无线通信设备及电子音像设备。这些设备或缆线中,有的光荣地完成历史使命,静静地陈列在博物馆或永久地留存在老一辈通信人的回忆中;有的仅是昙花一现,被新技术取代后再也没有往日的光环;而有的时至今日,仍在履行着不可替代的职责。

★有线载波通信。按所用元器件的不同,载波通信经历了电子管、晶体管、集成电路和超大规模集成电路4个阶段。载波通信主要用来传输多路电话。按4 kHz频率间隔配置话路,1路电话占用的频带为300~3 400 Hz。用此频带也可传输数据、传真电报或

16～24 路音频电报。合并多个话路，则可实现广播、高速传真、宽带数据、可视电话和电视等宽带信号传输。有线传输使用载波机通信，是基于频分复用技术的电话多路通信体制，属于经典模拟通信制式。载波通信系统由终端机、增音机和传输线路 3 个部分组成。1915 年，滤波器的发明为载波电话的出现创造了条件，1918 年，出现了架空明线载波电话，1936 年，同轴电缆线路开通了 12 路载波电话，1941 年，在同轴线路上实现了每对管开通 480 路载波电话，在 20 世纪 70 年代实现了 2 700 路至 10 800 路的载波电话。

载波通信按传输线路所用传输媒介的不同，可分为明线载波通信（两根铜导线或铜包钢导线）、对称电缆载波通信、小同轴电缆载波通信、中同轴电缆载波通信、海底电缆载波通信及电力线载波通信等。其中：明线载波通信有 3 路、12 路载波机；对称电缆载波通信有 3 路、12 路、60 路、120 路和 480 路载波机；小同轴电缆载波通信有 300 路、960 路、2 700路和 3 600 路载波机；中同轴电缆载波通信主要有 1 800 路、3 600 路和10 800路载波机等。

载波通信系统有二线制和四线制两种传输方式，二线制利用一对导线进行双向传输，其共收发采用不同的频带。二线制传输方式多用于传输容量小的明线载波系统和因结构需要使用单根同轴管传输的海底电缆载波系统；四线制收发各用一对导线，其传输频带相同。四线制传输方式多用于对称电缆、同轴电缆等传输容量大的系统。在对称电缆系统中，一般收发各用一根电缆（双缆制），以减小两个方向之间的串扰。

然而，载波通信容量小、质量较差。在其衰减控制方面，为解决线路衰耗，以小同轴通信为例，每隔 8 km 左右，需要在地下埋设增音中继设备，造成电缆敷设施工难度大，成本高。随着 20 世纪 80 年代武汉市话中继实用化建设和 90 年代全国范围内的大规模建设，电缆已逐步被光缆取代。

★程控交换。电话交换机经历了步进式、纵横式、电子式、程控式 4 个发展阶段。1876 年，贝尔进一步发展了电报技术并发明了电话；1889 年，美国人史端乔发明了第 1 部自动电话交换机；1965 年 5 月，世界上第 1 部开通使用的程控电话交换机——美国贝尔系统的 1 号电子交换机问世，直至 1975 年，多数程控交换机都是空分、模拟的；1970 年，法国开通了世界上第 1 部程控数字交换机，采用时分复用技术和大规模集成电路。至 20 世纪 80 年代，程控数字电话交换机开始在世界上普及。我国于 1982 年最早在福州引进了日本富士通的 F-150 数字程控交换机，20 世纪 90 年代初中期，国产局用交换机出现“五朵金花”，即巨龙通信的 HJD-04、深圳华为公司的 C&C08、深圳中兴的 ZXJ－10、西安大唐的 SP30、北京华科的 EIM-601；到 20 世纪 90 年代中后期逐步形成“巨大中华”的局面。其中，华为和中兴的程控交换机市场份额较大。可惜的是，随着本世纪初移动和数据通信开始替代交换机，巨龙和大唐逐步退出了“江湖”。

20 世纪后期，程控设备的技术更新速度要快于传输设备。20 世纪 80、90 年代，由于光通信未普及，所以已具备数字通信功能的数字程控交换机只能通过预留模拟载波接口“向下兼容”载波机（见图 0.1），一段时间内在孤独等待着光传输时代的来临。直到 21 世纪初，光传输才和数字程控交换开始成规模配合应用。

20 世纪 80 年代，有线通信专业划分仅有传输、线路、通信电源、人工话务 4 门。通信资源十分有限（线路少、带宽窄），且通信资费很高。

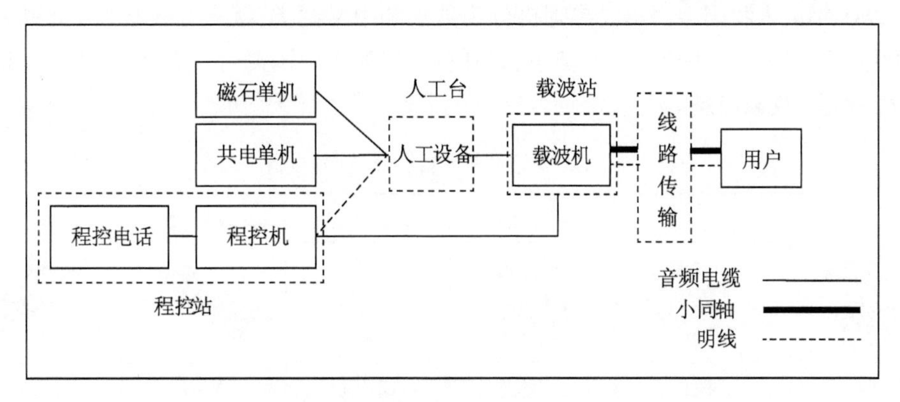

图 0.1 载波时代的有线通信示意图

★通信电源。主要使用线性整流器和逆变器来实现功率变换，提供通信所需直流、交流电。

★线路维护。线路专业维护对象主要是音频电缆，此时光缆还未成规模建设。

★人工交换。人工话务专业的功能是：当用户 A 接通总机时，告知总机要接通用户 B 并等待，此时，总机需要接通用户 B 或通过多级总机接续再接通用户 B，并用连接器物理接通 A 和 B 后，A 和 B 才能实现通话。

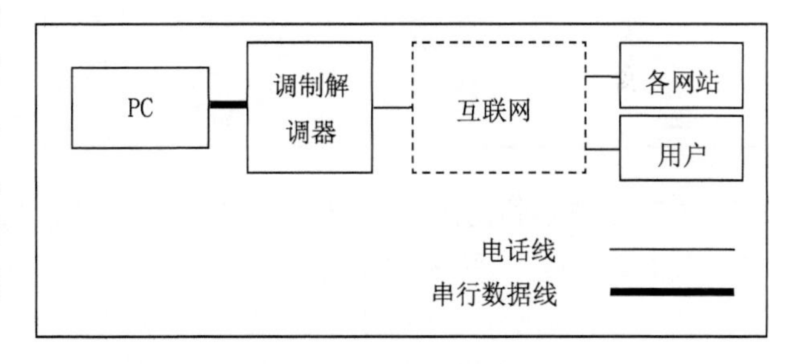

图 0.2 拨号上网时代网络连接示意图

★网络交换。1984 年，人类首次通过“互联网”进行较大规模的信息交换，20 世纪 90 年代互联网兴起，美国诞生了如网景、雅虎等互联网公司，随后，中国诞生了新浪、搜狐、网易等门户网站，以及天涯、猫扑、西祠和各大门户网站下属的论坛。用户通过拨打 ISP 接入号（96163、96169）连接到 Internet，使用电话线连接调制解调器（包括内置、外置）进行拨号上网（PSTN，Published Switched Telephone Network），见图 0.2。

★移动通信。1902 年，美国人内森·斯塔布菲尔德研制成了第一个无线电话装置；1938 年，美国贝尔实验室研制成第 1 部军用移动电话；1973 年，美国摩托罗拉公司发明第 1 部民用手机；1983 年，世界上第 1 台移动电话“摩托罗拉 DynaTAC8000X”即“大哥大”问世。图 0.3 为移动通信组网示意图。另一方面，由于当时移动电话设备和资费高昂，作为无线寻呼系统的寻呼机（BP 机、传呼机、BB 机、CALL 机、呼

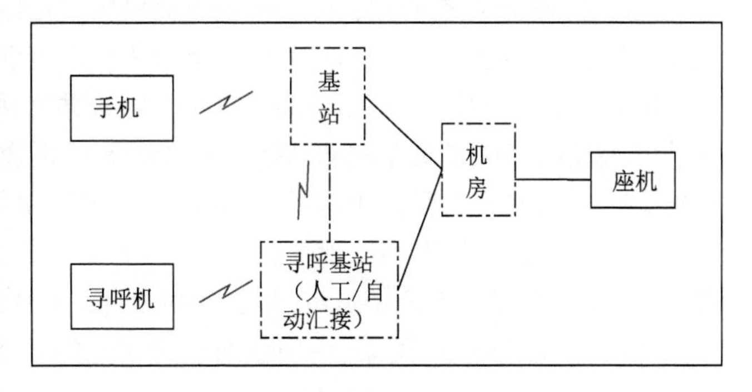

图 0.3 移动通信组网示意图

机)于1983年进入我国上海市。寻呼机分为数字和中文两类,接入方式有人工汇接和自动汇接两种。2005年,在手机强大攻势下,寻呼机最终淡出中国舞台。表0-1列出了20世纪通信设备和音/视频设备。

表0-1　20世纪通信设备和音/视频设备一览

电话机		IP电话	无绳电话	大哥大	2G手机

传呼机	电视机	三用机	CD机	VCD	录像机

留声机	电报机	照相机	街机	PS游戏机	卡式游戏机
				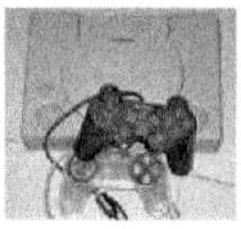	

★落后技术的淘汰。由于电子、信息通信、交换技术的飞速发展,设备更新换代不断加快。载波通信逐步被光传输通信取代,通信进入光通信时代。电路交换由于网络利用率低而淘汰。分组交换能合理分配网络资源,大幅降低网络成本,目前基本采用分组交换。程控交换被软交换(交换机制和互通方式类似于IP交换)、IP多媒体子系统(IMS)取代。

2017年12月21日,中国电信最后一个TDM程控交换端局下电退网,意味着中国电信已成为全光网络、全IP组网运营商,从而开启了全光网络运营时代。TDM交换机的整体退役,标志着中国完成了从电路交换向全IP交换的大跨越,加速了网络智能化重构,开启了全光网络运营的新征程。

20世纪90年代,拨号上网是主要连接方式。2014年,上海电信停止提供部分窄带拨号上网服务,取而代之的是宽带上网,使家庭网络带宽得到了极大的提升。随着光纤宽带技术的发展,拨号上网方式已成为历史,光纤入户成为主流。

随着手机的普及,寻呼机、大哥大、小灵通、公共电话等设备已退出市场,移动通信技术从1G发展至5G,随着手机和网络技术的发展,全网通智能手机已成为移动通信的主流标配。同时,手机不再局限于通话、短信等传统应用,更像一部小型便携式智能计算机,支持各类软件和平台应用,极大地便利了日常生活和工作。2001年6月,大哥大被2G手机取代,小灵通于2011年全部退市,并于2014年12月31日停止服务,为3G手机让路。近年来,各国相继关停2G网络,中国联通也将首先停止2G服务,其他运营商必将紧步后尘,空余出来的优质频段优先用于发展NB-IoT。

同时,在民用卫星定位服务上,从2018年5月1日起,国产北斗导航系统应用平台已全面对抗GPS应用平台,其定位更为精准,服务更为优质。

各类影音类家电及电子数码产品从黑白、单一功能式发展到智慧型网络家电,应用更丰富,功能更强大,大数据计算和人工智能应用让人/机交互更为便捷;电子游戏设备从最初的"红白机"发展至今日,不断给玩家更舒适、真实的体验,同时还与智能手机不断融合。

★另辟新径的技术。有些技术手段虽然理念先进,但存在着技术复杂、价格高昂等弱点,在发展过程中,被其他技术逐步取代。

ATM 异步交换:集交换、复用、传输于一体,实时性、灵活性好,速率高,但信元首部开销太大,技术复杂且价格昂贵,随着路由器技术的发展,除公网骨干节点仍在使用外,其市场占有率逐渐被 IP 交换蚕食。

1394 数据接口:曾经被称为明日之星,广泛应用于笔记本等电子设备,在 USB2.0 时代,由于 1394 无须计算机就可实现设备间传输,优势较大,但随着 USB 发展到 3.0 版本,其带宽已超过 1394,未来可能面临淘汰。

7 类、8 类网线:还处于实验室阶段,其标称传输速率已达 10 Gb/s 以上,但技术复杂,价格昂贵,光纤是其替代品。

★依然坚挺的技术。有些技术手段虽然历史悠久,但其重要性却从未削弱,而且,在未来将越来越重要。

互联网:从低网速发展为高网速,从局域网发展成覆盖全世界的网络,从 PC 端扩展到智能手机端,目前已成为人类日常生活不可或缺的内容,未来还将进一步实现"物物相连"。

对讲机:由于其便利性,目前仍广泛应用于各行各业。

卫星通信:从 1945 年英国人提出科学设想到 1964 年成功试验,卫星通信经历了从模拟到数字再到手持终端的发展过程。卫星典型应用是导航定位,目前有 GPS(美国)、GLONASS(俄罗斯)、伽利略(欧洲)和北斗(中国)四大导航定位系统。

★不断融合的技术。随着学科交叉的发展,一些技术不断融合,且随着时间推移,其融合程度将更高。目前,一些技术已实现融合而现实中暂时分离的情况大多是因为政策的因素。

多杆合一:通信塔、路灯、监控、交通信号标志等杆塔资源共享。

多网合一:电信、广电、电力等系统的融合。

中国铁塔:三大运营商将电信管道、电信杆路、通信铁塔等电信设施交由中国铁塔,以实现共用。

0.3 分类

通信线缆的种类繁多。在通常情况下,通信线缆可按以下方式进行类型划分:

(1) 按结构形式,可分为单线式、对称式、同轴式、综合式;

(2) 按使用年限,可分为普通式、永备式(地下、海底);

(3) 按传输距离,可分为长途式、市内式、局用式;

(4) 按敷设方式,可分为架空式、管道式、直埋式、水底式。

当然,还可根据线缆材料、填充方式、绝缘结构、绝缘材料、线对绞合方式、缆芯结构、屏蔽方式、护套、外护层类型等进行划分。由于涉及面广，分类复杂，这里不一一列举，在分章节中将进行详细论述。

0.4 机构、标准、认证、协议

0.4.1 机构和标准

标准是由公认机构批准发布的。国际三大标准化机构包括 ISO、IEC、ITU，其总部均设在瑞士日内瓦，如表 0-2 所示。

表 0-2 国际三大标准机构

	ISO	国际标准化组织（International Organization for Standardization）	成立于 1947 年，是目前世界上最大、最有权威性的国际标准化专门机构
	IEC	国际电工委员会（International Electrotechnical Commission）	成立于 1906 年，负责有关电气工程和电子工程领域中的国际标准化工作
	ITU	国际电信联盟（International Telecommunication Union）	成立于 1865 年，由国际电信联盟标准化部门、国际电信联盟无线电通信部门和国际电信联盟电信发展部门三大部门组成

除以上三大机构外，其他权威机构见表 0-3。

表 0-3 其他机构组织

国际性组织	国际无线电咨询委员会（CCIR）、国际电报电话咨询委员会（CCITT）、国际电气设备合格认证委员会（CEE）、国际照明委员会（CIE）、国际无线电干扰特别委员会（CISPR）、电气与电子工程师协会（IEEE）、国际焊接学会（IIW）、国际半导体产业协会（SEMI）
区域性组织	欧洲标准化委员会（CEN）、欧洲电工标准化委员会（CENELEC）、欧洲广播联盟（EBU）、亚洲大洋洲开放系统互联研讨会（AOW）、亚洲电子数据交换理事会（ASEB）
发达国家	美国国家标准（ANSI）、德国国家标准（DIN）、英国国家标准（BS）、日本工业标准（JIS）、法国国家标准（NF）、俄罗斯国家标准（POCTP）、瑞士国家标准（SNV）、瑞典国家标准（SIS）、意大利国家标准（UNI）
国际权威团体	美国材料与试验协会标准（ASTM）、美国军用标准（MIL）、美国电气制造商协会标准（NEMA）、美国机械工程师协会标准（ASME）

国内标准发布机构见表 0-4。

表 0-4 国内标准发布机构

国家标准	国家质量监督检验检疫总局和国家标准管理委员会联合发布
行业标准	国务院有关部委发布
地方标准	各地方标准化主管部门发布
企业标准	各企业发布

国内常用标准的开头字冠说明见表 0-5。

表 0-5 标准字冠说明

国家标准		行业标准						
GB	GJB	YD	DL	SJ	JC	JB	HJ	JG
国家标准	国家军用标准	通信	电力	电子	建材	机械	环境保护	建筑工业
国家	军队	工信部	经贸委	工信部	建筑材料工业局	机械工业部	环境保护总局	住建部
以上均为强制性标准，如在后面加/T，则是推荐性标准								

0.4.2 认证

认证是一种信用保证形式，按照 ISO 和 IEC 的定义，认证是指由国家认可的机构证明一个组织的产品、服务、管理体系符合相关标准、技术规范或其强制性要求的合格评定活动。表 0-6 列出了各类认证。

表 0-6 各类认证

	3C	3C 是强制性产品认证制度（China Compulsory Certification），是中国政府为保护消费者人身安全和国家安全、加强产品质量管理、依照法律法规实施的一种产品合格评定制度。3C 标志并不是质量标志，而只是一种最基础的安全认证
	ISO9000	ISO9000 是指质量管理体系标准，不是指一个标准，而是一系列标准的统称，是由 TC176（质量管理体系技术委员会）制定的所有国际标准，是 ISO 发布之 12 000 多个标准中最畅销、最普遍的产品
	CE	CE（Conformite Europeenne）是欧盟安全认证，被视为制造商打开并进入欧洲市场的护照
	FCC	FCC（Federal Communications Commission）是美国联邦通信委员会认证，1934 年根据 Communication Act 建立，美国联邦通信委员会是美国政府的一个独立机构，直接对国会负责。FCC 通过控制无线电广播、电视、电信、卫星和电缆来协调国内和国际的通信

0.4.3 协议

通信协议是指通信各方实体完成通信或服务所必须遵循的规则和约定，可简单理解为通信实体间进行相互会话所使用的共同语言，具有层次性、可靠性和有效性。表 0-7 列出了各类有线和无线通信协议。

表 0-7 各类通信协议技术

协议		说明
有线类通信协议	RS-232	点对点（即只用一对收、发设备）通信设计，适合本地设备间通信。但兼容性差、传输速率低（20 Kb/s）[注2]、传输距离短（15 m）
	RS-485	分两线制（常用）和四线制两种接线，接线方式为总线式拓扑结构，传输距离一般在 1～2 km，超距离需加中继，但节点数量有限制。后期维护较简单，常用于串行方式，经济实用
	CAN	最高速度可达 1 Mb/s，在传输速率 50 Kb/s 时，传输距离可以达到 1 km。在 10 Kb/s速率时，传输距离可以达到 5 km。常用在汽车总线上，可靠性高
	ADSL	基于 TCP/IP 或 UDP 协议，速度快，性能较好，但不适合户外使用
	FSK	可靠通信速率为 1 200 b/s，可以连接树状总线；对线路性能要求低，通信距离远，一般可达 30 km，适用于大型矿井监控系统，造价较高

续表

协议		说明
无线类通信技术	Bluetooth	一种支持设备短距离通信的无线电技术，是无线数据与语音通信的开放性全球规范，以低成本的短距离无线连接为基础来提供接入服务，其传输频段为全球通用的2.4 GHzISM 频段[注3]，提供1 Mb/s 的传输速率和10 m 的传输距离，安全性高、便于使用
	Wi-Fi	又称无线宽带、无线保真、IEEE802.11b，是一种短程无线传输技术，支持互联网接入，最高速率可达11 Mb/s，使用频段是2.4 GHz 附近的频段，电波的覆盖范围可达200 m 左右，传输速率可达300 Mb/s，能满足用户接入互联网、浏览和下载各类信息的要求，但安全性较差
	IrDA	一种利用红外线进行点对点通信的技术，是第一个实现无线个人局域网(PAN)的技术，无须申请频率的使用权，成本低、体积小、功耗低、连接方便、简单易用、安全性高，属视距传输，通信设备间需对准，中间不能阻隔，因而该技术只适于两台(非多台)设备间连接
	ZigBee	使用2.4 GHz 频段，采用跳频技术，基本速率是250 Kb/s，当降低到28 Kb/s 时，传输范围可扩大到134 m，可靠性更高，可与254 个节点联网，使用的频段分别为2.4 GHz、868 MHz(欧洲)及915 MHz(美国)，均为免执照频段，其功耗低、成本低、容量大、工作频段灵活，但数据传输速率低、有效范围小
	Z-wave	新兴无线通信技术，工作频带为908.42 MHz(美国)~868.42 MHz(欧洲)，采用FSK(BFSK/GFSK)调制方式，数据传输速率为9.6 Kb/s(40 Kb/s，可与原9.6 Kb/s 共存，可支持232 个节点)，信号的有效覆盖范围在室内是30 m，室外可超过100 m，适合于窄带宽应用场合，其功耗低、成本低、网络容量大、工作频段灵活，使用的频段均为免执照频段，传输距离较远，可达30~100 m，数据传输速率低
	NFC	近短距无线传输，采用双向识别和连接，在20 cm 内工作于13.56 MHz 频率范围
	UWB (Ultra Wideband)	超带宽技术，一种无线载波通信技术，利用ns 级的非正弦波窄脉冲传输数据，因此其所占的频谱范围很宽。UWB 有可能在10 m 范围内，支持高达110 Mb/s 的数据传输率，不需要压缩数据，可以快速、简单、经济地完成视频数据处理，系统复杂度低、定位精度高、兼容性好、速度高、通信保密度高
	NB-Iot	窄带物联网，低功耗设备在广域网的蜂窝数据连接
	GPRS	通用分组无线服务技术(General Packet Radio Service)，使用带移动性管理的分组交换模式以及无线接入技术，是GSM 的延续，以封包(Packet)式传输，传输速率可提升至56~114 Kb/s
	RFID	射频识别技术(Radio Frequency IDentification)，又称电子标签、无线射频识别，可通过无线电信号识别特定目标并读写相关数据，无须识别系统与特定目标间建立机械或光学接触
	WHDI	无线家庭数字接口(Wireless Home Digital Interface)，基于WHDI 自主技术标准，工作在5 GHz 频段，可以达到30 m 范围内穿墙的信号传输。其带宽为3 Gb/s，可以实现无损、无压缩的高清信号的传输。延迟小于1 ms，兼容HDMI。WHDI 技术目前可以实现1 920×1 080 的无损视频传输，以及7.1 声道的PCM 高清音频传输，同时还提供了一个100 K 的回传通道，用于HDCP 控制协议的通信。未来WHDI 技术还将升级到对4 K、2 K 分辨率的支持
	WirelessHD	基于802.15.3 c 标准，采用60 GHz 的高频频段，理论带宽可以达到28 Gb/s，足以应对无损传输全高清数据的需求

续表

协议		说明
无线类通信技术	WiDi	Intel Wireless Display,需搭配 Intel 特定的处理器及操作系统使用。这项技术目前已经进化到 2.0 版本。给予 2.4 G/5 GHz 频段,可以提供 300 Mb/s 的带宽。由于带宽有限,因此 WiDi 在传输高清影音信号时要对数据进行压缩。WiDi 技术在最初的 1.0 时代只能实现 720 P 的高清数据传输,目前的 2.0 版本已经可以实现 1080 P 的高清传输,但带宽有限,需要特定平台
	WiGig	Wireless Gigabit,无线千兆比特,基于 IEEE802.11 ad 标准,是一种基于 60 Hz 高频频段的高速短距离无线技术,目前带宽达到了 7 Gb/s,支持高清影音无损压缩的传输,但传输距离相对较短,只有 3~5 m,具备高带宽和低延迟,可与 Wi-Fi 良好融合,但其终端设备太少,商用化进程较慢
	DLNA	数字生活网络联盟(Digital Living Network Alliance),支持 802.11 a/b/g 标准,通过 HTTP 协议进行媒体传输。它既支持有线网络,又支持无线网络,其标准主要规定了支持的媒体格式,对带宽并没有详细说明。由于其带宽较小,目前 DLNA 支持的视频主要集中在比较基础的视频格式上,对 H.264、VC-1 等高清视频常用的视频编码格式并不能支持,对 DTS、DTS-HD、Dolby TruHD 等高清多声道音轨也不支持
	EnOcean	基于能量收集的超低功耗短距离无线通信技术,其通信协议精简,采用无须握手的通信机制

频段和波段:频段与波段是一一对应的,频段单位为 Hz,波段单位为 m。表 0-8 列出了通信基本单位。

表 0-8　通信基本单位

数据传输率	Data Transfer Rate,又称数据传输速率、数据传送率。指通信线路或系统每秒内传输的字符个数;或每秒内传输的码组(字块)数或比特数。其单位是字符/秒;或者码组/秒、比特/秒,当数据传输率用"bit/s"作单位时,即等于比特率
码元	码元(Code Cell)是携带信息的数字单位,指在数字信道中传送数字信号的一个波形符号,即"时间轴上的一个信号编码单元"。码元可能是二进制的,也可能是多进制的
比特	比特(bit)是"信息量"的计量单位,1 位二进制数所携带的信息量即为 1bit(比特),例如,10010110 是 8 位二进制数字,所携带的信息量为 8 bit
波特	波特(Bd)是计量单位,用于量度调制解调器等设备每秒信号变化次数的多少,即表示每秒时间内通信线路状态改变的次数,而不代表传输数据的多少
比特率	Bit Rate,又称传信率、信息传输速率(信息速率,Information Rate)。指通信线路(或系统)单位时间(每秒)内传输的信息量,即每秒能传输的二进制位数,通常用 Rb 表示,其单位是比特/秒(bit/s 或 b/s)。在二进制系统中,信息速率(比特率)与信号速率(波特率)相等。在无调制的情况下,比特率等于波特率;采用调相技术时,比特率不等于波特率。通信系统的发送设备和接收设备必须在相同的波特率下工作,否则会出现帧同步错误
波特率	Baud Rate,又称传码率、码元传输速率(码元速率)、信号传输速率(信号速率,Signaling Rate)、调制速率。指通信线路或系统在单位时间内传输的码元(脉冲)个数,或在信号调制过程中,单位时间内调制信号波形的变换次数,通常用 RB 表示,其单位是波特(Bd(规范)或 Baud)。码元进制数需说明。对于 M 进制码元,比特率 Rb 与波特率 RB 的关系式为 $\mathrm{Rb} = \mathrm{RB} \cdot \mathrm{lb}M$ 式中:$\mathrm{lb}\ M = \log_2 M$,表示以 2 为底的 M 的对数。对于二进制码元,由于 $\mathrm{lb}\ 2 = 1$,所以 $\mathrm{Rb} = \mathrm{RB}$,即波特率与比特率在数值上相等,但单位不同,也即二者代表的意义不同。例如,波特率为 600 Bd,则在二进制时,比特率也为 600 b/s;在四进制时,由于 $\mathrm{lb}\ 4 = 2$,所以比特率为 1 200 b/s。可见,在一个码元中可以传送多个比特

续表

单位频带传信率	传输速率(比特率或波特率)的指标并不能真正体现信道的传输效率,因为传输速率越高,所占用的信道频带越宽,因此,通常采用“单位频带传信率”来表示信道的性能
码率	码率(Code Rate)的计量单位是比特/像素(bit/p),其意义与比特率、波特率完全不同,它不同于数字通信信道中的消息传输速率的概念,而是图像信源编码(尤指压缩编码)中的一个概念
编码效率	编码效率(Code Efficiency)属信道编码的概念。信道编码是在信息码中增加一定数量的多余码元(称为监督码元),使其满足一定的约束或校验关系。当这种校验关系因传输差错而受到破坏时,出现差错的数据可以被发现并予以纠正。由信息码元和监督码元共同组成一个经信道传输的码字。例如,传输 k 位信息,经过编码得到长为 $n(n>k)$ 的码字,增加了 $n-k=r$ 位监督码元,编码效率 $R=k/n$
单位说明	1 bit 即 1 比特,又称 1 位,也可简写为 1 b。1 kbit = 1 000 bit,与 1 Kbit = 2^{10} = 1 024 bit 不同含义。1B 即 1 字节,等于 8 bit(或 8 位)。1 Bd 即 1 波特,也写作 1 Baud,不等于 1 bit(比特,位),也不等于 1 B(字节,byte)。 在不同情况下,有时 k = 10^3、M = 10^6、G = 10^9,有时 K(也可写作 k) = 2^{10}、M = 2^{20}、G = 2^{30},应给予解释说明

网络类协议:在网络各层中存在着许多协议,它是定义通过网络进行通信的规则,接收方和发送方的同层协议必须一致,否则无法识别信息。

OSI 七层协议:OSI 是一个开放性的通信系统互联参考模型和协议规范。OSI 模型有 7 层结构,每层都可以有几个子层,见表 0-9。OSI 中的 7 层从上到下分别为 7 应用层、6 表示层、5 会话层、4 传输层、3 网络层、2 数据链路层、1 物理层,其中高层(7、6、5、4 层)定义了应用程序的功能,下面 3 层(3、2、1 层)主要面向通过网络的端到端的数据流。

表 0-9　OSI 网络 7 层模型

OSI 层	功能	标准协议
应用层(Application layer)	文件传输、电子邮件、文件服务、虚拟终端	TFTP、HTTP、SNMP、FTP、SMTP、DNS、Telnet
表示层(Presentation layer)	数据格式化、代码转换、数据加密	无
会话层(Session layer)	解除或建立与其他接点的联系	无
传输层(Transport layer)	提供端对端的接口	TCP、UDP
网络层(Network layer)	为数据包选择路由	IP、ICMP、RIP、OSPF、BGP、IGMP
数据链路层(Data link layer)	传输有地址的帧,错误检测功能	SLIP、CSLIP、PPP、ARP、RARP、MTU
物理层(Physical layer)	以二进制数据形式在物理媒体上传输数据	ISO2110、IEEE802 等

TCP/IP 五层协议:应用层(第 5 层)、传输层(第 4 层)、互联网层(第 3 层)、网络接口层(第 2 层)、物理层(第 1 层)。它与 OSI 模型的对应关系见表 0-10,网络各层的设备见

表 0-11。

表 0-10　OSI 和 TCP/IP 对应关系

OSI 模型		TCP/IP 概念层	对应网络协议	备注
应用层		应用层	TFTP、FIP、NFS、WAIS	
表示层			Telnet、rlogin、SNMP、Gopher	Linux 应用命令测试
会话层			SMTP、DNS	
传输层	⟺	传输层	TCP、UDP	TCP、UDP 协议分析
网络层	⟺	网际层	IP、ICMP、ARP、RARP、AKP、UUCP	检查 IP 地址、路由设置
数据链路层	⟺	网络接口	FDDI、Ethernet、Arpanet、PDN、SLP、PPP	ARP 地址检测、物理连接检测
物理层			IEEE 802.1A、IEEE 802.2 到 IEEE 802.11	

表 0-11　网络各层常见设备

TCP/IP 层	网络设备
应用层	
传输层	四层交换机、工作在四层的路由器
网络层	路由器、三层交换机
数据链路层	网桥(基本淘汰)、以太网交换机(二层)、网卡(一半工作在物理层、一半在数据链路层)
物理层	网线、集线器、中继器

0.5　行业前景

从 1850 年英法跨越英吉利海峡敷设海底电报电缆起,通信线缆的历史已发展 170 年,中国是世界第一大线缆生产国,而且线缆行业已成为中国仅次于汽车行业的第二大行业。新增企业数量不断上升,行业整体技术水平大幅提高,产品品种满足率和国内市场占有率均超过 90%。随着现代信息通信技术的不断进步,国家资金、政策的投入力度将进一步加大,特别是在"一带一路"倡议和"装备加速走出国门"战略的新一轮刺激下,伴随着全球需求的不断增长,线缆行业必将迎来更大的发展机遇。

从有智慧生命伊始,通信便成为人类沟通不可或缺的技术,作为技术和知识密集型行业,其发展日新月异。不得不说,目前通信行业技术已十分成熟,甚至有专家认为当前行业发展进入了"瓶颈期":以无线通信为例,全球有 50 多亿人在使用移动无线网络,市场趋于饱和,从有线通信设备上看,由于其极其稳定,更换周期长而限制了市场拓展。但从发展的眼光来看,由于人类对速度、容量、稳定性、智能便利性的不断追逐,随着网络、计算机、信息技术和通信的不断融合,以及物联网、云、虚拟现实、智能技术的不断进步,可以预见,无论是通信还是线缆行业,必将迎来更加广阔的发展前景,甚至会出现裂变增长业态。

注释

[注 1]以前也有使用“通讯”一词,现在只有特定的场合使用。

[注 2]通信速率的表示,见表 0-8。

[注 3]ISM(Industrial Scientific Medical)Band,是国际通信联盟无线电通信局 ITU - R 定义,开放给工业、科学、医学 3 个主要机构使用,无须授权许可,只需遵守一定的发射功率(一般低于 1 W),且不对其他频段造成干扰。其中 2.4 GHz 频段为各国共同 ISM 频段,因此,无线局域网、蓝牙、ZigBee 等无线网络均可工作在 2.4 GHz 频段上。

第1章　市话电缆

1.1　概述

定义1:电话电缆(Telephone Cable),电话通信中使用的缆线。包括市话电缆和用户线。本章主要讨论市话电缆。由于同轴电缆用于电话通信的时代已过去,本章不进行讨论。

定义2:市话电缆是全塑市内通信电缆、全塑电缆、音频电缆(区别于第7章音频线),简称音频缆、电缆(区别于第10章电力电缆),是一种用于干线通信的低频对称电缆,属于传导电气信息的一种电线电缆[注1],如图1.1所示。

定义3:用户线是电话线、进户线,是用于用户话机至分线设备之间以及电话和话筒间的连接线,包括室内电话线、被复线和护套线。此外,小对数音频电缆、双绞线、电线也可作为用户线使用。在本章第1.9节专门讨论。

图1.1　市话电缆

用途:电话通信传输媒介,传输电信号。

优点:电特性好,质量可靠,便于机械化、自动化施工,维护方便,故障少,使用寿命长,投资较小。

原理:金属导线传输脉冲电流。

主要性能参数:直流电阻、绝缘电气强度、绝缘电阻、工作电容。

线径0.4 mm时,最大传输距离如表1-1所示。

表1-1　不同工况下的最大传输距离

条件设置	最大传输距离(km)	衰减(dB)
用户线(话音)环阻不大于1 700 Ω	5.74	9.42
允许用户线路最大误差为7.0 dB	4.26	7.0
ADSL业务用户,环阻小于900 Ω	3	—

生产制造工序流程:铜杆拉丝、韧炼、绝缘挤塑、对绞、单位成缆绞、总绞合成缆、护套。

相关国标[注2]:

（1）GB/T 13849.1—2013　　聚烯烃绝缘聚烯烃护套市内通信电缆
（2）GB/T 11016—2009　　塑料绝缘和橡皮绝缘电话软线

1.2 历史事记

世界上最早的一条地下电缆出现于1832年,沙俄退伍军官许林格将电报线路埋在地下,6根导线间彼此用橡胶绝缘后置于玻璃管内。1850年,英国在英法两国间的多佛尔海峡敷设了一条海底无铠装电报线。1851年,世界上第1条铠装海底电报电缆敷设成功。1855年,英国物理学家威廉·汤姆逊提出了海底电缆信号衰减理论,并在实践中解决了这个难题。1858年8月5日,第1条横跨大西洋的海底电缆敷设完工,1858年8月12日美国和英国之间播发了第1份海缆电报。1866年,第2条长3 700 km跨越大西洋电缆敷设完成,并于1866年7月27日送出第1份电报。1880年,美国纽约敷设了第一条电话电缆。1897年,英国物理学家雷利绘制了同轴电缆设计草图。1901年,英国首次引进电话电缆加感技术。1921年,第1条海底同轴电话电缆从美国佛罗里达州基韦斯特至古巴哈瓦那被敷设。1943年,英国邮局在昂克纳和爱因岛之间铺设了第1条带有增音机的同轴电缆,可通48路电话。1950年,第1条带有增音机的国际电话电缆铺设于美国基韦特与古巴哈瓦那之间,全长222海里,可通24路电话。1954年,一条长300海里的海底电话电缆敷设于苏格兰阿伯丁至挪威的卑尔根之间,这是当时世界上最长的海底电话电缆。1956年,第1条跨大西洋电话电缆(TAT-1)带有36条电路的增音机,敷设于英国至纽芬兰并开通,连接英、美、加三国,全长4 230 km。1963年12月,当时世界上最长的海底电话电缆系统开通,敷设于加拿大的温哥华与澳大利亚的悉尼之间,距离为8 076海里,有80个电路。1964年,在一条1948年铺设于英国与比利时之间的海缆上加装了晶体管增音器,使电缆的容量从216个通路增加到420个通路,这是晶体管设备第1次用在海底电话网络上。1967年10月,第1个480路海底电话系统铺设于挪威与丹麦之间。1983年,容量为4 200对电话通路的一条长3 277海里的跨大西洋电缆投入使用。1984年,一条长7 500海里、有1 000个增音器、可提供1 380个电话电路的电缆敷设在加拿大与澳大利亚两国之间。1985年,从欧洲经中东至东南亚铺设了一条14 000 km的海底电缆。1986年,从新加坡经印尼至澳大利亚的海底电缆敷设完成,全长4 560 km,此前已完成新加坡经香港到中国台湾地区的海底电缆,从此完成了贯通欧亚澳美的海底电话电缆,总长超过22 700 km。1836年,第1部电报机发明以后,又在1875年发明了电话,此后在工业比较发达的一些国家和地区相继建立了电报电话通信网,尤其是电话通信网的建设发展更为迅速。市内通信线路电缆,从20世纪初期至20世纪50年代中期,绝大部分国家使用传统的铅包铜芯纸绝缘市话电缆。在20世纪后期,由于塑料工业的发展,使电缆结构发生了巨大的变化,塑料综合护套代替了铅包护套。

1.3 材质结构

市话电缆的基本元件是铜芯绝缘单线(芯线),由两根单线绞合成线对,若干线对捆绞成基本单位(或子单位),若干基本单位绞合成超单位,若干超单位绞合成缆芯,缆芯外挤包铝塑黏结综合护套,有的电缆还在护套外加上铠装层。

以目前常用的铜芯聚烯绝缘铝塑综合护套全塑市内通信电缆为例,其外层由聚乙烯外皮、屏蔽层、扎带组成,缆芯包含芯线、绝缘层。

(1) 芯线

芯线由无氧铜制成,为单股铜线,线径有 0.32、0.4、0.5、0.6、0.8 mm等规格。

芯线的扭绞是为了减少线对间的电磁耦合,提高线之间抗干扰能力,以便于电缆弯曲,提高电缆结构稳定性。扭绞分为对绞和星绞两种,如图 1.2 所示。

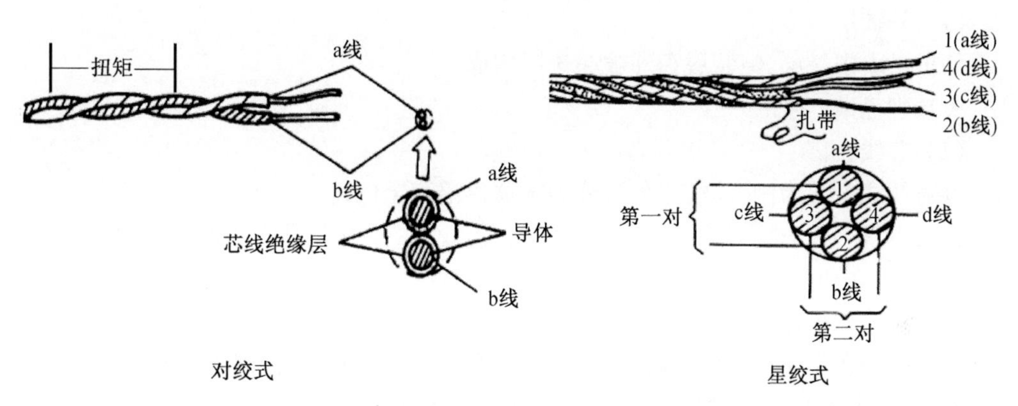

图 1.2　芯线扭绞

(2) 绝缘层

绝缘材料有高密度聚乙烯(常用)、聚丙烯或乙烯-丙烯共聚物等高聚烯烃塑料。绝缘形式分为实心绝缘(效果最好)、泡沫/实心皮绝缘、泡沫绝缘(效果最差),如图 1.3 所示。3 种形式绝缘材料均可满足通信需求。

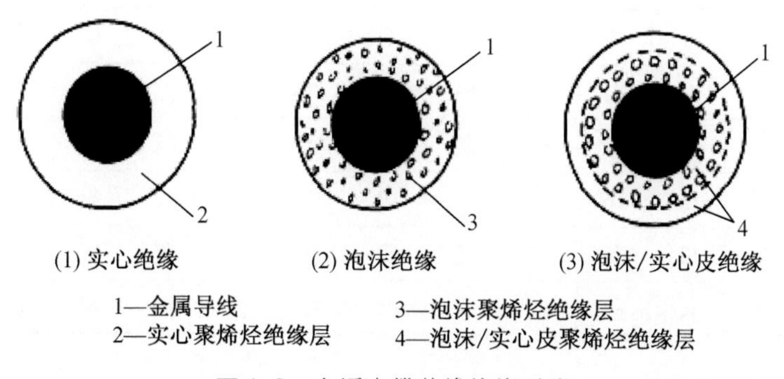

图 1.3　市话电缆芯线绝缘形式

(3) 缆芯

对绞式缆芯分为普通式(同芯式)、单位式、星型、单位星型等形式。

(4) 缆芯包带层

又称芯线包层,在缆芯外重叠包覆非吸湿性电介质材料带(如聚乙烯或聚酯薄膜带等)。包带层应具有良好的隔热性和较高的机械强度,以确保缆芯不受外力损伤或变形粘接。包覆方式分为重叠纵包(常见)和重叠绕包。

(5) 屏蔽层

屏蔽层介于塑料护套与缆芯包带之间,其主要作用是防止外界电磁场的干扰,其结构有纵包和绕包两种,类型包括裸铝带、双面涂塑铝带、铜带(少见)、钢包不锈钢带、高强度硬性钢带、裸铝、裸钢双层金属带、双面涂塑铝、裸钢双层金属带等。

(6) 外护套

外护套粘结在屏蔽层外面,组成综合护套。常用材料为低密度聚乙烯,分为单层护套、双层护套、综合护套、粘接护套和特殊护套等类型。

(7) 外护层

外护层由内衬层、铠装层和外被层 3 层构成。

★端别色谱

(1) 芯线色谱

以对绞式电缆为例,其缆芯色谱分为普通色谱和全色谱。

普通色谱的标志线对为蓝/白,普通线对为红/白,该电缆目前已很少使用,在此不做介绍。

全塑全色谱电缆芯线按照色谱排列。电缆芯线绝缘层的色谱是选择单线单分色的标准。单线多分色是一根导线上有两种以上的颜色。具体的芯线色谱排列如下:

领示色(A 线)白、红、黑、黄、紫。

循环色(B 线)蓝、橘、绿、棕、灰。

用领示色白与循环色蓝、橘、绿、棕、灰,配成 1 ~ 5 号线序的色谱,再将领示色白、红、黑、黄、紫分别与循环色蓝、橘、绿、棕、灰配对 5 次,配成 1 ~ 25 号线序的色谱,见表 1-2。

表 1-2 芯线色谱表

线对序号		1	2	3	4	5	6	7	8	9	10	11	12	13
色谱	A 线	白	白	白	白	白	红	红	红	红	红	黑	黑	黑
	B 线	蓝	橘	绿	棕	灰	蓝	橘	绿	棕	灰	蓝	橘	绿
线对序号		14	15	16	17	18	19	20	21	22	23	24	25	—
色谱	A 线	黑	黑	黄	黄	黄	黄	黄	紫	紫	紫	紫	紫	—
	B 线	棕	灰	蓝	橘	绿	棕	灰	蓝	橘	绿	棕	灰	—

(2) 缆芯扎带及色谱

采用非吸湿性的超薄膜(聚酯膜),经过彩印、复合、收卷、分切等工序制作成缆芯扎带。其规格有两种:一种为宽 3.5 mm,用于捆扎基本单位或子单位;另一种为宽4 mm,用于捆扎 50 对或 100 对超单位。可分为单色谱扎带和双色谱扎带,单色谱扎带的扎带上只有一种颜色,双色谱扎带上有两种颜色,主色宽为 10 mm,副色宽为 3 mm,二者之间间隔 2 mm。表 1-3 列出了色谱扎带色标字母的意义。

表1-3 色标字母含义

W-白(White)	Y-黄(Yellow)	O-橙(Orange)	R-红(Red)	P-紫(Purple)
G-绿(Green)	BK-黑(Black)	B-蓝(Blue)	BR-棕(Brown)	S-灰(Slate)

表1-4所列为主色、副色涂颜色要求。

表1-4 主色、副色涂颜色要求

主色	10 mm 宽	蓝(Blue)	橙(Orange)	绿(Green)	棕(Brown)	灰(Slate)
副色	3 mm 宽	白(White)	红(Red)	黑(Black)	黄(Yellow)	紫(Purple)

读法举例:

先读主色蓝、后读副色白。蓝白为第1个基本单位扎带的色谱;

先读主色橙,后读副色红。橙红为第7个基本单位扎带的色谱;

以此类推。

单色谱扎带排列顺序见表1-5。

表1-5 单色谱扎带排列顺序

单 位	1	2	3	4	5	6	7	8	9	10
色 谱	蓝	橙	绿	棕	暗灰	白	红	黑	黄	紫

表1-6所列为双色谱扎带排列顺序。

表1-6 双色谱扎带排列顺序

单位	色谱		单位	色谱	
1—	蓝白	(BW)	13—	绿黑	(GBk)
2—	橙白	(OW)	14—	棕黑	(BrBk)
3—	绿白	(GW)	15—	灰黑	(SBk)
4—	棕白	(BrW)	16—	蓝黄	(BY)
5—	灰白	(SW)	17—	橙黄	(OY)
6—	蓝红	(BR)	18—	绿黄	(GY)
7—	橙红	(OR)	19—	棕黄	(BrY)
8—	绿红	(GR)	20—	灰黄	(SY)
9—	棕红	(BrR)	21—	蓝紫	(BP)
10—	灰红	(SR)	22—	橙紫	(OP)
11—	蓝黑	(BBk)	23—	绿紫	(GP)
12—	橙黑	(OBk)	24—	棕紫	(BrP)

(3) 端别

普通色谱对绞式市话电缆一般不做A、B端规定。为了保证电缆在布放、接续等过程中的质量,全塑全色谱市内通信电缆规定了A、B端。

全色谱对绞单位式全塑市话电缆 A、B 端的区分为:面向电缆端面,在同一层中任何两个单位(基本单位或超单位均可),如两个单位中的基本单位扎带颜色按白、红、黑、黄、紫顺时针排列,则该端为 A 端,另一端为 B 端;按米标也可区分 A、B 端,其中大数字米标为 A 端,小数字米标为 B 端。

全塑市内通信电缆 A 端用红色标志,又称为内端,可伸出电缆盘外,常用红色端帽封合或用红色胶带包扎。另一端为 B 端用绿色标志,常用绿色端帽封合或绿色胶带包扎,一般又称为外端,紧固在电缆盘内,绞缆方向为逆时针。规定 A 端总向着局方,B 端面向用户,以局为中心向外铺设。

1.4 分类

电话电缆按用途分为市内电话电缆、长途通信电缆、局内配线架到机架或机架间的连接的局用电缆、用作电话设备连接线的电话软线、综合通信电缆等。其中,全塑市内通信电缆可按以下几方面分类。

(1) 根据敷设和运行条件,可分为架空电缆、直埋电缆、管道电缆及水底电缆等。

(2) 根据电缆的绝缘材料和绝缘结构,可分为实心聚乙烯电缆、泡沫聚乙烯电缆、泡沫/实心皮聚乙烯绝缘电缆以及聚乙烯垫片绝缘电缆等。

(3) 根据缆芯内电缆线对空隙是否填充,可分为非填充电缆和填充电缆。

(4) 根据电缆护层的种类,可分为塑套电缆、钢丝钢带铠装电缆、组合护套电缆等。

1.5 型号

市话电缆型号按照用途、芯线结构、导线材料、绝缘材料、护套材料以及护层材料等的不同,分别以不同的字母和数字表示,如表 1-7 所示。

表 1-7 电缆的命名

分类	导线	绝缘	护套	派生	外护层	传输频率
H:市内通信电缆 HP:配线电缆 HJ:局用配线	T:铜(省略); L:铅; G:铁	Y:实心聚乙烯绝缘 V:聚氯乙烯绝缘 Z:纸绝缘 YF:泡沫聚乙烯绝缘	A:涂塑铝带粘接屏蔽聚乙烯护套 S:铝、钢双层金属带屏蔽聚乙烯护套 V:聚氯乙烯护套	T:石油膏填充 P:屏蔽 C:自承式	1:麻; 2:钢带铠装一级; 3:细钢丝铠装油麻; 4:粗钢丝铠装油麻; 12:钢带铠装; 23:细钢丝油麻; 30 裸细钢丝铠装	120:传输频率为 120 kHz; 252:传输频率为 252 kHz

型号中各代号的排列次序分别为分类代号(用途)、导线代号(材料)、绝缘代号(材料)、护套代号(材料结构)、派生代号(特殊结构)、外护层代号(特殊结构)、传输频率。

例如,用 100 对线径 0.4 mm 铜芯实心聚乙烯绝缘涂塑铝带,粘接屏蔽聚乙烯护套市内铜芯电缆表示为 HYA 100 ×2 ×0.4。其中:

H 为市内通信全塑电缆;

Y 为实心聚乙烯绝缘；

A 为涂塑铝带粘接屏蔽聚乙烯护套；

100 为线组结构；

2 为线组结构；

0.4 为导线线径。

室内常用电话电缆主要有两类，即 HYA 型综合护层塑料绝缘市内电话电缆和 HPVV 铜芯全聚氯乙烯配线电缆。

HYA 型综合护层塑料绝缘市内电话电缆可在室外直埋或穿管敷设。室内可架空或沿墙敷设。对数分别为 10、20、30、50、100、200、400、600、900、1 200、1 800、2 400。

HPVV 铜芯全聚氯乙烯配线电缆为室内使用的电缆，可穿管或沿墙敷设。对数分别为 5、10、15、20、25、30、50、80、100、150、200、300。

主要标称截面规格分别为 0.4、0.5、0.6 mm^2。

1.6　设计选型

在设计[注3]上，音频电缆的容量、对数主要根据用户数量确定，兼顾用户远期需求及租借需求。根据使用环境选择电缆类别，根据敷设条件选择外护带层。

在选型上，需要结合本地条件、线路改造和发展方向，权衡多方面因素后确定，并符合以下要求：

（1）按照标准系列合理选用铜芯线线径，在满足传输要求前提下，应采用细线径电缆，以节省铜材，但在同一市话网中线径种类不宜过多。

（2）根据使用要求来选择芯线绝缘层形式，绝缘层的电气性能和物理、力学性能应符合规定。

（3）根据电缆敷设方式、敷设场所和环境条件来选择全塑电缆的护套结构，管道电缆和直埋电缆必须采用铝塑综合护套。架空主干电缆、架空配线电缆应采用铝塑综合护套。

（4）直埋电缆必须有铠装外护套。特殊环境条件下的全塑电缆应合理选择外被层。

（5）结合本地区实际情况以及市话电缆维护方式，选择填充型或非填充型（充气型）全塑电缆。

（6）管道电缆外径应适应管孔内径允许的敷设要求。

（7）全塑电缆的工作环境温度为 -30 ~ 60℃，当超出规定的温度范围时，应使用特种电缆。

（8）架空线路上拐弯少，在直线段较长的地区或有化学物质地区，应优先选用自承式电缆。

1.7　制作施工

1.7.1　音频电缆的卡接和拆除

卡接式接线使用专用的卡线钳将线对卡进卡线模块。拆除时，使用卡线钳反向拔出。

旧的焊接式系统中使用焊接固定线对。拆除焊接跳线时，需要先用烙铁焊下试验弹簧排(或端子板)上的跳线，然后拆除保安排一端。

1.7.2 跳线的布放

布放焊接式总配线架跳线时，其横直列间的所有跳线应穿过铁架中间的若干个跳线环，使之分别处于相互垂直的平面内，避免跳线在列与列间作空中交叉。在布放同一直列或同一横列内的跳线时，也需要将跳线穿过铁架中间的跳线环，并以跳线环为轴，将跳线作放射状布放。

1.7.3 用户割接与电缆改接

当电缆线路发生较大故障(有一条或几条电缆不能修复使用)、原有电缆不适应当前情况时，需另外布放新电缆以更换旧电缆的工作，称为电缆改接。用户割接是指扩容、改号、建新局等改变用户隶属局(所)的割接。这两种情况统称为割接。在电缆改接与用户割接之前，应熟悉设计的意图及割接步骤，摸清新、旧设备的情况，做好充分的准备工作。

(1) 用户隶属局(所)的割接

全塑市内通信网新建、改建或扩建完成后，在原局(包括模块局)所属的全部用户或部分用户予以改接进新局(包括模块局)时通常称为用户割接。用户割接大致有 3 种情况：第 1 种是在同一电话交换区域内不另设新局的线路割接；第 2 种为同一电话局交换区域内另设新局的线路割接；第 3 种是新、旧交换局间的用户割接。用户割接的基本原则是割接时不影响用户通话。除改制外，不能由于割接而轻易改变用户号码，应该只改局号；没有特殊原因，应采用一次割接，以免造成施工和组织工作的许多困难。用户割接时，必须注意与长途、电报、重要用户、查号台、测试台等取得密切联系，设法保证割接时不中断、不出通信机械事故和人员伤亡事故。

市内通信全塑电缆线路的割接方法很多，应根据具体情况采用最简单、最经济、省工省料、割接质量最佳的方案。常用方法包括新、旧电缆网独立法、新旧电缆网并联法、新旧电缆网环路法、交接箱并联跳接法。

(2) 电缆改接

电缆改接的方法，按改接的部位不同可分为局内跳线改接、局外电缆芯线改接、局外分线设备及皮线移改 3 种。每次改接时，需要根据改接设计制定改接步骤及改线表，改线表可利用测量室的配线表。改接时，按照改线表的改接线序及电话号码进行改接。

① 局(或交接箱)内跳线改接

从总配线架(或交接箱)起至电缆线路上的某点止更换电缆时，需要采用局（或交接箱)内跳线改接法。改接前，应先对新设电缆绝缘电阻及不良线对进行测试和处理。为便于局内与改接点的联系，可在新电缆里选择一对线作为临时通话线，在改接处对新设电缆放音对号，逐对与局内对照后，在其两端分别编号。所用方法包括跳线环路改接法、直接改接法。

② 电缆的中间改接(或局外芯线改接)

电缆线路中间某一段发生障碍而无法修复需要更换一段新电缆时，称为局外芯线改接。改接的具体方法视工作条件、地点而不同。具体方法包括电缆的切断改接法、电缆的环路改接法。

③ 分线设备及皮线的移改

在某些情况下，由于用户的迁移或原来的业务预测不准，形成有些配线点分线设备容量不足，有些则有余，为了充分利用电缆线路设备，在交接箱线对充足的情况下应根据用户现有情况及发展的可能性来重新组织适当的新配线点，进行分线设备调整。随着分线设备的更换，要同时进行皮线的移改，常用方法包括切断移改法、复接移改法。

1.7.4　音频电缆的敷设和室内布放

★管道电缆的敷设

(1) 穿放管道电缆

① 检查电缆。为保证工程质量，电缆穿放之前必须认真测试电气性能，并保证合理气压。如果 24 h 无气压降，则证明外护层良好。

② 核实管孔。根据施工图要求，在布放电缆之前，必须核实管孔。如确因布放电缆后，排列杂乱、重叠式交叉并影响其他管孔使用，则可以改管孔，但要在图纸上更正、记录。

③ 核实井距(段长)。为了确保电缆的准确长度，必须核实每井准确距离(以两个地井中心距为准)，并详细记录，以备于电缆配盘。

④ 核实电缆配盘的长度，以核实井距的长度，但需要加上井孔内电缆拗弯、接头的实际长度以及特殊地井所需的长度。

⑤ 清刷管道，为穿放电缆排除障碍。

(2) 布放管道电缆规格要求

① 穿放电缆前后不得压扁、刮伤及扭绞。

② 布放电缆后，应及时封头进行充气，并将电缆放在托架上，头朝上吊扎起来，并在管孔四周垫好丝绵。

③ 电缆拗弯应拗慢弯，尽量保持不瘪不偏，电缆走向应尽量不妨碍其他管孔。

④ 如果需要装置引上铁管，应垂直美观，电缆穿放后，应及时固定在杆上或墙上。

(3) 敷设管道电缆的操作规程

① 电缆托车的位置

电缆托车要先安置在准备放电缆人孔的一侧，托车与井口的相对位置尽量保持直线。如使用千斤顶支撑电缆盘，则必须放稳，顶起电缆盘离开地面时不宜过高。电缆的出头要从盘的上部出手，从盘上到管口一段电缆要保持自然均匀的弧度。

② 牵引电缆工具

布放小对数电缆时，可以用铁线直接拉动扎好网套的电缆。布放大对数电缆时，需要将电缆头依照网套长度内在电缆头敲 2 道凹痕后套入网套，采用 2 mm 规格铁线扎紧扎平。

③ 电缆牵引和润滑

牵引电缆之前，需要进行详细分工，在井上、井下、绞盘车、托车等处应有专人负责。具体步骤如下：

电缆进口人孔一端。井下工作人员负责放置铜口和弯铁，涂抹润滑剂(铅缆用凡士林，塑缆用滑石粉)，并观察电缆进入管口；井上工作人员将电缆拖出一段并与钢丝绳相连，垫好井口，准备工作就绪；联络人员开始联络，如有情况及时下达暂停口令。开始牵引后,中间人孔如需放电缆,井下需要有专人看护,以保证电缆出井时不伤。如相对管口不平行,需要在受力的一侧垫上弯铁。

电缆出口人孔一侧。井下人员预先放好弯铁以监护电缆出口,电缆出口后即通知绞盘暂停,根据接口位置和拗弯所需长度来决定再拉或不拉。如无问题,则通知进井端牵引完毕,在进口端测量尺寸,再将电缆锯断。

汽车绞盘在开始牵绞时速度要稳而慢,待电缆进入管孔后,正常情况下速度可以稍快,但应尽量避免间断性顿挫,防止挫伤电缆。电缆放妥之后,要拗好平放在电缆支架上,并将余端吊扎起来,将电缆一端封圈头,另一端封焊气门嘴进行充气保气,以便日后接续时检验。穿放人孔至电杆或墙壁引上电缆,先测量距离,再将电缆锯断进行寄放出上管后,将电缆固定防止拗伤,根据条件也可以从上往人孔内寄放。

(4) 穿放管道电缆安全事项

① 打开人孔时需要设置安全围挡,在交通繁华的市区必须注意来往车辆并安装醒目的安全标志,夜间必须使用红灯。

② 进入人孔工作前,需要打开井盖进行通风,确认无有害气体之后再下井工作。

③ 井下有人工作时,井上需要有人值守,凡传递工具器材应避免掉入井内,电缆进口地井内工作人员双手不要戴手套,不要靠近管。

④ 铜口接缝需要水平方向放置,弯铁放置需要在受牵引力一侧,使电缆从弯铁中弧形内通过,弯铁滑脱倾斜时需要停止牵引,以免伤害电缆。

⑤ 使用汽车绞盘牵引电缆时,要劝阻行人跨越、靠近,看护人员也要站在钢丝绳的上风,以防止钢丝绳崩断伤人。

⑥ 电缆盘上人员要站稳,观察电缆外皮有无折痕,电缆入井要保持适合弧度,以使电缆碰不到井口。

⑦ 开启人手孔盖时需要用地井钥匙,翻转井盖要注意行人和自己的手脚。

⑧ 上下地井要使用梯子,严禁脚踏电缆及支架上下,工作完毕后要检查其他设备情况,确定无问题后盖上井盖。

★埋式电缆的敷设

(1) 电缆沟的规格

① 电缆沟要平直,与中心线的左右偏移不可太大。

② 弯曲的沟要符合电缆弯头的弧形,不可急转弯。

③ 沟的深度要视地下各种设备的情况而定,一般情况下的电缆沟规格如图 1.4 所示。是否铺保护砖应按设计要求。

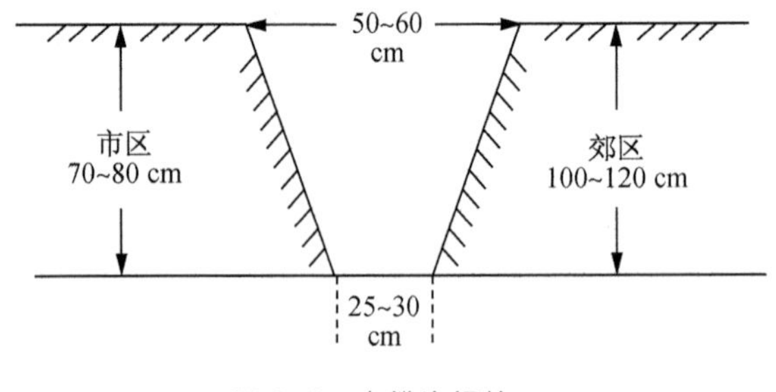

图 1.4　电缆沟规格

④ 埋式电缆经过斜坡(约 30°)沟时,应与斜坡顺势挖。如果是过高的斜坡,最好把沟挖成“S”形弯,以减少电缆混力。

⑤ 缆沟通过非经常疏浚的干涸河沟时,其深度应与岸上规定的深度相同。在特殊情

况下,不得低于岸上深度的 2/3,并加钢管保护。跨越道路的埋式电缆要敷设钢管保护,如通过航行的沟道,其深度应根据航道管理单位要求选择在床下 0.5 m 保护。

(2) 接头坑的规格

① 埋式电缆接头坑的深度应和缆沟深度相同,宽度视土质和电缆接头的多少而定,一壁要挖成梯形以利于操作。

② 线路较远的埋设电缆,接头坑应挖在顺线路的一侧,但靠近道路时接头坑要在道路的内侧。

(3) 埋设电缆的敷设规格

① 埋式电缆为不可急转弯,电缆弯头的弯曲半径不得小于电缆外径的 15 倍。

② 电缆接头的两端除按一般规定留长外,还要多留一些,因为要打"S"形弯或弯弧形。

③ 两条以上电缆同沟布放时,应平行排列不可交叉。

④ 电缆与其他管式建筑物平行、交越时,其安全距离应符合表 1-8。

表 1-8　安全距离

地下设备名称	规格种类	最小间距(m)		
		平行时	交越时	
			电缆无保护装置	电缆有保护装置
自来水管	直径 300 mm 以下	0.5	0.5	0.15
	直径 300~500 mm	1.0	0.5	0.15
	直径 500 mm 以上	1.5	0.5	0.15
下水管	—	1.0	0.5	0.1
暖气管	—	1.0	0.5	0.2
煤气管	压强小于 0.1 MPa	按设计规定	0.5	0.15
	压强为 0.1~0.3 MPa	按设计规定	0.5	0.15
	压强为 0.3~3 MPa	按设计规定	0.5	0.15
城市规划线	—	1.0	—	—
排水沟	—	0.8	—	—
电力电缆	—	0.5	0.5	0.5

⑤ 埋式电缆通过铁管后,管口电缆的四周要垫丝绵并用水泥封固。

⑥ 埋式电缆引入人手孔,电缆进入人孔的壁洞口要用丝绵垫后用水泥封固,并放在支架上。

(4) 埋式电缆保护装置的规格

① 埋式电缆如需铺砖保护时,应先铺 10 cm 细土再铺砖。第 1 条电缆竖铺,第 2 条电缆横铺。

② 埋式电缆穿越各种管线设备时,均应在穿越处铺保护砖和保护钢管。

（5）埋设标石

① 标石位置通常埋设在：临时接头处；路由转弯处；暗式人井处；规划地区准备电缆处；每 300 m 的直线距离处。

标石埋设在线路一侧，一般离电缆水平距离为 1 m（也可埋在接头正上方），标石的符号和编号应面向道路。

② 在埋式电缆的充气点和气门处，也应埋设气门标石。

（6）埋式电缆回土夯实要求

① 回土之前要测量埋式电缆的位置、尺寸并做好记录。

② 回土先回约 20 cm，待气压平稳后，再正式回土夯实。

③ 回土要分层夯实，大约每 30 cm 夯实一层。夯实之后，要求高的路面应与道路平，一般稍高于出路面 5 ~ 10 cm。

（7）埋式电缆敷设

① 敷设之前的准备工作

敷设电缆之前应再一次检查电缆电气性能和保气气压值。如气压值下降或无气，则严禁敷设。核实段长，合理安排接续地点。较大工程准备好分切屯点。检查、清理槽道，凡是铁管、障碍、大转弯的地方应在布放时指定专人现场值守，做好保护措施。分工明确，要有专人指挥牵引、穿越障碍、监护电缆及汽车绞盘和托车等。

② 敷设埋式电缆的方法

汽车绞盘牵引法：在地形有条件的地方，地段敷设电缆可以充分利用汽车绞盘进行牵引。具体方法：先用电缆托车或千斤顶支撑电缆停在沟槽障碍较少、容易停靠的地方，扎好梭子和汽车钢丝绳相连。为使电缆不扭转，应在钢丝绳和电缆头联结处加转环，进行牵引。如穿越障碍较多，也可采用沟内牵引的方法，先将钢丝绳牵过障碍。在无障碍处，可将电缆放在沟边，最后一次放入沟中。

人工布放法：在没有条件使用机械敷设的地方，可利用人力进行敷设，但组织要合理。一般每长度 4 ~ 5 m 采用一个人扛在肩上，沿沟槽向另一端布放，最后导入沟中时要从接头处一端逐渐导入沟中，以免多出电缆，再进行拖拉。

③ 埋式电缆安全事项

挖沟之前要应事先办妥各种手续，并征得各方面同意，了解地下设备情况。必要时，请有关方面进行配合。在邻近或地下确知有管线设备时，使用挖土工具要轻而稳，特别是到一定深度后应慢而轻地挖。沟槽经过路口胡同口时，应尽快复土，暂时不能复土时应铺设钢板。路口施工要设明标志，夜间要设红灯。布放电缆经过路口胡同口时，要有专人监守，路边要紧靠人行道界，以免车压。电缆导入沟中不可乱放，要顺势轻放，平直地放入沟底，两条以上电缆不可重叠，放好要顺沟槽检查一遍。布放高频电缆和全色谱全塑电缆要注意 A、B 端不能搞错，布放后要充气、保气，发现气不稳应及时查找并保气。

★墙壁和室内电缆的敷设

（1）墙壁电缆的规格要求

① 沿墙划线的要求

为使墙上的电缆安装平直、无弯曲现象，必须先在墙上临时拉一条麻线，再沿线标出打洞的位置,距离要相等,洞要呈直线。木板条在灰墙上的位置应选在有板或柱子的地方,以保证电缆牢固。

② 墙上打洞的要求

洞形要正直,膨胀螺栓套管要全部进入墙内,洞口不要敲碎,洞深要超过螺栓套管。打洞时,要尽量少破坏墙面,洞打好后要打扫干净,进行修补。电缆由室外引入室内或从一间屋引入另一间屋时,打墙洞或地板洞要比电缆直径略大,必要时要穿保护管,电缆放好后用水泥及时封塞。

③ 敷设墙壁电缆的要求

钢线与墙壁平行或垂直时,钢线终端均应采用终端支持物。钢线电缆沿墙架设,中间支持物距离为 8 ~ 10 m。钢线电缆应与其他管线保持一定距离,如表 1-9 所示。挂钩程式应与钢线和电缆程式相符,钢线终端参照架空吊线,与终端卡钩卡距为 50 cm。

表 1-9　墙壁电缆与其他管线最小净距

其他管线	平行净距(mm)	交叉净距(mm)	备注
避雷线接地引线	1 000	300	引线为绝缘时距离为 50 mm
工作保护地线	50	20	—
电力线	150	50	—
给水管	150	20	—
压缩空气管	150	20	—
热力管(无包封)	500	500	—
热力管(有包封)	300	300	—
煤气管	300	20	—

(2) 室内电缆

① 室内电缆路由应根据设计要求进行选择,一般可采用沿墙钉固和塑料板槽内布放。

② 确定分线位置的注意事项

分线盒装设要考虑电缆接续和日常维护方便。要装在比较隐蔽又安全的地方,尽量远离潮湿和电力设备较多以及行人经常穿越的地方。

③ 电缆接头的重叠长度

一字型接续电缆重叠长度为 60 ~ 90 cm。Y 字形接续电缆重叠长度要稍长一些。

④ 室内电缆的装置要求

电缆装置在墙上,因墙壁材质不同,其打眼固定方式也不同,应根据实际情况而定。电缆在顶棚天花板内敷设时,应尽量走边,为减少距离,有时短距离可沿天花板敷设。电缆在穿越墙壁和地板处的方法同吊线式电缆相同,但穿过地板引上时,要按规定装设引上铁管。另外,办公楼一般有暗线设备,电缆要经暗管布放。

（3）墙壁室内电缆布放施工安全事项

① 布放电缆应尽可能保持平直，不可压扁、折伤。

② 布放电缆如墙壁上有其他管线等障碍物要穿越时，应远离障碍物一端开始布放，尽量缩短穿越障碍物的距离。

③ 在灯线、电力线附近敷设墙壁电缆时，要做好安全措施以防止触电事故。在地板和水泥地面工作时，扶梯要有专人保护。

★架空电缆的敷设

（1）放电缆规格要求

① 电缆不可有机械损伤，如压扁、刮痕、折裂、扭绞等。

② 拗弯电缆要符合曲率半径的要求，要有适当的弧度，以免伤及芯线。

③ 电缆锯断时应及时将缆头封好，防止受潮。

④ 电缆放好后应力求平直，不能有明显的起伏，扭绞现象。

⑤ 在铁路、河面上空不要放置电缆接头，繁忙路口也尽量少放接头，以方便施工和维护。

⑥ 电缆接头距电杆表面至少有 60 cm 距离。

⑦ 两条电缆相接，相重叠长度约为 70 ~ 90 cm。

（2）放电缆操作规程

① 首先，将电缆盘装在拉车式千斤顶上，使电缆盘能自由转动，电缆出头应从盘的上头引出，支撑电缆盘的位置尽量与线路呈直线。

② 电缆经过背杆拉力角杆时，要在电杆两侧 25 ~ 30 cm 处各挂一只小滑轮，以防止牵引时刮伤电缆。

③ 电缆经过向杆拉力角杆时，电杆上要垫软物。

④ 放电缆时要用旗语手势、手持电话等，原则上要在施工中统一指挥。

⑤ 采用挂钩内牵引电缆时，卡钩的死钩应与牵引方向逆向，以免在牵引时出现卡钩移动。

⑥ 采用动滑轮牵引电缆时，同时将卡钩按规定一起卡好。

⑦ 采用定滑轮以机械动力牵引电缆时，一般在吊线上角隔 5 ~7 m 挂一只小滑轮，并将绳索入滑轮内。牵引时，速度要均匀，稳起稳停，电缆头要有人跟随，发现问题及时处理。

（3）放电缆安全事项

① 运输电缆滚动电缆盘，装上托车，要统一指挥，一致用力，顺时针布放，滚动电缆盘时要正转方向。

② 使用电缆托车，装卸电缆盘时，要思想集中，行动一致，托车后面严禁站人。

③ 布放前，应将盘内的两侧钉子拔除，以免损伤电缆。要检查充气电缆的电缆气压，漏气时严禁布放。

④ 布放前，所有电力线或其他障碍的地方都要做好安全措施。必要时，要指定专人现场监护，监护人上杆时必须系好安全带。

1.8 通信拓展

1.8.1 通达设备

市话电缆主要通达设备如表1-10所示。

表1-10　市话电缆通达设备

电话机	一种可以传送与接收声音的远程通信设备。	
共电式单机	又称热线电话,共电式电话机是由电话交换局集中供给信号和通话电源的电话机,出现于1882年。其通话由话务员人工接续,无须拨号盘和磁石式发电机。该电话机结构简单,价格便宜,适用于党政机关首长专线。	
磁石单机	又称手摇电话机,需自备两节干电池做电源,并带有磁石式手摇发电机,用于磁石式交换机系统中,是最老的一种电话机,对线路要求低,通话距离长,但使用不方便。也可将两台此种电话机连接起来,组成简单对讲电话使用,常用于测试,适用于农村、军队和铁路部门。	
保密电话(红线电话)	又称"红线"电话,加装保密模块的电话机,用于军政情报和机要部门。	
音频测量台	简称音测台,连接在进线和程控交换机之间,用于音频性能测试、跳接及监听的设备。	

电话机是一种可以传送与接收声音的远程通信设备,它通过电信号双向传输话音,基本功能包括声电互换、摘机识别、发送信号、响铃、电接续等。随着时代的发展,传统的有线电话逐步被无线电话、智能电话所取代。

1.8.2 常用工具器材

施工过程常用工具器材如表1-11所示。

表1-11　施工常用工具器材

单口卡接刀	打线器,将单芯线卡入簧片	
多芯卡接刀	打线器,一次最多同时接5对	
压线子	音频电缆接续	

续表

保安器排	音频模块中的防雷保护装置	
阻断插塞	又称隔音片,插入接线模块相应的回路中即可停止通信,拨出后恢复通信。	
电缆探测仪	探测地下电缆、金属管道的走向、深度。	

1.8.3 通信原理

电话通信:利用电信网实时传送双向语音会话的一种通信方式,是世界范围电信业务量最大的一种通信(包括移动电话、卫星电话通信)。

电话交换:在两个(或多个)电话机之间临时接通的实现电话用户间通话的接续过程。分为人工电话交换和自动电话交换。电话交换技术的发展经历了人工交换、机电交换、电子交换和程控数字交换4个主要阶段。其中:机电交换是利用电磁机械动作来控制通话双方线路接续的一种自动交换方式;电子交换实质是半电子制,其通话接续网络由电磁式机械接点构成,控制部分采用布尔逻辑电子电路。

人工交换:一种通过电话交换员手动完成通话双方线路接续的交换方式,其接线、拆线等作业完全由话务员手工操作完成;自动电话交换则由发话人自拨收方电话号码后,电话便自行接通,电话交换过程中的接线、拆线等作业完全由电话交换机进行。这种最早的接续方式目前在特殊场合仍有使用。

程控交换:分组交换的一种应用,采用计算机技术,应用存储的程序来对话路进行控制。

电报通信:用有线电、无线电、光学或其他电磁系统传输书面消息的电信方式。由收报局把书面材料投递给收报人。在电报通信系统中,被发送和复制出的文件性材料称为电报。

传真通信:一种非话电信业务。将文字、图表、相片等记录在纸面上的静止图像,通过扫描和光电变换转变成电信号,经各类信道传送到目的地,在接收端通过一系列逆变换过程,获得与发送原稿相似记录副本的通信方式。

公共交换电话网络:PSTN (Public Switched Telephone Network),如旧式电话系统、全球语音通信电路交换网络,是一种以模拟技术为基础的电路交换网络,其通信费用最低,但其数据传输质量及传输速度最差,PSTN的网络资源利用率也比较低。

1.9 用户线

常用的用户线分为室内电话线、被复线和护套线。

1.9.1 室内电话线(Telephoneline)

室内电话线分为2芯和4芯两种,导体材料分为铜包钢、铜包铝和全铜3种。绝缘材料有高密度聚乙烯或聚丙烯,按国际色谱标明绝缘线的颜色。

线径规格有:0.4、0.5(常见)、0.8、1.0 mm 等。

绝缘成对:把单根绝缘线按照不同节距扭绞成对,并采用规定的色谱组合以识别线对,从而降低了线间相互干扰串音,使得功率耗损减小。

双绞电话线比普通平行电话线的传输速度更高、功率损耗更低。

命名:

(1) HYV4 ×1/0.4 CCS(BC)

其中:HYV 表示电话线英文型号;第 1 个数字表示芯数 2 芯或 4 芯;第 2、3 个数字表示每芯直径,单位为 mm,CCS 表示铜包钢,BC 表示全铜。

(2) HSYV2 ×2 ×0.5 CCS(BC)

其中:S 表示双绞,2 ×2 表示 2 对 4 芯,0.5 表示单芯直径。

1.9.2　被复线

一般用于户外野外条件下,被复线内部为铜包钢结构,其强度高、导电性好,线外绝缘皮抗严寒和高温,长期在恶劣的气候条件下不会老化,性能优于室内电话线。

被复线分为中型、轻型、超轻型 3 种,由传导电流的芯线和外面的绝缘物质组成,其结构如图 1.5 所示。

图 1.5　被复线

(1) 中型被复线

芯线由 3 根铜丝、4 根钢丝扭绞而成,在导电芯线外包覆 1 层橡胶绝缘,将导电芯线和其他物体隔开;护层一般用纱编织而成,并涂敷防水的石蜡和柏油涂料,可防止橡胶磨损和增强绝缘性,石蜡和柏油可防止纱的腐烂。

(2) 轻型、超轻型被复线

轻型、超轻型被复线的结构基本相同,但质量相差近 1 倍,两者均由 3 根铜丝、4 根钢丝扭成,外包氯乙烯兼绝缘层。两根相互绝缘的导线扭绞在一起。轻型、超轻型被复线的优点是质量轻、应用方便,但通信距离短,一般只能传输 15 km 左右。

上述 3 种被复线中铜丝的主要作用是导电,钢丝除了导电外,主要作用是增强线条的拉断力,芯线镀锌主要作用是防止芯线生锈,可在 -40 ~ +50℃ 的条件下使用,且不变质、不断裂。

1.9.3　护套线

护套线(图 1.6)由一对平行铁芯分别

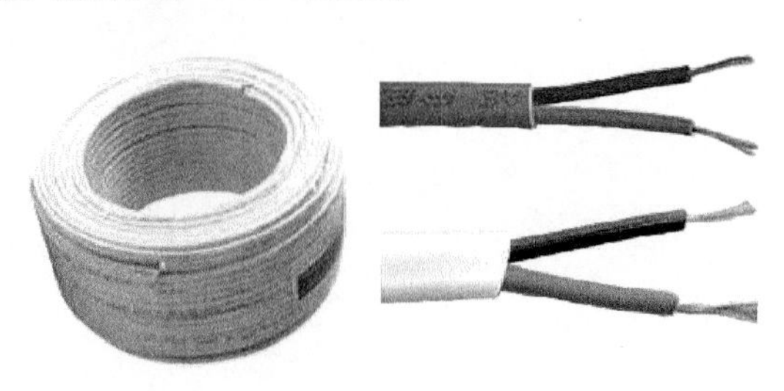

图 1.6　护套线

外包聚氯乙烯绝缘物和一层聚氯乙烯构成。由于采用双层绝缘物及防护外套,从而提高了线路的防护能力,适用于潮湿环境和机械防护要求高的场合,可在 -15 ~ +65℃的环境下工作。有时,在室内场合也可用铜芯橡皮线和铜芯聚氯乙烯线作为用户线。由于护套线属于电源线的一种,其具体情况在第 11 章电源线中详细介绍。

被复线和护套线的技术参数对比如表 1-12 所示。

表 1-12　被复线和护套线的技术参数

用户线类型	通信距离(km)	质量(kg/km)	拉断力(N)	直流电阻(Ω/km)	绝缘(MΩ/km)	芯线结构(芯数×mm)
中　型被复线	20 ~ 25	28	1 000	150	100	7×0.3 三铜四钢
轻　型被复线	15 ~ 19	14	500	250	500	2×7×0.23 三铜四钢
超轻型被复线	15 ~ 18	7.5	350	280	500	2×7×0.2 三铜四钢
护套线	20 ~ 25	31.4	158	131.1	800	2×1.52 铁

注释

[注 1]下文统称“市话电缆”

[注 2]选取标准为现行国家标准,未选取现行国际标准、行业标准、即将实施和已废止的各类标准,参考《工标网,www.csres.com》

[注 3]本文设计指的是应用设计,而非制造设计。

第2章　光纤光缆

2.1　概述

定义1:光导纤维(Fiber-Optical)是一种由玻璃或塑料制成的纤维,简称光纤,用于光传导介质。

定义2:光缆(Optical Fiber Cable),使用置于包覆护套中的一根或多根光纤作为传输媒质并可以单独或成组使用的通信线缆组件,满足一定的光学、机械、环境性能要求,如图2.1所示。

用途:传输大容量光传输信号,是光传输网的物理链路基础。

优点:容量大、速度快、衰耗小、抗干扰、质量轻、保密性好、可靠性高。

原理:利用光的全反射原理实现光信号传送。在发送端,首先将传送的信息(如话音)变成电信号,然后调制到激光器发出的激光束上,使光的强度随电信号的幅度(频率)变化而变化,并通过光纤发送出去;在接收端,检测器收到光信号后把它变换成电信号,经解调后恢复原信号。

图2.1　光纤光缆

主要性能指标参数:色散、衰耗。

生产制造工序流程:制棒、拉丝、着色、并带、二次套塑、成缆、护套挤制。

相关国标:

GB/T 13993	通信光缆
GB/T14760—1993	光缆通信系统传输性能测试方法
GB/T 12507.1—2000	光纤光缆连接器
GB/T 16529	光纤光缆接头
GB/T 18899—2002	全介质自承式光缆
GB/T 29233—2012	管道、直埋和非自承式架空敷设用单模通信室外光缆

2.2　历史事记

“电话之父”Alexandra Graham Bell于1880年发明光束通话传输,“光纤之父”高锟(K. C. Kao)于1966年在PIEE杂志上发表论文《光频率的介质纤维表面波导》,从理论上分析证明了用光纤作为传输媒体以实现光通信的可能性,并预言制造通信所用超低耗光纤的可能性。1970 年,美国康宁公司 3 名科研人员马瑞尔、卡普隆、凯克用改进型化学气相沉积(MCVD)法研制出传输损耗只有 20 dB/km 的低损耗石英光纤。1976 年,美国贝尔研究所在亚特兰大建成第 1 条光纤通信实验系统。1980 年、1983 年多模光纤、单模光纤分别实现了商用。1986 年,美国 ATT 公司首条商用海底光缆在西班牙铺设成功,1988 年、1989 年首条横跨大西洋和太平洋的海底光缆分别铺设成功。自从 1984 年以后,光缆逐渐用于长途线路。1990 年,光缆传输损耗降低至 0. 14 dB/km,已经接近于石英光纤的理论衰耗极限值(0. 1 dB/km),2000 年,实现了从屋边光纤到桌边光纤的传输,2005 年,实现了光纤入户(FTTH,Fiber To The Home)。我国于 1978 年自行研制出通信光缆;1979 年,赵梓森拉制出我国自主研发的第 1 根实用光纤;从 1976 年起,我国逐步建成长途干线、市内中继、近海和跨洋海底通信以及局域网、专用网等有线传输线路骨干,并开始向市内用户环路配线网领域发展,为光纤到户、宽带综合业务数字网提供传输线路。

2. 3 材质结构

光纤由多层透明介质构成,一般可以分为纤芯(折射率较高)、包层(折射率较低)和外围涂覆层 3 个部分,如图 2. 2 所示。图中,纤芯和包层能够满足导光要求,纤芯的粗细、纤芯和包层材料的折射率分布对光纤特性起着决定性的作用,涂覆层主要起保护作用。包层有单层和多层结构,涂覆层一般分为 1 次涂覆和 2 次涂覆层。2 次涂覆层是在 1 次涂覆层的外面再涂上一层热塑材料,又称套塑。2 次涂覆主要采用紧套结构、松套结构两种保护结构,如图 2. 3 所示。

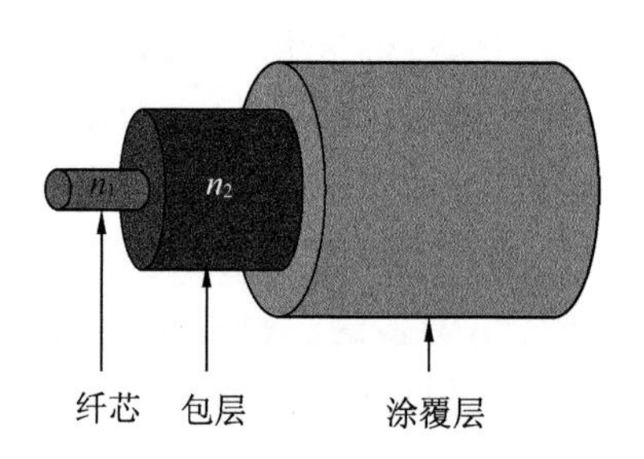

图 2. 2 光纤结构示意图

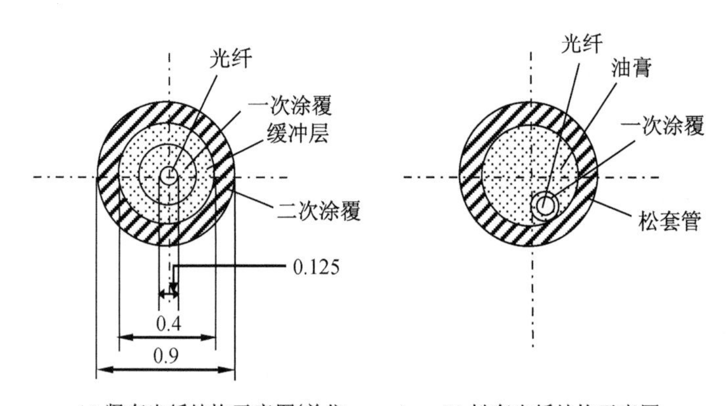

图 2. 3 紧套和松套光纤结构示意图

光缆种类繁多,但主要由光纤和保护套管及外皮构成,其基本结构一般包括缆芯、加强钢丝、填充物和护套等,根据需要还有防水层、缓冲层、绝缘金属导线等构件。图 2. 4 中以典型的 GYTY53 +333 型层绞式钢带纵包双层钢丝铠装光缆的横截面为例进行说明。

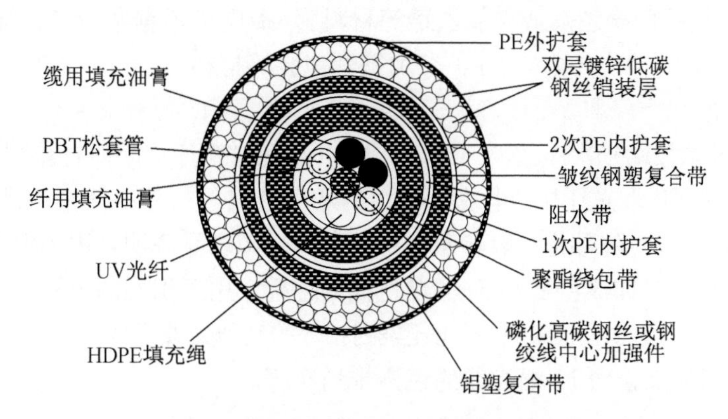

图2.4　层绞式钢带纵包双层钢丝铠装光缆结构示意图

(1) 缆芯

光缆主要靠光纤来完成信息传输,光缆缆芯由光纤芯线组成。光缆结构中,缆芯是主体,其结构是否合理与光纤安全运行关系重大。缆芯可分为单芯和多芯两种,如表2-1所示。

表2-1　缆芯结构

结构		形状	结构尺寸等
单芯型	充实型 (1) 2层结构 (2) 3层结构	2次涂覆 1次涂覆 光纤 缓冲层	外径0.7～1.2 mm 缓冲层厚度50～200 μm
	松管型	空气　硅油	外径0.7～1.2 mm
多芯型	带状式	…	节距0.4～1 mm 光纤数4～12
	单位式	光纤 缓冲套管 二次涂覆 光纤 中心加强构件	外径1～3 mm 光纤数6

★常见光缆芯数

4、6、8、12、16、24、32、36、48、60、72、76、96、144、196芯。厂家可以根据用户需求订制特殊芯数光缆。

(2) 强度元件

由于光纤材料较脆且易断裂,为使光缆能承受敷设安装时所加的外力,在光缆中心或四周要加1根或多根加强元件,材料可使用钢丝或非金属纤维(如增强塑料)等。

(3) 护层

护层主要对已成缆的光纤芯线起保护作用,避免受外部机械力和环境损坏,应具备耐压、防潮、防湿特性好、质量轻、耐化学侵蚀、阻燃等特点。光缆的护层可分为内护层和外护层,内护层一般采用聚乙烯或聚氯乙烯等材料,外护层可根据敷设条件而定,采用由铝带和聚乙烯组成的 LAP(折叠型)外护套加钢丝铠装等材料。

★端别色谱

光缆一般要求按端别次序敷设,分 A 与 B 端(若色谱顺序以顺时针排列,则为 A 端,以逆时针排列,为 B 端)。光纤与导电线组(对)的线序与组(对)序采用全色谱来识别。具体色谱排列及加标志颜色的部位一般参照生产厂家的光缆产品说明。用于识别的色标,可以是全染色的,也可以是印成色带、色环的单色或复色标。用于识别的色标应鲜明,在安装或运行中遇到高、低温度时不应褪色,不能迁染到相邻的其他光缆元件上。

表 2-2 所列为束管内 12 根光纤的色谱排列次序。

表 2-2　12 根束管(松套管)光纤的色谱排列次序

光纤编号	1	2	3	4	5	6	7	8	9	10	11	12
光纤颜色	兰	橙	绿	棕	灰	白	红	黑	黄	紫	粉红	海蓝

当纤束在束管中难以识别出其排列顺序时,光纤的编号及其所在位置可通过光纤束捆扎线的色谱与光纤本身的色谱来识别,如表 2-3 所示。对于光纤线序与组序位置排列无规则的光缆端别,可由光缆外护套上的米标来断定,即标有“0”米标志的一端为 A 端,标有该段光缆皮长(米数)的一端为 B 端。

表 2-3　光纤的色谱排列次序

束捆扎线/光纤序号	1	2	3	4	5	6	7	8	9	10	11	12
颜色	蓝	橙	绿	棕	灰	白	红	黑	黄	紫	粉红	海蓝

2.4　分类

(1) 按传输性能、距离和用途场合,分为用户光缆、市话(局内)光缆、长途光缆、海底光缆、特种光缆。

(2) 按光纤种类,可分为单模、多模光缆。

(3) 按光纤形态,可分为光纤带光缆、光纤束光缆、分离光纤光缆。

(4) 按光纤状态,可分为紧套光缆、半松半紧光缆、松套光缆。

(5) 按光纤纤芯数量,可分为单芯光缆、双芯光缆、多芯光缆。

(6) 按加强件配置方法,可分为中心加强构件光缆、分散加强构件光缆、护层加强构件光缆和综合外护层光缆。

(7) 按护层材料,可分为普通式、阻燃式、防蚁、鼠式光缆。

(8) 按传输导体、介质状况,可分为无金属光缆、普通光缆、综合光缆(主要用于铁路专用网络通信线路)。

(9) 按铺设方式,可分为管道、直埋、隧道、架空和水底光缆。

(10) 按结构方式,可分为扁平式、层绞式、骨架式、束管式、带状、铠装和高密度用户光缆。光缆的4种典型结构如图2.5所示。

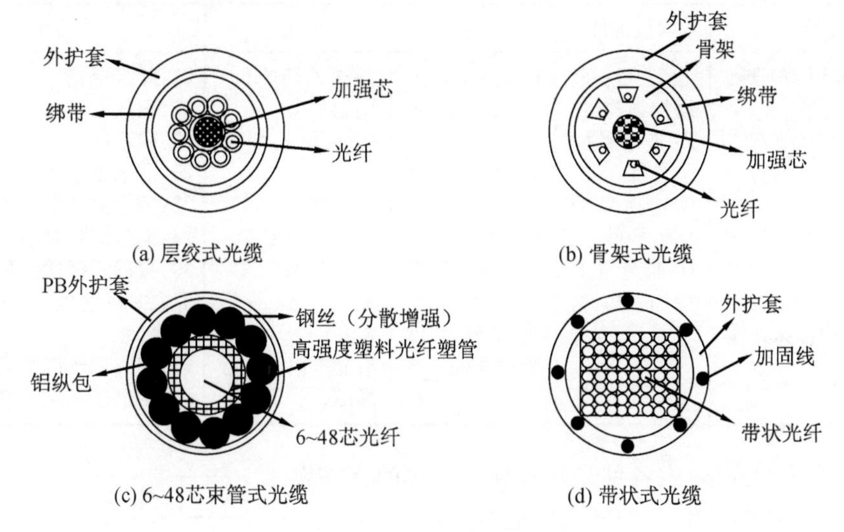

图2.5　光缆的4种典型结构

★光缆(音频电缆)管道管材及直埋光缆的保护管材

常见的几种管材如下:

(1) 子管:PVC管的一种,一般直径为25~32 mm,在通信管道中,常用于穿放直径较小的光电缆。而在通信管道建设时,为了能满足穿放直径较大的电缆,一般埋设直径为110 mm的波纹管,当需要穿光电缆时,为了避免浪费资源,在波纹管中先穿放子管,然后穿放光缆。

(2) 硅管:内壁带有硅胶质固体润滑剂的复合保护管,密封性好、耐化学腐蚀、造价低。

(3) 钢管:空心截面钢材,在过河点、上下电杆、鼠患严重地区使用。

(4) 槽钢:凹槽型截面钢材,过路承重保护时使用。

子管、硅管等可套在通信管道中使用,硅管、钢管、槽钢均可直接埋地。

以上管材全部适用于音频电缆施工,部分适用于电力电缆施工。

2.5　型号

(1) 构成:由光缆的型式代号和光纤的规格代号两部分构成,用一短横划线分开,如图2.6所示。

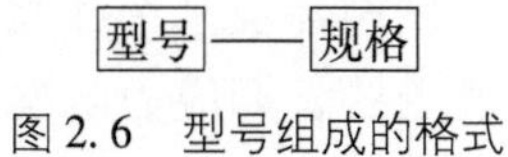

图2.6　型号组成的格式

(2) 型式:由5个部分构成,各部分均用代号表示,如图2.7、表2-4所示。

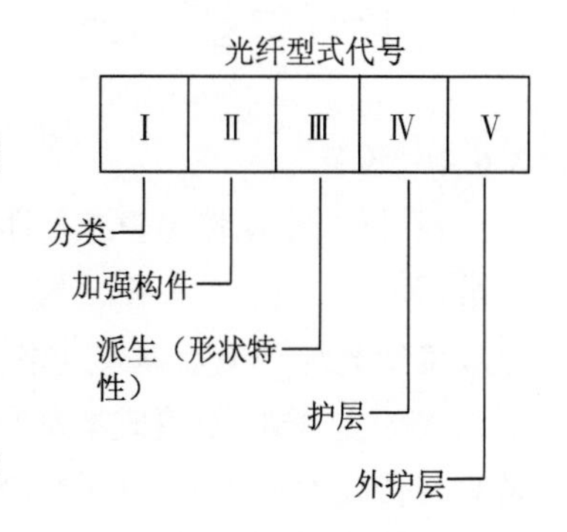

图2.7　光缆的型式构成

表2-4　各部分代号

分类	加强构件	派生特征	护套	外护层
GY:通信用室(野)外光缆 GR:通信用软光缆 GJ:通信用室(局)内光缆 GS:通信用设备内光缆 GH:通信用海底光缆 GT:通信用特殊光缆	无符号:金属加强构件 F:非金属加强构件 G:金属重型加强构件 H:非金属重型加强构件	B:扁平形状 Z:自承式结构 T:填充式结构 注:当光缆型式兼有不同派生特征时,其代号字母顺序并列。	Y:聚乙烯护套 L:铝护套 V:聚氯乙烯护套 Q:铅护套 U:聚氨酯护套 G:钢护套 A:铝-聚乙烯护套 S:钢-铝-聚乙烯综合护套	01:纤维层; 02:聚氯乙烯 03:聚乙烯 20:裸钢带铠装 22:钢带铠装聚氯乙烯套 23:钢带铠装聚乙烯套 30:裸细圆钢丝铠装 32:细圆钢丝铠装聚氯乙烯套 33:细圆钢丝铠装聚乙烯套 41:粗钢丝铠装纤维外被

(3) 光缆的规格:由各种光纤和导电线芯的有关规格相加而成,两者间用“ + ”号隔开,见图2.8。

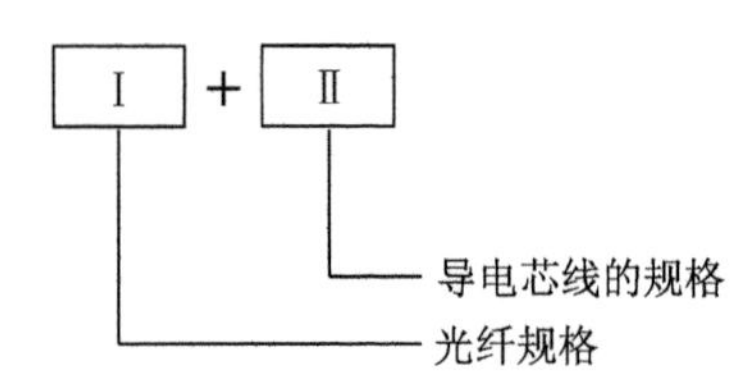

图2.8　光缆的规格构成

(4) 部分特殊形式光缆

① 8字自承式光缆:架空用。

② 蝶型自承式光缆:室内架空用。

③ 软光缆(Optical Fiber Cord),相对普通光缆而言,室内光缆或部分特殊场合使用的柔性光缆。采用纤维增强材料或很细的加强构件,外径较小、柔软性好、易于弯曲,适用于室内或空间较小的场合布放,室外用软光缆如图2.9所示。

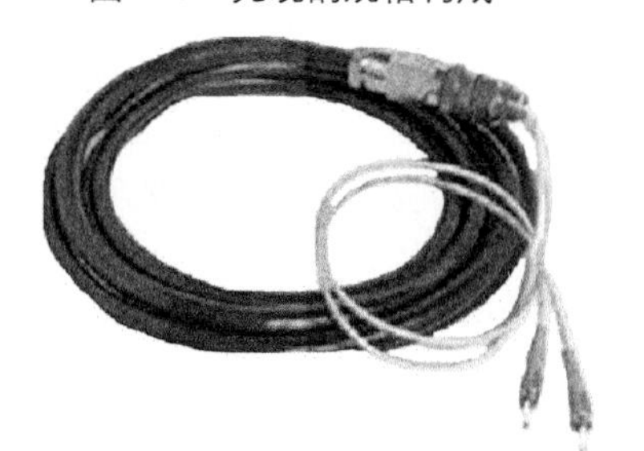
图2.9　室外用软光缆

按应用领域的不同,软光缆可分为:

FTTH用,蝶型光缆、分支光缆、树状光缆等;

光连接器件用,单芯光缆、双芯光缆、扁平带状光缆等;

其他特种软光缆,军用野战光缆、基站拉远光缆、气吹微型光缆、传感光缆等。

2.6　设计选型

2.6.1　设计

设计时,根据传输模式和距离来选择单模或多模光纤。根据开通设备数量确定光纤芯数,预留远期需求和租赁需求。根据光缆的敷设、使用环境来选择光缆的外护套,从而最终确定光缆种类及程式规格。要重点关注光纤所受的长期应力状况,光缆结构选用以层绞式为主,推广使用成本及寿命等占优势的全干式光缆。由于承载业务、传输速度等参数只与传输设备相关,且采用波分复用技术后,1纤可承载196波,在现有条件下,不存在单纤容量问题,因此,设计时不需考虑业务类型、容量和传输速度。其他需注意的事项如下:

（1）根据网络安全可靠性要求，必须预留一定的纤芯，以满足各种系统保护的需求。

（2）应考虑工程中远期扩容所需要的光纤数量，随着通信技术的飞速发展，考虑今后大数据多媒体等大容量新业务需求。

（3）应考虑纤芯对租赁业务所需的光纤数量。

（4）应考虑光缆施工维护、故障抢修的因素。

（5）应考虑与现有光缆光纤的匹配兼容。

（6）应考虑当前光缆的市场价格因素。

2.6.2　选型

根据不同用途的光缆，其选型如下：

架空和管道光缆：使用铝-聚乙烯粘接护套（LPA 护套）+ PE 外护层。

埋式光缆：使用 PE 内护套 + 钢-铝-聚乙烯粘接护套 + PE 外护层，或 LAP 护套 + PE 内护套 + 轧纹纵包钢带铠装护套 + PE 外护层。

水底光缆：使用 LAP 护套 + PE 内护套 + 钢丝铠装护层 + PE 或油麻沥青外护层。

局内光缆：使用阻燃型光缆。

防蚁光缆：使用直埋光缆结构 + 防蚁外护层。

选型过程还应注意：

（1）户外用光缆直埋时，宜选用铠装光缆。架空时，可选用带两根或多根加强芯的黑色塑料外护套的光缆。

（2）建筑物内所用的光缆在选用时应注意其阻燃、燃烧释放毒和烟的特性。一般在管道中或强制通风处可选用阻燃式光缆；有排烟、暴露的环境中应选用阻燃、无毒和无烟型光缆。

（3）楼内垂直布缆时，可选用层绞式光缆；楼内水平布线时，可选用可分支光缆。

（4）传输距离在 2 km 以内时，可选择多模光缆，超过 2 km 时可用中继或选用单模光缆。

2.7　制作施工

2.7.1　光纤熔接接续的一般步骤

由于光缆接头盒和光缆程式较多，不同结构的护套所需连接材料、工具以及接续方法、步骤是不同，但基本操作程序大体相同。光缆接续的一般步骤包括以下几个方面。

（1）接续前的准备

在光缆接续前，应先核对光缆接头的位置、光缆的程式、端别，并根据接头预留长度要求留足光缆，一般光缆接头每侧预留长度不应少于 8 m。当在工程车或帐篷内进行光缆接续安装时，接头每侧的预留长度还应适当加长。然后，识别光缆的端别，核对光纤、铜导线并编线做永久性标记。同时，应检查两段光缆的光纤、铜导线的质量和传输特性及护套对地绝缘电阻，检验合格后方可进行接续。

光纤接续的环境必须整洁，在光缆接续点必须设置防尘、防雨帐篷或采用工程接续车，或在有遮盖物的环境中操作，严禁露天作业。对于干燥地面，应铺设干净的塑料布，布置工作台。接续前，还应引入市电电源，在没有市电的接续点或引入市电较困难的接续点，应用自备油机发电机组供电。同时，接续点的帐篷内或工程接续车内应有良好的照明，以确保接续工作顺利进行。在环境温度过高（+40℃以上）或过低（+5℃以下）的地点接续时，应采取相应的降温或升温措施，以保证熔接机和施工人员的正常工作。但是，升温或降温措施不能给光纤接续造成尘埃污染。为了保证在接续期间的联络畅通，应用光或电的联络电话，或用无线电沟通测试点与接续点。

（2）光缆的开剥

开剥方式包括横向开剥和纵向开剥。

横向开剥：断纤横向开剥光缆，较简单。

纵向开剥：不断纤带业务纵向开剥光缆，较复杂。

由于光缆端头部分在敷设过程中易受机械损伤和受潮，所以在光缆开剥前应视光缆端头状况截取 1 m 左右的长度。根据光缆的结构选用接头盒，确定光缆的开剥长度。一般情况下，光缆的开剥长度为 1.5 m 或遵照相关工艺要求。然后，使用卷尺和画线铅笔在光缆外皮上按照要求长度标记开剥点，或用 PVC 胶带做标记，可开始开剥。

① 光缆外护层的开剥。将待开剥光缆固定于光缆接续工作台的光缆固定架上，在开剥点将横切刀划进光缆外护层，转绕光缆一周，切断光缆的 PE（聚乙烯）外护层，并将该段 PE（聚乙烯）护层除去。

② 铠装钢带的开剥。用剖刀在开剥点围绕铠装钢带转一周，在钢带上剖出明显的划痕，再沿划痕划出一个小口，直至钢带完全断裂，剥除铠装钢带。当光缆铠装层为直径 1 mm的钢丝时，在开剥点用钢锯锯成 0.5 mm 深沟，将钢丝沿锯口折断并全部去除。这种铠装结构光缆的钢丝铠装层内有 LAP 护层（铝塑黏结护层），可按上述去除外护层的办法剥除。

（3）金属构件的电气测试

光缆的金属构件包括金属加强芯、铠装层、铜线和 LAP 护层。在光缆接续过程中，每次开剥光缆后都必须测试铜导线的直流电阻、绝缘电阻、绝缘强度，并进行测试记录。在接头盒内电气连通时，测试在接续始端进行，接续点配合测试；电气断开时，测试在接续点进行，下一个开剥点配合测试。

（4）接头盒的组装

光缆接头盒的组装是按接头盒说明书进行的，然后，将光缆引入接头盒内。

（5）光缆金属构件的接续

光缆金属构件的接续包括光缆铠装层、加强芯和铜线及护层的接续。

① 光缆钢带铠装层的接续。接续时，用剖刀在开剥点上部将光缆外护层及钢带纵向剖开 40～50 mm 的长度；然后，嵌入接线卡子夹紧钢带和外护层，拧紧螺丝，使接续卡子上的尖牙紧紧咬住外护层和钢带，形成一个牢固的接线柱，并在接线卡上接出引线；最后，将接线卡子和纵剖部位用聚乙烯胶带紧缠数圈。

② 光缆钢丝铠装层的接续。钢丝铠装光缆的铠装层引线一般在开剥点前部接头盒外引出。其方法如下：在光缆开剥点前部 100 和 115 mm 处，用剖刀将外护层横向划透，剥除外护层 15 mm，露出钢丝铠装层，擦去油污；在连接铜线缆端头去除20 mm绝缘层，以松香为助焊剂，在铜线上涂上焊锡；用裸铜线或镀银铜线密绕，将铜线缆镀锡端头紧压在

露出的钢丝铠装层表面,密绕宽度在10 mm左右;用焊锡将密绕裸铜线和铜线缆镀锡焊接牢固;最后,用聚乙烯胶带将铜线缆引出部位缠绕,套上长250 mm、直径30 mm的热可缩管,加热收缩。

③ 金属加强芯的连接。首先,在接头盒金属板条上固定金属支撑架,再将金属加强芯端剥除25 mm塑料护层插入加强芯固定卡,紧固螺丝钉即可将加强芯固定。如果两端光缆的加强芯做电气连通,则要把两个金属支撑架固定在同一块金属连接板条上;如果两端加强芯不做电气连接,则要把两个金属支撑架分别固定在上、下两块金属连接板条上。金属加强芯的引出线可根据具体情况从端帽或端帽穿透金属座引出。

④ 金属防潮护层的接续。金属防潮护层引线接线柱的制作方法如下:使用金属接线卡子,按照钢带铠装层引出线的制作方法,处置好光缆的外护层;将金属防潮护层纵剖25 mm,紧接着横剖10 mm,使其呈“L”形,嵌入金属接线卡子即可。

(6) 光纤的接续

光纤接续方法主要有永久性连接、应急连接、活动连接。光缆接续方法和工序标准应符合施工规程和工艺要求。无论采取哪种接续方式,光纤连接损耗均应低于规定值,总的连接损耗要达到设计规定值。

① 永久性光纤连接(热熔)。这种连接是用放电的方法将两根光纤的连接点熔化并连接在一起。一般用在长途接续、永久或半永久固定连接,其主要特点是连接衰减是所有连接方法中最低的,典型值为0.01～0.03 dB/点。但是,在连接时,需要专用设备(熔接机)和专业人员进行操作,而且连接点也需要专用容器保护。

② 应急连接(冷熔)。主要是用机械和化学的方法将两根光纤固定并粘接在一起。这种方法的特点是连接迅速可靠,连接典型衰减为0.1～0.3 dB/点,但连接点长期使用将会不稳定,衰减也会大幅度增加,所以只能短时间内应急使用。

③ 活动连接。是利用各种光纤连接器件(插头和插座)将站点与站点或站点与光缆连接起来。这种方法灵活、简单、方便、可靠,多用在建筑物内的计算机网络布线中,其典型衰减为1 dB/接头。

(7) 接头盒的封装

光缆接头盒的类型众多,国内大多采用铝合金壳圆筒型结构,两端用螺丝连接封口,外部采用热缩管密封,具有隔水、防潮性能。如因维修故障而打开热塑封袋,在修复后可用拆卸的热缩套管封装,以保证防水、防潮性能。

封装完成后,接头盒必须不渗水、不漏潮,以保证光纤的可靠性能。因此,要严控接头盒密封条的安装工艺,以确保安装质量。

2.7.2　具体实施例

下面以GYTA-8B1型光缆熔接为例进行说明。

(1) 开剥(如图2.10所示)

外护套开剥方法无限制,但不得伤及松套管。一般将对接的光缆端头各开剥1.5 m。将缆芯沿反扭绞方向旋转,松开层绞式套管,露出加强芯。

① 去除填充油膏:用酒精棉球擦除束管表面的填充油膏。一是为防止油膏弄脏器具,进而弄脏纤芯端面;二是为了防止油膏弄脏手,从而影响操作。

② 剪断加强芯:注意留取加强芯长度,将加强芯留适当长度后剪断,距固定螺丝中心1～1.5 cm,剪断填充绳和填充管,使之与缆口平齐。

图 2.10　开剥

(2) 固定(如图 2.11 所示)

① 固定光缆及加强芯:多层稳固要求固定光缆及加强芯,缆皮端口应与钢箍内侧相距0.6～1 cm,加强芯折回固定。

② 开剥束管:光缆开剥后,将光缆固定在光缆接头盒内,开剥纤芯束管,并用扎带固定,端口与扎带内侧相距0.5～1 cm,光纤进入收容盘固定时无明显受力点。纤芯排列应合适、整齐。

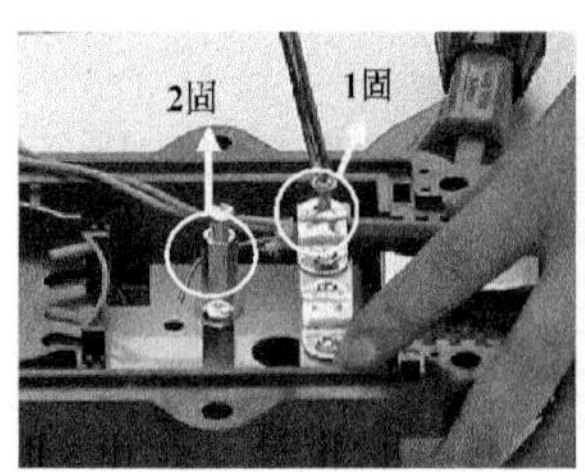

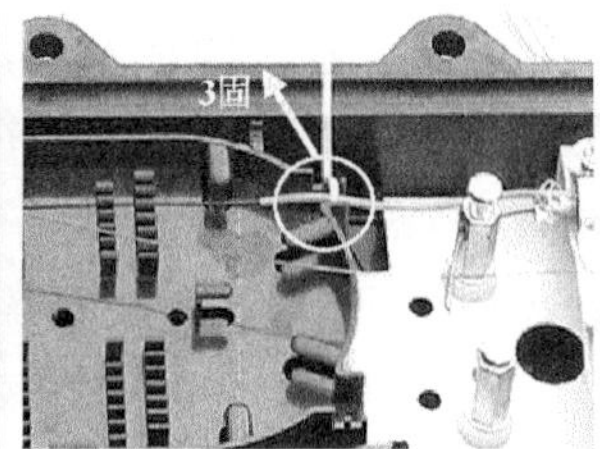

图 2.11　固定

(3) 熔接

① 套热缩套管:纤芯要从热缩套管内穿过,光纤自由弯曲且无明显受力点。然后比对纤芯,为盘纤准备适合长度纤圈直径,使两端预备纤芯长度一致,如图 2.12 所示。

图 2.12　套管

② 剥除涂覆层:注意工具角度约为 45°,力度适中,剥除长度约 3 cm,然后,用脱脂棉

或纸巾蘸取 95% 以上浓度酒精擦拭纤芯,换 90°至少擦两次(一般以听到“吱吱”声为准),如图 2. 13 所示。

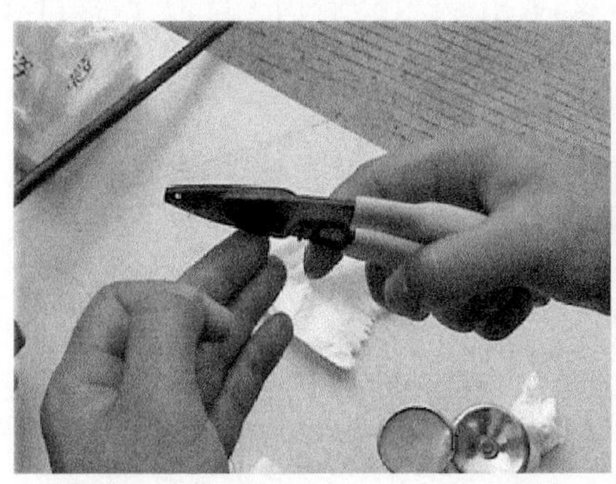
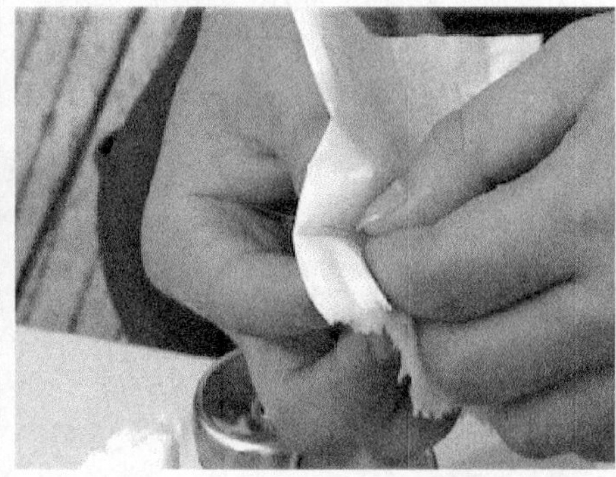

图 2. 13　剥除涂覆层

③ 制作光纤端面:用切割刀制作光纤端面,注意拿捏纤芯要轻稳,以避免碰伤纤芯端面。裸纤切割长度为 12 ~ 16 mm(可根据热缩管的规格调整),如图 2. 14 所示。

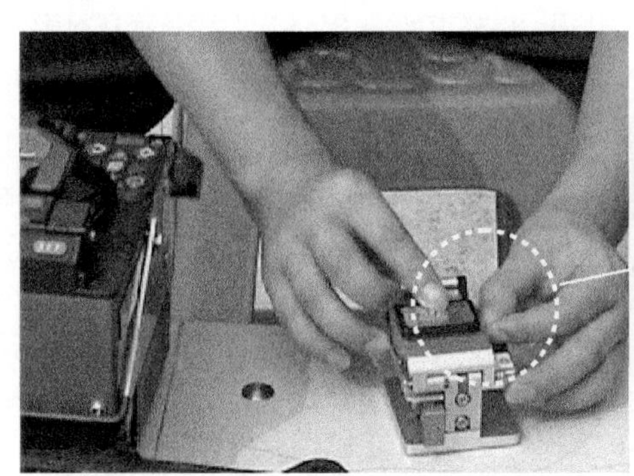

图 2. 14　制作光纤端面

通常在正式接续前,应进行放电试验(为适应不同的纤缆型号和环境气候等变化因素)。将已制备好的光纤平整地放入熔接机 V 型槽中,端面离电极位置应适中(约 2 mm),以避免与电极或其他部位摩擦碰撞;放置到位后,按键自动熔接;观察熔接画面和衰耗估算。当低于标准时,用 OTDR 测试核对,如果超过标准,则为不合格,如图 2. 15 所示。

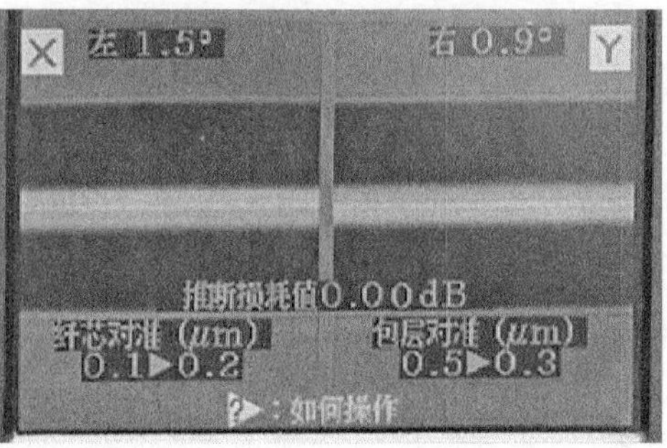

图 2. 15　熔接

④ 加热热缩管:调整位置,使纤芯熔接点位于热缩管中央,并确保裸纤位于热缩套管内部。将热缩管平稳放入加热槽中央,且使金属部件处于下方,以确保加热效果良好。完毕后,打开炉盖(以结束提示音为准),进行散热,取出光纤(以管内无气泡,两端口有出胶为合格),如图 2. 16 所示。

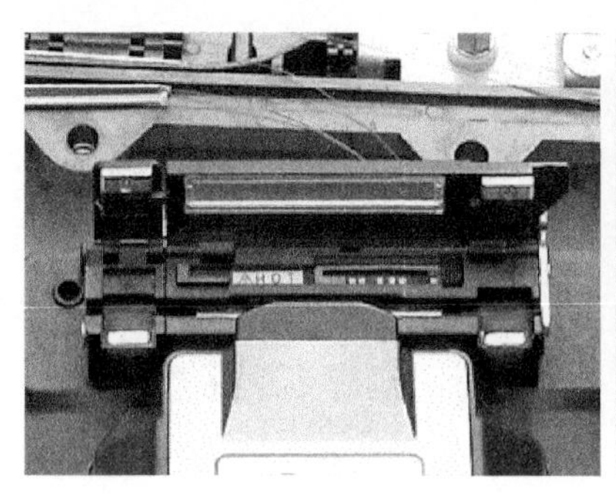
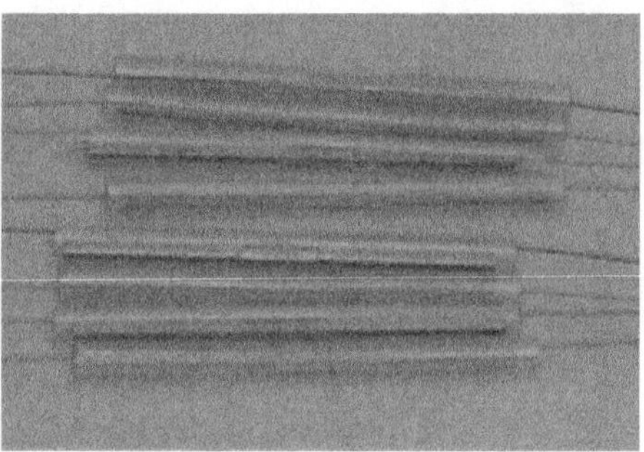

图 2. 16　加热套管

(4) 盘纤

将接续好的光纤小心理顺,避免扭绞现象出现,再按束管分层,将热缩套管压入固定槽。此时应将金属部件朝下压入,使其作为主要受力部位。盘纤过程中先将热熔管固定,再从两端盘纤,先盘一端,固定后再盘另一端。当余纤长短不一时,先盘长度接近的余纤,再对长度特殊的余纤盘绕。形状有圆形、椭圆形、S 形、∞ 形等,半径不小于 3. 75 cm,如图 2. 17 所示。

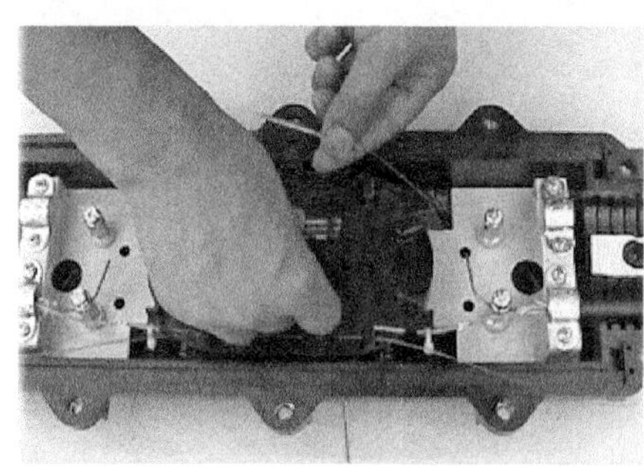

图 2. 17　盘纤

(5) 测试

由于盘纤过程使光纤受力,从而导致衰耗增大,所以应认真测试长度和衰减损耗,以确保接续质量。

(6) 封盒

检查接头盒:在接头盒内部进行,对在接头盒内部进行清洁,在接头盒入缆口和槽中以及堵头加防水密封胶带,以保证螺丝、垫圈、螺母均安装紧密牢固,螺母按顺序两次上紧,装完后的接头盒应无缝隙,如图 2. 18 所示。

(7) 收尾工作

复测(立即排除因盘纤造成的损耗),回填(注意余缆的填埋),填表(更新资料),跟踪观察设备运行情况等。

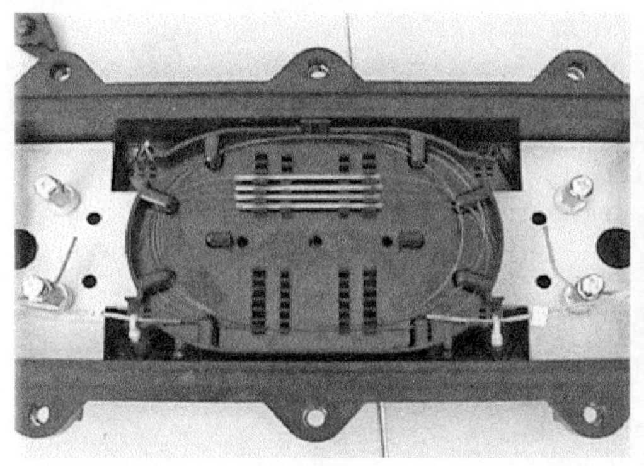

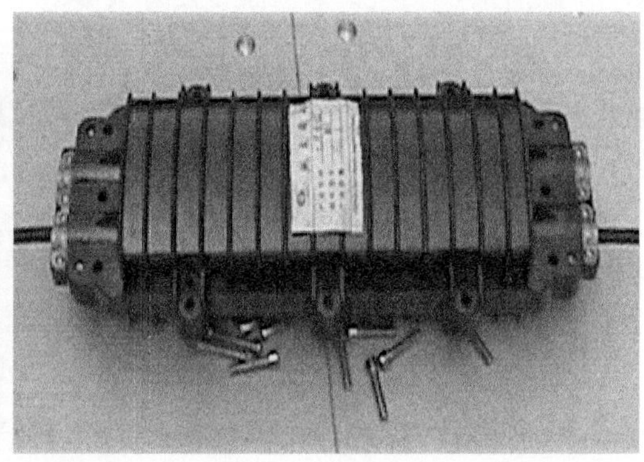

图2.18　封盒

2.7.3　光缆敷设的要求

光电缆[注1]施工通用技术包括路由复测、单盘检验与配盘、敷设、接续和测试。其中：架空光缆的施工工序包括立杆、拉线、避雷和接地、架空吊线、敷设、保护；直埋光缆的施工工序包括挖填缆沟、敷设安装、保护、标石埋设、对地绝缘；管道光缆的施工工序包括管孔选用、清刷管道和人(手)孔、子管敷设、敷设。

(1) 架空

① 应根据光(电)缆外径来选用挂钩程式。挂钩的搭扣方向应一致，托板不得脱落。

② 光(电)缆挂钩的间距为500 mm，允许偏差 ±30 mm。光(电)缆在电杆两侧的第1只挂钩应各距电杆250 mm，允许偏差 ±20 mm。

③ 架空光(电)缆敷设后应自然平直，并保持不受拉力、无扭转、无机械损伤现象。

④ 光(电)缆在电杆上应按设计或相关验收规范标准做弯曲处理，伸缩弯在电杆两侧的挂钩间下垂200 mm。

⑤ 架空电缆接头应在近杆处，200对及以下电缆接头应距电杆600 mm；200对以上电缆接头应距电杆800 mm，允许偏差均为 ±50 mm。

(2) 墙壁

墙壁光(电)缆离地面高度应不小于3 m，跨越街坊、院内通路等应该采用钢绞线吊线，其缆线最低点距地面净距应符合《通信线路工程验收规范》(YD5121-2010)规定；墙壁光(电)缆与其他管线设施的最小间距应符合《通信线路工程验收规范》(YD5121-2010)规定；吊线式墙壁光(电)缆的吊线程式应符合设计规定。墙壁上支撑物的间距应为8~10 m，终端固定物与第1只中间支撑物之间的距离不应大于5 m。终端固定物距墙角应该不小于250 mm。卡挂式墙壁光(电)缆沿墙壁敷设时，应在光缆上外套塑料管，卡钩必须与光(电)缆和保护管外径相配套。卡钩间距应为500 mm，允许偏差 ±30 mm，转弯两侧的卡钩距离应为150~250 mm，而且两侧距离必须相等。

(3) 直埋

① 同沟敷设的光(电)缆不得重叠或交叉，缆间的平行距离应不小于100 mm；布放光(电)缆时应防止缆在地上拖放，特别是丘陵、山区、石质地带，应采取措施以防止光(电)缆外护层摩擦破损；应保证光(电)缆全部贴在沟底，不得有背扣；光缆在各类管材中穿放

时，管材内径应不小于光缆外径的1.5倍。

② 穿越允许开挖路面的公路或乡村大道时，光缆应采用钢管或塑料管保护；穿越有动土可能的机耕路时，应采用铺红砖或水泥盖板保护；穿越有疏浚、拓宽规划或挖泥可能的沟渠、水塘时，可采用半硬塑料管保护，并在上方覆盖水泥盖板或水泥砂浆袋。

③ 光（电）缆线路在下列地点应采取保护措施：

a. 高低差在0.8 m及以上的沟坎处，应设置护坎。

b. 穿越或沿靠山涧、溪流等易受水流冲刷的地段，应设置漫水坡、挡土墙。

c. 光（电）缆敷设在坡度大于20°、坡长大于30 m的坡地上时，宜采用“S”形敷设。坡面上的缆沟有可能受水冲刷时，可以设置堵塞，用于加固或分流。一般地，堵塞间隔为20 m左右；在坡度大于30°的地段，堵塞的间隔应为5～10 m。在坡度大于30°的较长斜坡地段，应敷设铠装缆。

d. 光（电）缆在桥上敷设时，应考虑机械损伤、振动和环境温度的影响，应采用钢管或塑料管装保护措施。

e. 当光（电）缆线路无法避开雷暴严重地域时，应采用消弧线、避雷针、排流线等防雷措施。排流线（防雷线）应布在光（电）缆上方300 mm处，双条排流线（防雷线）的间隔应为300～600 mm，防雷线的接头应采用重叠焊接方式并做防锈处理。

f. 光（电）缆离电杆拉线较近时，应穿放不小于20 m的塑料管用于保护。

（4）管道子管敷设

① 在管道的1个管控内，应布放多根塑料子管，每根子管中穿放1条光缆。在孔径90 mm的管径内，应一次性敷设3根或3根以上的子管。

② 子管不得跨人（手）孔敷设，子管在管道内不得有接口，子管内应穿放光缆牵引绳。

③ 子管在人（手）孔内伸出的长度应符合设计或验收规范的要求。《通信线路工程验收规范》（YD5121-2010）规定，子管在人（手）孔内伸出的长度一般为200～400 mm。

④ 子管在人（手）孔内应用子管堵头固定，本期工程已使用的子管应对其管口封堵。空余子管应用子管塞封堵。

（5）管道光（电）缆敷设

① 敷设管道光（电）缆时，应在管道进、出口处采取保护措施，以避免损伤光（电）缆外护层。

② 管道光（电）缆在人（手）孔内，应紧靠人（手）孔的孔壁，并按设计要求予以固定（用尼龙扎带绑扎在托架上，或用卡固法固定在孔壁上）。光缆在人（手）孔内，子管外的部分应使用波纹塑料软管保护，并予以固定。人（手）孔内的光缆应排列整齐。

③ 光缆接头盒在人（手）孔内，宜安装在常年积水的水位线以上的位置，并采用保护托架或按设计方法承托。

④ 光缆接头处两侧光缆预留的重叠长度应符合设计要求，接续完成后的光缆余长度按设计规定的方法盘放，并固定在人（手）孔内。

⑤ 光（电）缆和接头在人孔内的排列规则如下：

a. 光（电）缆应在托板或管壁上排列整齐，上、下不得重叠相压，不得互相交叉或从人（手）孔中间直穿；

b. 电缆接头应平直安放在托架中间，并考虑留有今后维护中拆除接头包管的移动位置；

c. 在人（手）孔内，光（电）缆接头距离两侧管道出口处的长度不应小于400 mm；

d. 在人（手）孔内，接头不应放在管道进口处的上方或下方，接头和光（电）缆都不应该阻挡空闲管孔，以避免影响今后敷设新的光（电）缆。

⑥ 人（手）孔内的光（电）缆应配有醒目的标识或标志吊牌。

（6）海缆（略）。

2.8　通信拓展

2.8.1　通达设备

光缆主要通达设备如表2-5所示。

表2-5　光缆通达设备

名称	功能	图示
光缆接头盒	光纤接续连接，用在光缆线路接头处	
珐琅盘	又称尾纤盘线装置，将纤芯成端上架，供富余尾纤盘绕的构件	
终端盒	又称光纤终接装置，终端配线的辅助设备，主要用于光缆终端的固定，是光缆与尾纤的熔接及余纤收容和保护的构件	

2.8.2　仪表工具

维护过程所用仪表工具和器材如表2-6所示。

表2-6　常见仪表工具器材

名称	功能	图示
光纤熔接机	用于光纤的熔接，依靠放出的电弧将两头光纤断面熔化，同时，运用准直原理平缓推进，以实现光纤模场耦合	
光缆普查仪	一种利用声学原理来准确查找和识别深埋于管道（人井）、隧道和电杆架空等环境中目标光缆的设备	
光电缆路由探测仪	确定地下光电缆走向和埋深	

续表

名称	功能	图示
光时域反射仪	OTDR,在光缆线路的维护、施工中,测试光纤长度、传输衰减、接头损耗和故障定位等	
光衰减器	简称光衰,对光功率进行衰减的器件	
光隔离器	利用法拉第旋转效应来实现入射光隔离,一般用在设备内部的器件	—
光耦合器	简称光耦,又称光电隔离器,以光为媒介传输电信号的器件,一般用在设备内部	—
光连接器	又称活动连接器,俗称珐琅头,也称为耦合器(与上述光耦不是一个概念),使尾纤连接器插头和光纤跳线连接器插头实现光学连接的器件,存在一定衰耗	
光源	可使用激光器和红光笔将电信号转换成光信号,是光发生器的关键部件	
光功率计	测量绝对光功率或光损耗的仪器	
光万用表	将稳定光源与光功率计组合在一起,测试光功率损耗	
光话机	可通话,用于光缆线路的检测、维护及光纤衰减测量	
横向开剥刀	光缆横向开剥	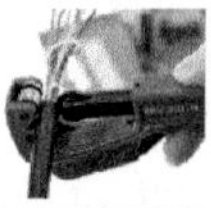
纵向开剥刀	光缆纵向开剥	
米勒钳	纤芯开剥	
蛇头钳	大力剪线	
大力剪线钳	剪断光缆加强芯	
切割刀	切断光纤	

光衰和光连接器区别:两者外观相似,光连接器用眼睛对准珐琅盘的中间位置,能顺畅看穿;衰耗器则能看到里面的黄色环,并且衰耗器的一面有衰耗值标志。

2.8.3　抢修工具箱及抢修车配置

抢修工具箱和抢修车配置如表 2-7 所示。

表 2-7　工具箱和抢修车配置表

抢修工具箱配置	抢修车配设施
双口光纤剥皮钳、组合套筒、卷尺、美工刀、蛇头钳、横向开缆刀、纵向开缆刀、镊子、剪刀、老虎钳、尖嘴钳、斜口钳、微型螺丝刀、内六角扳手、活动扳手、组合螺丝刀、锯子、记号笔、手电筒、热缩套管、棉花、酒精、绝缘胶带、防水胶、扎带、钢箍等	光电缆线路定位仪(探测仪)、发电机、应急电源、光纤熔接机、OTDR、光缆割接工具箱、接头盒、备缆、线路资料、操作平台、太阳伞、探照灯、铁锹、洋镐、砍刀、手持对讲机、保护光缆警示带、雨衣、雨鞋、防毒面具、救生衣、麻绳、御寒大衣、手套、帐篷,梯子、穿管器、警示带、一次性塑料袋、医药箱等

2.8.4　光纤通信原理和专用术语

(1) 光纤通信:又称光通信,是利用光波作为载波,以光纤作为传输媒质,将信息从一处传至另一处的通信方式。

(2) 线路施工:涉及光缆线路工程的新建线路施工、线路整治施工、线路迁改施工。

(3) 单盘检验:光缆敷设前期,为确认光缆和器材的质量进行的检验工作。主要对现场光缆及连接器材的规格、程式、数量进行核对、清点,外观进行检查,光电主要特性进行测量。

(4) 路由复测:以施工图为依据,确定光缆敷设的具体路由位置、丈量地面的准确距离,为光缆配盘、敷设和明确保护地段等提供必要的依据。

(5) 光缆配盘:根据路由复测数据计算出光缆敷设总长度,并按光纤全程传输质量要求选择配置单盘光缆。其目的是为了合理使用光缆,减少光缆接头和降低接头损耗,提高工程质量。

(6) 光缆敷设:光缆线路施工中的关键步骤。

(7) 光缆接续:将两段光缆连接形成连续光缆的操作。

(8) 开天窗:使用纵向开剥的方法,以实现光缆不中断割接。

(9) 线路维护:定期对光缆线路进行巡查维护,发现故障隐患及时处置。

(10) 光缆抢修:光缆线路发生障碍时组织的快速修复工作。

(11) 临时代通:在时间、条件不允许的情况下进行的光缆线路应急代通。

注释

[注 1]此处电缆指音频电缆。

第3章　纤　线

3.1　概述

定义1:尾纤(Pigtail或Tail Fiber),又称尾线,俗称“猪尾线”。单芯尾纤只有一端有连接头,另一端是一根光缆纤芯的断头,通过熔接与光缆纤芯相连,有单芯和多芯之分。

定义2:光纤跳线(Fiber Jumper),又称光纤连接器,指光纤两端都安装连接器插(接)头,用来实现光路活动连接,有单芯和多芯之分。

定义3:皮线光纤(Skin Fiber),又称皮纤、皮线光缆、皮缆、室内悬挂式布线光缆,适合在楼内以管道或明线方式入户,有单芯和多芯之分。

用途:传输光信号,光缆干线到了近用户端,需要纤线来实现最后一段到设备的连接。

主要性能参数:模式、插入损耗。

光纤生产制造工序流程:原料制备、预制棒熔炼及表面处理、拉丝及一次涂覆、张力筛选及着色、二次涂覆。

(1) 尾纤与光纤跳线的区别:光纤跳线连接尾纤和终端设备,是从设备到光纤布线链路的跳接线,有较厚的保护层,一般用于光端机和配架或终端盒之间的连接。尾纤连接光缆和跳线,通过活动连接器(耦合器)把尾纤和跳线相连接。尾纤只有一头是活动接头,跳纤的两头都是活动接头,当跳纤长度满足要求时,可一分为二以用作尾纤。两种纤线的典型连接方式如图3.1所示。

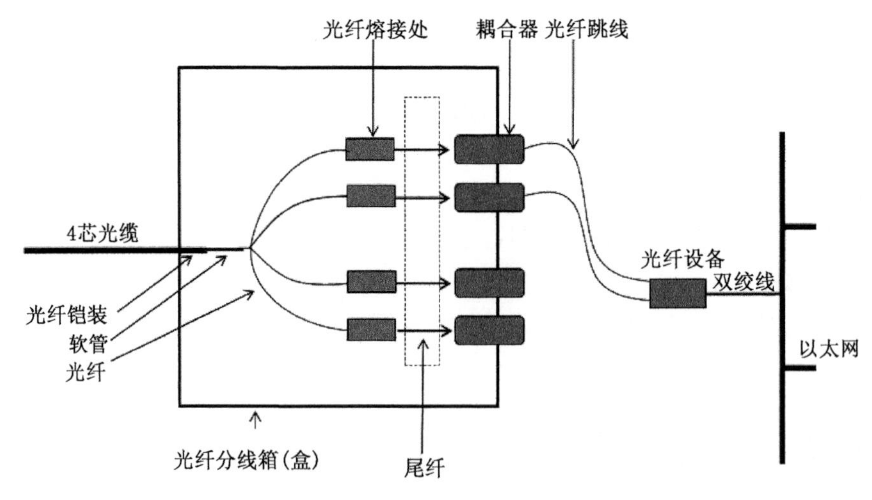

图3.1　尾纤和跳线的连接方式

(2) 皮纤与传统室内光缆的区别:皮纤可取代传统室内光缆,承受一定的侧压力和拉力,实现20 mm的弯曲半径敷设。可配合多种连接器,可快速实现现场成端对接。

相关国标[注1]：

GB/T 12357	通信用多模光纤
GB/T 12507.1—2000	光纤光缆连接器
GB/T 14075—2008	光纤色散测试仪技术条件
GB/T 14733.12—2008	电信术语 光纤通信
GB/T 15972	光纤试验方法规范
GB/T 16529	光纤光缆接头
GB/T 16849—2008	光纤放大器总规范
GB/T 16850	光纤放大器试验方法基本规范
GB/T 17570—1998	光纤熔接机通用规范
GB/Z 17979—2000	信息技术 符合 GB/T 17234 标准的盒式光盘有效使用的指南
GB/T 18310.4—2001	纤维光学互联器件和无源器件 基本试验和测量程序 第2~4部分:试验 光纤/光缆保持力
GB/T 18311—2007	纤维光学互联器件和无源器件
GB/T 18478—2001	纤维光学环行器
GB/T 18898.1—2002	掺铒[注2]光纤放大器 C 波段掺铒光纤放大器
GB/T 18898.2—2008	掺铒光纤放大器 L 波段掺铒光纤放大器
GB/T 18901.1—2002	光纤传感器 第1部分：总规范
GB/T 20184—2006	喇曼光纤放大器技术条件
GB/T 20186.1—2006	光纤用二次被覆材料 第1部分:聚对苯二甲酸丁二醇酯
GB/T 20186.2—2008	光纤用二次被覆材料 第2部分:改性聚丙烯
GB/T 28504.1—2012	掺稀土光纤 第1部分:双包层掺镱光纤特性
GB/T 29230.1—2012	塑料光纤系统用光-电-光双向波长转换器 第1部分:百兆以太网 650 nm 与 1 550 nm/1 310 nm/850 nm 波长转换器
GB/T 29231—2012	塑料光纤系统用 650 nm 百兆以太网光-电-光转发器
GB/T 29232—2012	650 nm 百兆以太网塑料光纤网络适配器
GB/T 30985—2014	光纤制造用石英玻璃把持棒
GB/T 31242—2014	设备互连用单模光纤特性
GB/T 31990—2015	塑料光纤电力信息传输系统技术规范
GB/T 32385.1—2015	光纤预制棒 第1部分:总规范
GB/T 33237—2016	光纤拉丝用石英玻璃把持管
GB/T 33779—2017	光纤特性测试导则
GB 50846—2012	住宅区和住宅建筑内光纤到户通信设施工程设计规范
GB 50847—2012	住宅区和住宅建筑内光纤到户通信设施工程施工及验收规范
GB 50945—2013	光纤厂工程技术规范
GB 51123—2015	光纤器件生产厂工艺设计规范

GB/T 51126—2015	波分复用(WDM)光纤传输系统工程验收规范
GB/T 51152—2015	波分复用(WDM)光纤传输系统工程设计规范
GB/T 51242—2017	同步数字体系(SDH)光纤传输系统工程设计规范
GB/T 7424	光缆
GB/T 9771	通信用单模光纤

3.2 材质结构

(1) 尾纤:尾纤和跳线的线缆结构相同,中心是玻璃芯,芯外包裹一层折射率比纤芯低的玻璃封套,使光纤定位,最外层是一层薄塑料外套,以保护封套。如图3.2所示。尾纤一般用于室内,也有可在室外使用的尾纤产品,例如带有一定厚度的聚乙烯外护套和大直径电信级防水尾纤(可认为是皮纤)。

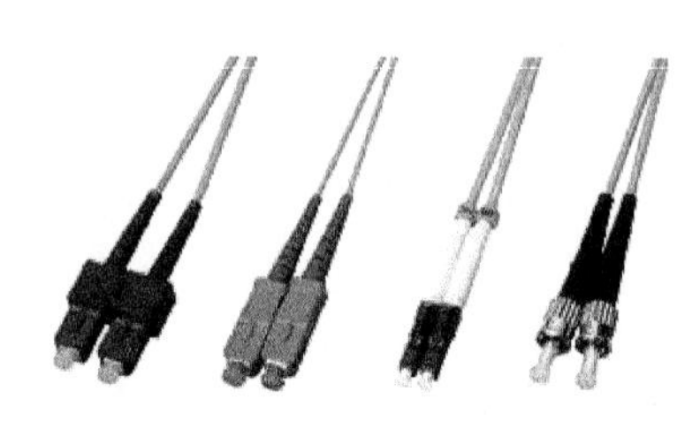

图3.2　尾纤

(2) 光纤跳线:由一段经过加强外封装的光纤和两端与光纤连接的接头构成。两端接头的型号可相同或不同,如FC/FC、LC/LC、SC/SC、SC/LC、FC/SC、ST/FC等,常用长度规格有6、10、15、20、25、30、35、45、55、70、80、100 m,常见光纤跳线如图3.3所示。

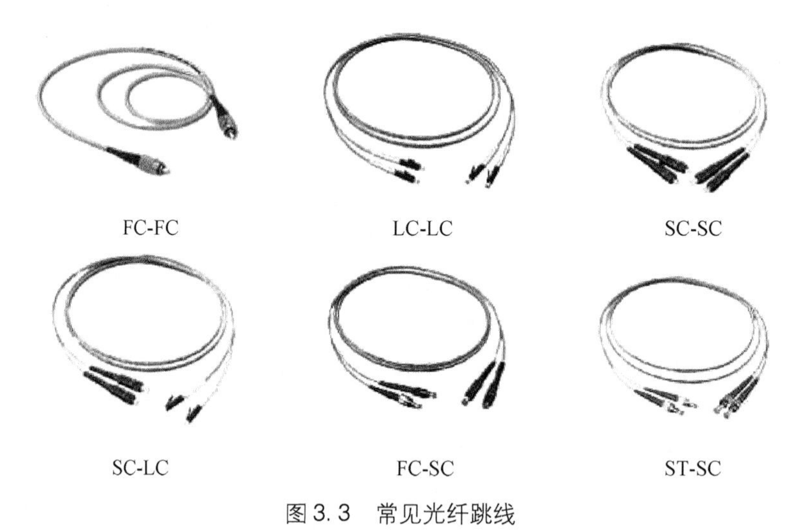

图3.3　常见光纤跳线

(3) 皮纤:标准8字形结构,有两根平行加强芯,中间为光纤。另外,自承式皮线光缆还增加了一根粗钢丝吊线,如图3.4所示。

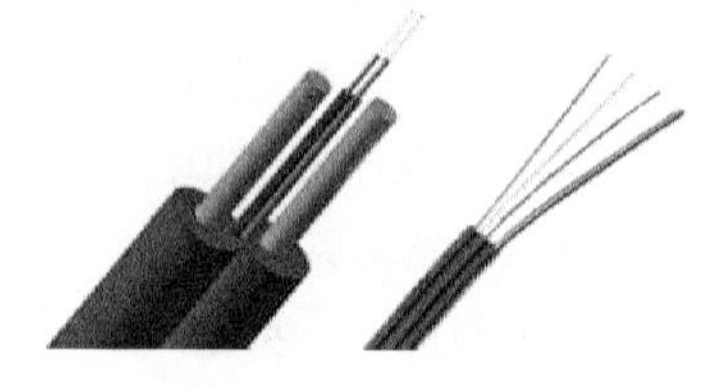

图3.4　皮纤

3.3 光纤的分类

按照光纤的材料,可分为石英光纤(大多数)和全塑光纤(新材料)。

按照光纤剖面折射率分布的不同,可分为阶跃型光纤和渐变型光纤。

按照光纤传输的模式,可分为多模光纤和单模光纤。多模光纤为橙色,波长为850 nm,传输距离为500 m,用于短距离互连;单模光纤为黄色,波长有1 310和1 550 nm,传输距离分别为10和40 km。

按照国际标准规定分类(按ITU-T分类建议),可分为G. 651光纤(50/125μm多模渐变型折射率光纤)、G. 652光纤(非色散位移光纤)、G. 653光纤(色散位移光纤DSF)、G. 654光纤(截止波长位移光纤)、G. 655光纤(非零色散位移光纤)、G. 656光纤(更大带宽非零色散位移光纤)、G. 657光纤(接入网用弯曲衰减不敏感单模光纤,分为A、B两种型号)。其中,符合G. 652、G. 653、G. 655规范的光纤是3种最常用光纤,如表3-1所示。

表3-1 3种常用光纤

型号	特点	使用范围
G. 652	常规单模光纤,波长1 310 nm,色散很小,但受衰耗限制	155M SDH传输时代使用,目前仅在旧式传输系统使用
G. 653	波长1 550 nm,有低衰减、零色散优势,但不适合波分系统	适用长距离、单信道、高速通信、海底通信
G. 655	波长1 550 nm,色散接近于零,色散位移光纤	适用单信道超高速通信、波分系统

四波混频(FWM):是非线性光学中的互调现象,其中两个或三个波长之间的相互作用产生了两个或一个新的波长,类似于电力系统中的3阶截点。

增益平坦:增益平坦度是放大电路频率特性曲线上的一个指标,用dB作单位。增益平坦度好,指在一定范围内起伏不大,趋于平缓。

色散补偿:为使G652光纤系统采用WDM/EDFA技术,由于G652标准光纤在1. 55 μm波长色散非零,是正17~20ps/(nm. km),并具有正的色散斜率,所以需要在加接具有负色散的色散补偿光纤进行补偿,以保证整条光路的总色散近似为零,从而实现高速度、大容量、长距离通信。

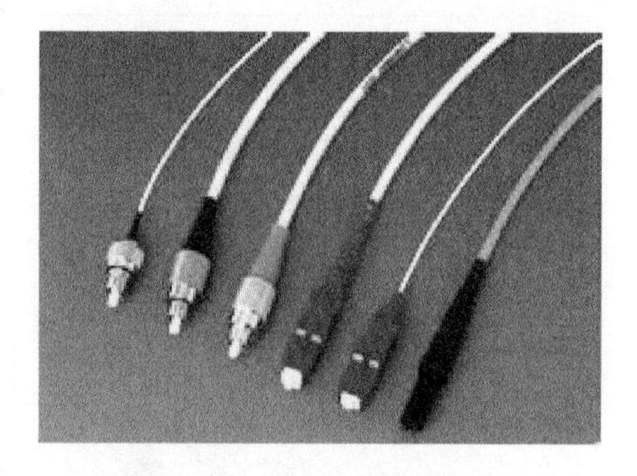

图3. 5 不同类型连接头

★连接头

又称活动接头、活动连接器,用于设备与光纤间连接。在标注尾纤、跳线接头中,常见的表示方法有FC/PC、SC/PC、LC/PC、FC/APC、ST/PC、E2000/APC等。其中:前半部分表示连接器型号,即结构方式,如FC表示其外部加强件采用金属套,SC表示外壳采用模塑工艺,LC光纤连接器采用模块化插孔(RJ)制成;后半部分表示光纤接头截面工艺,即研磨方式。如PC表示对接端面是物理接触,端面为微凸球面研磨抛光,呈凸面拱形结构;APC和PC类似,但采取特殊的研磨方式,呈8°角并做微凸球面研磨抛光。SPC的端面为180°球面,UPC为平面研磨抛光。

连接头型号有SC、ST、LC、FC、MU、MTRJ、E2000、LX5、BICONIC、D4、SMA、ESCON、FD-DI、MTRJ、MPO、DINMPO/MPT等多种,常见型号有ST、FC、SC、LC,如图3. 5所示。连接头研

磨方式可分为 PC、UPC、SPC 和 APC 等，常见的有 PC 和 APC，如表 3-2 所示，其他接头型号可参考表 3-3。由于接头端面及研磨方式的不同，需要根据实际需求配置合适型号的接头。

表 3-2　常见接头型号

接头	产地	说明	图示
SC/PC	日本 NTT	标准方形接头，紧固方式采用插拔销闩式，不需旋转。传输设备侧光接口一般用 SC 接头	
FC/PC	日本 NTT	圆形接头，外部加强方式采用金属套，紧固方式为螺丝扣，一般在 ODF 侧采用	
LC/PC	美国 Bell	卡接式方形接头，与 SC 接头形状相似，较 SC 接头小一些	
ST/PC	日本 NTT	机械式旋转标准圆形接头，金属卡口式结构	
E2000/APC	国产	带弹簧门卡接式方形结构，采用推拉锁紧设置，用于单模光纤系统	

表 3-3　其他接头型号

接头	图示	产地	备注
MC 型	—	国产	比 LC 型接头体积更小、密度更高，适用于高密度场合
MT-RJ 型		美国 AMP	闩锁结构，高密度光纤连接使用，和 mini-MT 型、mini-MPO 型接头同属于小型连接器
MPO/MTP 型		美国 USCONEC	支持多芯光纤，分公、母两种
BFOC 型		德国 SIEMENS	工业以太网使用
DIN47256 型		德国	属 DIN 标准系列，类似 FC/PC 型接头，结构更换复杂，机械精度高，介入损耗小
D4 型		国产	旧款的连接器，带定位环和压力控制弹簧，损耗小
FDDI 型		美国	双工光纤系统使用

续表

接头	图示	产地	备注
MU 型		日本 NTT	体积最小,高密度安装使用
双锥型 (Biconic Connector)		美国 Bell	双锥型连接器,由圆筒插头和耦合组件构成
SMA 型		美国	测试设备、数据网络、军工仪器、医疗设备等特殊场合使用
OPTI-JAKC 型		美国	应用于光纤到桌面
VF45 型	—	美国 3M	无须套管,用于接取端光网
LX5 型	—	国产	小型连接器,用于有线电视工业
SFF 型	—	—	专门设计用来满足有线电视工业的现场需要

★光纤接口模块主要有两种,如图 3.6 所示。其中:

GBIC,使用光纤接头多为 SC、ST 型。

SFP,小型封装 GBIC,使用光纤为 LC 型。

图 3.6 光纤模块

3.4 制作施工

3.4.1 室内尾纤布放要求

(1) 布放前,应先用光源和光功率计测试尾纤质量,其插入损耗不应超过 0.3 dB,损耗过大时应及时更换,以避免后期重复施工甚至损伤其他尾纤。

(2) 布放时,多采用集束尾纤和铠装尾纤,加强抗外力损伤能力。

(3) 应充分考虑冗余配置,确保发生故障时迅速替换。

(4) 成对尾纤应理顺、绑扎。绑扎时,不得过于勒紧,应使用专用扎带,避免使用坚硬且不易控制松紧的普通塑料带。

(5) 尾纤外部要用波纹管保护,不能把尾纤折成直角,拐弯处应弯成弧形。

(6) 尾纤应排列整齐并置于走线槽内,防止滑落造成门柜夹伤。

(7) 槽道内尾纤布放时,尾纤应顺直、不扭绞,拐弯处曲率半径应不小于尾缆直径的 20 倍。槽道内光纤应加套管或线槽进行保护,无套管保护处应用扎带绑扎,但不宜过紧。

3.4.2 熔接

分为冷接和热熔。详见第 2 章光纤光缆相关内容。

3.5 通信拓展

3.5.1 通达设备

光纤主要通达设备如表 3-4 所示。

表 3-4 光纤通达设备

设备名称	主要功能	图示
SDH	光端机,使用 SDH 同步数字传输技术传输的设备	
PDH	光端机,使用 PDH 准同步数字传输技术传输的设备	
ASON	自动交换光网络设备,其本质是普通 SDH 设备,通过 ASON 软件支撑实现了自动光交换	
WDM	波分利用设备,将两种或多种不同波长的光载波信号在发送端经复用器汇合并耦合到同一根光纤中进行传输的设备。分为两类:①DWDM,密集波分复用设备;②CWDM,稀疏波分设备,又称粗波分设备。相较而言,前者载波通道间距小,支持复用波长多,但采用冷却激光,成本高	
OTN	和波分功能类似,技术兼备 SDH 和 WDM 优势,但需符合 G.709(电设备功能特征)、G.798(光设备功能特征)和 G.872(结构体系)等规范。可以简单理解为 OTN = WDM + SDH	
PTN	面向分组传送的移动接入传送设备,可作为基站业务接入设备,也可作为业务汇聚设备,侧重二层业务	
IP-RAN	针对无线基站回传应用场景进行优化并定制整体解决方案,是一种基于 IP 包的分组复用网络,以路由器技术为核心,具备伪线、仿真、同步等能力,本质为分组化的移动回传。与 PTN 均可实现 LTE 承载,侧重三层路由功能	
MSTP	将传统的 SDH 复用器、数字交叉链接器(DXC)、WDM 终端、网络二层交换机和 IP 边缘路由器等多个独立的设备集成为一个网络设备(ATM 标签交换)。可以简单地理解为 MSTP = SDH + 以太网 + ATM	

续表

设备名称	主要功能	图示
光交换机	直接进行光信号交换的数据交换设备	
光路由器	带光纤接口的路由器,功能与路由器相同。根据信道的情况自动选择和设定路由,以最佳路径、按前后顺序发送信号	
光调制解调器	又称光猫,单端口光端机,用于解析入户光纤的光信号	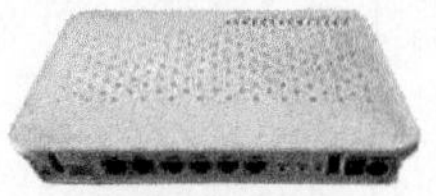
OLP	光纤线路自动切换保护装置	

3.5.2 维修、测试和施工仪表工具

见第2章光纤光缆。

注释

[注1]标准号中无.X为系列标准号省略或仅1个,无年份为多年份系列省略。

[注2]掺铒:纤芯中掺杂了少量稀土元素铒。

第 4 章　双绞线

4.1　概述

定义 1:双绞线(Twisted Pair Cable),如图 4.1 所示,又名双绞线电缆、对绞线、双扭线、网线,是由一对或者一对以上的相互绝缘的导线按照一定规格互相缠绕在一起而制成的一种传输介质,属于信息通信网络传输介质,可传输模拟信号和数字信号。绞合成多对的音频电缆和单对的被覆线,以及电缆电线中的架空裸绞线、花绞线、软铜绞线等属于绞线,但不同于本章的双绞线,在其他章节进行讨论。

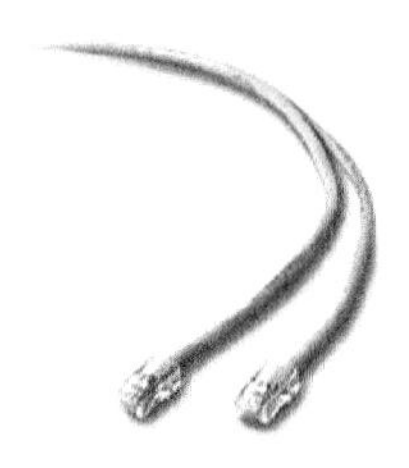

图 4.1　双绞线

定义 2:网线(Net Cable),又称网络线,广义的网线包括双绞线、同轴电缆、光缆 3 种,本章只讨论双绞线。

用途:传输网络电信号,是高速局域网的主要传输媒介。

特点(相对同轴电缆):质量高、布线方便、可靠性强、经济性好。其传输距离与同轴电缆接近(双绞线一般在 100 m 以内,同轴电缆为 300 m 左右),但低于光缆,抗干扰能力低于同轴电缆。

原理:采用一对互相绝缘的金属导线,以相互绞合的方式来抵御一部分外界电磁波干扰和多对绞线之间的相互干扰。导线绞合的方式可以降低信号干扰的程度,每一根导线在传输中辐射的电波会被另一根线上发出的电波抵消。由于干扰信号(共模信号)在两根相互绞缠在一起的导线上的作用一致,在接收信号的差分电路中可以将共模信号消除,从而提取出有用信号(差模信号)。

主要性能参数:电气参数(衰减、近端串扰、阻抗特性、分布电容、直流电阻等)、测试参数(导体和屏蔽层间开、短路情况、导体接地情况、屏蔽接头音短路情况)。

生产制造工序流程:芯线拉丝、绝缘挤塑(串联线)、绞对、成缆、挤护套。

4.2　历史事记

非屏蔽双绞线电缆最早在 1881 年被用于贝尔发明的电话系统中,直到 1900 年美国的电话网仍由非屏蔽双绞线构成。其中,CATx、CATxe(改进版)是常用的双绞线标注方法,表示 X 类双绞线。部分类别得到了 ANSI/TIA/EIA[注1]标准认可。CAT1 诞生于 20 世纪 80 年代初,CAT5 出现于 1995 年,2001 年提出 CAT5e 标准,随后,CAT6 开始规划,2009 年 CAT6a 问世。双绞线技术随着网络技术的发展而不断发展,至今已研制到 CAT7a 和 CAT8 阶段,仍有很大的发展空间。

4.3　材质结构

双绞线由相互绝缘的金属导线绞合而成,一般以逆时针方式缠绕。实际使用时,由多对双绞线一起包在一个绝缘电缆套管中。典型的双绞线为 4 对,也有更多对的,统称为双绞线电缆。在双绞线电缆中,不同线对具有不同的扭绞长度(绞距),一般情况下的扭绞长度为 38.1 ~ 14 mm,按逆时针方向扭绞。相邻线对的扭绞长度在 12.7 mm 以上,一般扭线越密,其抗干扰能力越强。与其他传输介质相比,双绞线在传输距离、信道宽度和数据传输速度等方面均受到一定限制,但价格较为低廉。

在 10/100Base-TX RJ45 接口中,对双绞线引脚的规定如下:

1、2 用于发送,3、6 用于接收,4、5 用于语音,7、8 是双向线。其中,1、2 线,3、6 线,4、5 线,7、8 线必须是双绞。EIA/TIA 568A 和 568B 接口对应引脚功能如图 4.2 所示。

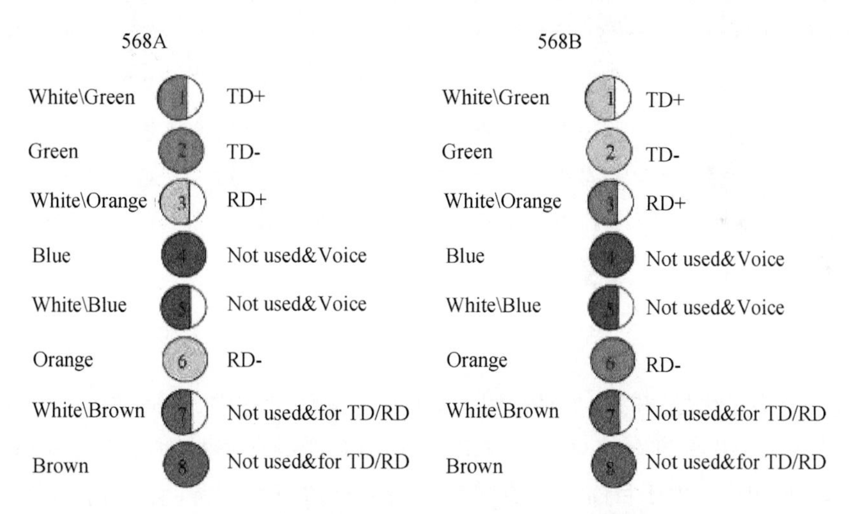

图 4.2　EIA/TIA 568A 和 568B 接口引脚功能

双绞线的顺序与 RJ45 接口的引脚序号一一对应。10/100 M 以太网的网线使用编号为 1,2,3,6 的芯线传递数据。采用 4 对 8 芯线的双绞线传输主要是为了适应更宽的使用范围,在不变换基础设施的前提下,就可满足各种用户设备的接线要求。例如,要求不严格的场所可同时用其中一对绞线来实现语音通信;要求严格的场所,为确保传输质量,建议专线专用,不用 1 根线缆来实现不同功能。

(1) 端别色谱

将水晶头金属片朝上,网线插入时,从左到右线序有两种,分别是 EIA/TIA568A 接口和 EIA/TIA568B 接口,其对应色谱如图 4.3 和表 4-1 所示。

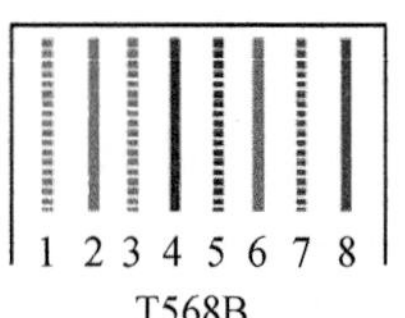

图 4.3　色谱

表 4-1　两种不同色谱

类型	1	2	3	4	5	6	7	8
EIA/TIA568A	白绿	绿	白橙	蓝	白蓝	橙	白棕	棕
EIA/TIA568B	白橙	橙	白绿	蓝	白蓝	绿	白棕	棕

因此,一根两头安装水晶头的网线有两种接法,分别是平行接法和交叉接法,如图 4.4 所示。

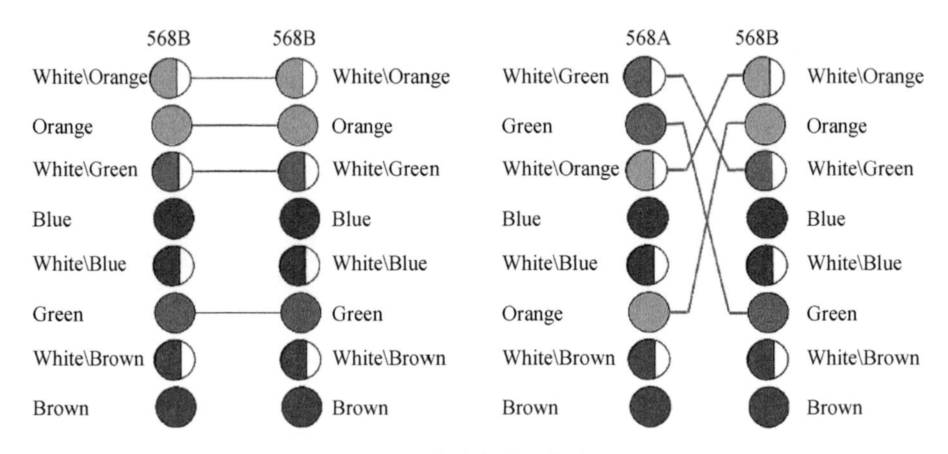

图 4.4　平行接法和交叉接法原理图

双绞线两头接法相同时称为平行线,也称为直通线、直连线,在通常的工程设计中,平行线大多使用 568B 标准。将两头 1、3,2、6 分别对调顺序连接时称为交叉线,通常是 568A 与 568B 相连。由于目前大多数网络设备为自适应型设备,交叉、平行接法在网络中是通用的。

(2) 反转线:一头可以是 568A 或者 568B 标准,另外一头按照相反的方向排列线序。例如,568A 标准的一头线的排序是绿白、绿、橙白、蓝、蓝白、橙、棕白、棕,那么另外一头线的排序为棕、棕白、橙、蓝白、蓝、橙白、绿、绿白。反转线不是用来连接各种以太网部件,而是用来实现从主机到路由器控制台串行通信(com)端口的连接。

(3) 千兆网:百兆网络只用 4 根线芯传输,而千兆网络需用 8 根线芯传输。当千兆网线采用平行接法时,两端一般均采用 568B 色谱;当采用交叉接法时,千兆交叉网线的制作与百兆不同。其常规配对制作方法如下:1 对 3,2 对 6,3 对 1,4 对 7,5 对 8,6 对 2,7 对 4,8 对 5。此时,一端为 568B 色谱,另一端按绿白、绿、橙白、棕白、棕、橙、蓝、蓝白排列,如

图4.5所示。另一种千兆网线交叉接法为:1对3,2对6、4对8,5对7(此时,一端仍为568B色谱),其用途上有区别,实际测试传输速度也有区别。一端以568A或其他色谱为基准的接法这里不做讨论。

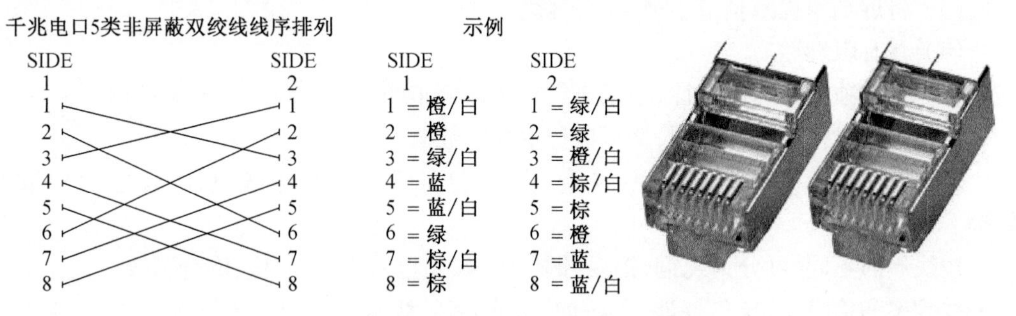

图4.5　千兆网线交叉接法及配套水晶头

直连线用于连接计算机与交换机、集线器等;交叉线用于连接计算机与计算机,交换机与交换机等,因此,可以认为同级设备间的连接使用交叉线,不同级设备间的连接则使用直通线。表4-2列出了几种典型设备之间的网线连接方式。

表4-2　几种典型设备之间的网线连接方式

两端设备名称	连接方式	两端设备名称	连接方式	两端设备名称	连接方式	两端设备名称	连接方式	两端设备名称	连接方式
PC-PC	反	PC-HUB	正	HUB-HUB 普通	反	HUB-HUB 级连-级连	反	HUB-HUB 普通-级连	正
HUB-SWITCH	反	HUB 级联-SWITCH	正	SWITCH-SWITCH	反	SWITCH-ROUTER	正	ROUTER-ROUTER	反

(4) 网络端(接)口:包括MDI、MDI-X、AUTO-MDI-X 3种类型。

MDI:Medium Dependent Interface,提供终端到网络中继设备的物理和电路连接,包括主机网卡、路由器等接口。

MDI-X:Medium Dependent Interface Cross-Over,提供同种设备(终端到终端)的连接,包括集线器、交换机等接入端口(Access Port)。

AUTO-MDI-X:Auto MDI/MDI-X,自动翻转型接口,该接口对于直连线或交叉线均适用。直连线用于MDI接口与MDI-X接口之间的连接。交叉线用于MDI接口或MDI-X接口之间相同类型接口的连接。

4.4　分类

双绞线可分为非屏蔽双绞线(Unshielded Twisted Pair,UTP)和屏蔽双绞线(Shielded Twisted Pair,STP)。在两大类的基础上,铝箔屏蔽双绞线(FTP)指采用一层铝箔屏蔽的屏蔽线;双屏蔽双绞线(SFTP)指在FTP结构基础上,再加上一层镀锡铜编织网和PVC外被,大大减少了外界磁场信号干扰,但造价高昂;全屏蔽双绞线(SSTP)特指7类线屏蔽双绞线电缆,其外层由铝铂包裹,以减小辐射,但并不能完全消除辐射,屏蔽双绞线价格较高，安装较复杂。非屏蔽双绞线电缆具有以下优点：

（1）无屏蔽外套，直径小，节省所占用的空间。

（2）质量轻，易弯曲，易安装。

（3）将近端串扰减至最小或加以消除。

（4）具有阻燃性。

（5）具有独立性和灵活性，适用于结构化综合布线。

（6）既可以传输模拟数据，又可以传输数字数据。

双绞线又可分为 100 Ω 电缆（屏蔽、非屏蔽）、150 Ω 屏蔽电缆、双体电缆、大对数电缆等。

按线质的不同，可分为纯铜、铝线、铜包铝线、铜包铁线、铁芯线、混合型线。

按频率和信噪比（电气性能）的不同，目前，双绞线共分为 11 种（其中 CAT1、2、4 未被 TIA/EIA 承认，CAT6 国家还未出台测试标准，CAT7 由 ISO/IEC 11801 定义，但还未被 TIA/EIA 承认，市面上很难见到，8 类线仍在开发）。其中 10 BASE-T 使用 3 类线，100BASE-T 使用 5 类线。常见的有 3 类，即 5 类线和超 5 类线、6 类线。CAT3、4、5、6 的最大传输距离在 100 m 左右，如表 4-3 所示。

表 4-3　各类双绞线

线型类别	最高频率带宽（Hz）	最大传输速度（B/s）	应用	图示
1 类 CAT1	750 k	2 M	模拟和数字语音（电话）通信以及低速数据传输（基本不用），用于 20 世纪 80 年代的电话线缆进行语音传输和报警系统	
2 类 CAT2	1 M	4 M	语音、ISDN 和局域网数据传输，用于旧的令牌网	
3 类 CAT3	16 M	10 M	主要用于语音、10 Mb/s 以太网（10BASE-T）和 4 Mb/s 令牌环数据传输，采用 RJ 形式的连接器，现已淡出市场	
4 类 CAT4	20 M	16 M	主要用于基于令牌的 16 Mb/s 局域网和 10BASE-T/100BASE-T 以太网，采用 RJ 形式连接器，未被广泛采用	
5 类 CAT5	100 M	100 M	分为屏蔽和非屏蔽两种类型，增加了绕线密度，外套一种高质量的绝缘材料，用于语音传输和数据传输，主要用于 100BASE-T 和 1000BASE-T 网络，采用 RJ 形式的连接器，是常用的以太网电缆。屏蔽线需全系统屏蔽，接地良好，无法满足条件时，屏蔽层反而成为干扰源，因此，非屏蔽使用较多	

续表

线型类别	最高频率带宽(Hz)	最大传输速度(B/s)	应用	图示
超5类 CAT5E	155 M	1 000 M	分为屏蔽和非屏蔽两种类型,衰减小,串扰少,具有更高的衰减与串扰的比值(ACR)和信噪比(SNR)、更小的时延误差,性能得到很大提高,适用于千兆以太网。其中,非屏蔽型是5类屏蔽型的升级版,但传输带宽仍为100 MHz	
6类 CAT6	250 M	1 G	用于千兆以上的以太网数据传输。在外形结构上,增加了绝缘十字骨架,4对线分别置于骨架4个凹槽,直径更粗。6类线传输性能远超过超5类标准,串扰、衰减、信噪比和回波损耗等性能得到改善。6类标准中取消了基本链路模型,布线标准采用星形的拓扑结构	
超6类 CAT6A	500 M	10 G	标准外径6 mm。国家还未正式出台检测标准,只是行业中有此类产品,各厂家宣布一个测试值,现已有应用。事实上,10 G以上采用光纤通信更为普遍	
7类 CAT7	600 M	10 G	欧洲提出的一种电缆标准,连接结构与目前的RJ-45不兼容(目前认可结构有TERA和ARJ45),外层必须加铜网编制层以提升频率。只有屏蔽线缆,对铝箔加外层铜网编织层屏蔽来实现。单线标准外径8 mm,多芯线标准外径6 mm,可望用于今后的万兆以太网,已局部应用	
超7类 CAT7	1 000 M	40-100 G	7A类是更高等级的线缆,基本情况与7类相似,目前市面上能看到GG45(向下兼容RJ45)和Tear模块(可以完成1 200 MHz传输)	—
8类线	1 500 M		8类电缆系统:是目前最高等级的传输线缆,计划实现带宽达1 500 MHz,还未上市	—

超3类和CAT6E目前已不讨论。

(1) 连接头(水晶头):一种能沿固定方向插入网线并自动防止脱落的塑料接头,用于连接网线或电话线,有RJ9、RJ10、RJ11、RJ12、RJ25、RJ45、RJ48、RJ50等多种类型。其中,RJ是Registered Jack(注册插孔)的英文缩写,是美国EIA(电子工业协会)、TIA(电信工业协会)建立的一种以太网连接器的接口标准。

水晶头的命名:以RJ11中的6P4C型为例,水晶头有6个凹槽,简称6P(Position,位置);凹槽内的金属触点共有4个,简称4C(Contact,触点)。常见水晶头类型见表4-4。

表 4-4　常见水晶头类型

名称	图示	用途
RJ45(8P8C)		双绞线接头,分为非屏蔽一体式、非屏蔽分体式、屏蔽一体、屏蔽分体等
RJ11(4P4C)		ISDN 的电话线接 4 芯线
RJ11(4P2C)		电话机中话筒和座机连接卷线上的水晶头
RJ12(6P6C)		通常用于语音通信
RJ12(6P4C)	6P2C和6P4C 4P4C较窄	
RJ12(6P2C)		

(2) 信息模块:又称信息插槽,分为墙面、桌面和地面型。常见的 RJ45 型信息模块及其面板如图 4.6 所示。

图 4.6　各种信息模块及信息面板

4.5　型号

双绞线型号由型式代号和规格代号组成,用“ - ”隔开,如图 4.7 所示。

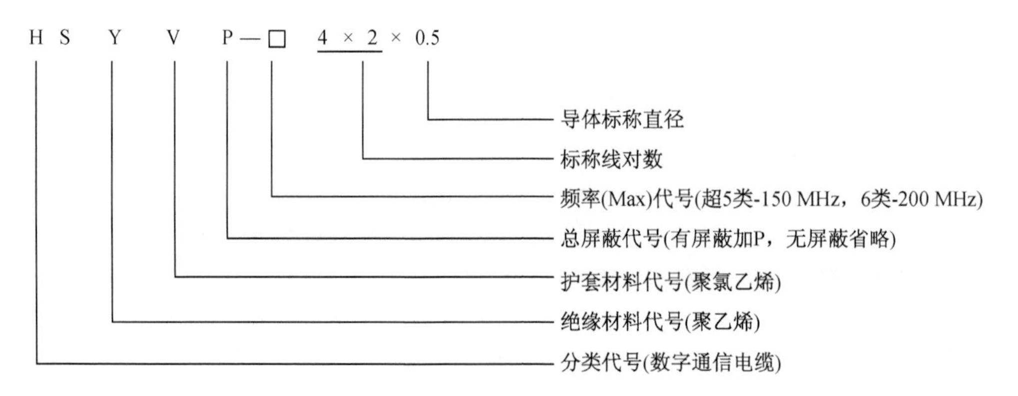

图 4.7　双绞线型号组成

4.6　设计选型

双绞线主要应用在室内场所,不宜用于户外、高温、油污等场所。目前,普通楼宇的综合布线主要使用超5类电缆(含UTP、FTP);工业现场应选择耐温、耐候[注2]耐油且具有一定机械强度的屏蔽双绞电缆,必要时,可选具有铠装外护层的数据电缆。

应根据环境、设备对传输的要求选择屏蔽或非屏蔽式双绞线电缆。目前,在一般局域网中常用的是5类、超5类和6类非屏蔽双绞线;在环境周围有强电场、复杂电磁环境或通信设备对电磁干扰较敏感的情况下,应选用屏蔽式双绞线,屏蔽型超6类和7类双绞线也已局部应用。但是,由于安装时需要满足"全程屏蔽"和"屏蔽层正确可靠接地",即布线系统中全部设备(电缆、跳线、配线架等)均使用屏蔽产品,而且屏蔽层需要两端接地,任何一个环节未屏蔽将导致整体屏蔽性能下降,因此,其要求高,投资成本极大,主要应用于工业场所和高电磁屏蔽、高保密传输、高精度要求(音视频传输)的机房和实验室等。在办公室及家用条件下,使用非屏蔽式双绞线即可满足要求。

4.7　制作施工

4.7.1　水晶头的制作

(1) 准备工具和材料:网线、水晶头及网线钳、网络测试仪,常用工具和材料如图4.8所示。

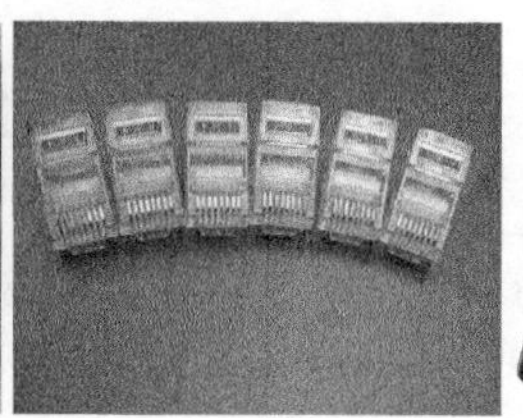

图4.8　器材准备

(2) 剪线和分线:用剪刀裁剪所需长度网线,先剥去约1.5 cm外皮,将外皮尽量后推,以确保胶皮顺利插入水晶头内,如有护套,应先将护套套入网线,将线对分开、按所需的方式横向排列,并摊平排直,大致步骤如图4.9所示。

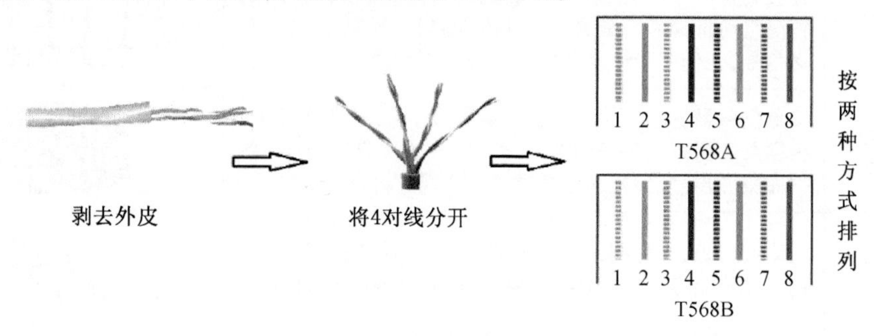

图4.9　剪线和分线

(3) 压线:将线剪齐留约 1 cm, RJ45 接头插入网线钳压线槽到位,插紧引线、前顶网线,防止网线和外皮退出,外皮需超过水晶头压点,压制时,用合适的力道压紧。检查金属压片无偏位并整齐压下,线芯顶到头,外皮压住不滑落,弹片不起翘,套回护套,大致步骤如图 4.10 所示。

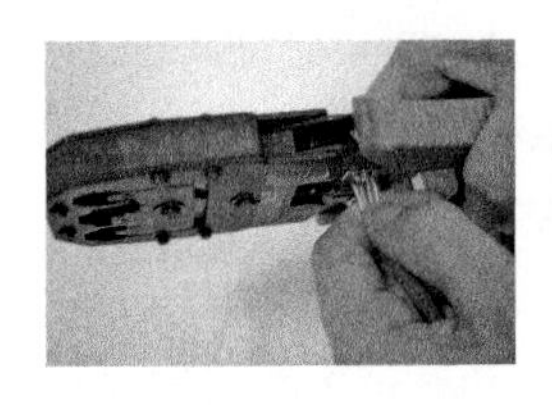
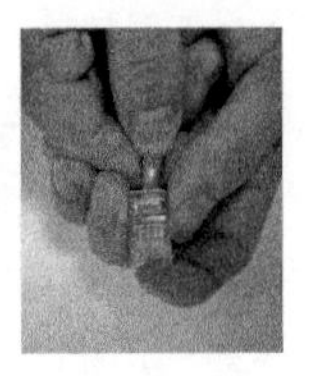
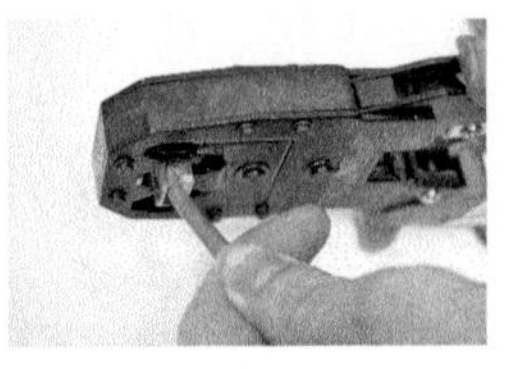

图 4.10　压线

(4) 测试线序和质量:同法制作另一头后,使用网线测试仪测试网线线序和质量。

4.7.2　网线的布设要求

(1) 网线布置要走线槽,切勿随意布置。

(2) 网线不应与光纤、强电电源混合在一起。

(3) 预留一定距离用于绑扎,绑扎点应均匀美观,余线应绕圈绑扎。

4.8　通信拓展

4.8.1　通达设备

双绞线主要通达设备如表 4-5 所示。

表 4-5　双绞线通达设备

设备名称	主要功能	图示
集线器 Hub	对接收到的信号进行再生整形放大,以扩大网络的传输距离,同时,把所有节点集中在以它为中心的节点上,工作于 OSI 参考模型第 1 层物理层	
交换机 Switch	主要功能包括物理编址、网络拓扑结构、错误校验、帧序列以及流控。新功能包括对 VLAN(虚拟局域网)、链路汇聚的支持,防火墙功能等,工作于 OSI 参考模型的第 2 层数据链路层	
路由器 Router	连接因特网中各局域网、广域网的设备,可根据信道的情况自动选择和设定路由,以最佳路径、按前后顺序发送信号,工作于 OSI 参考模型的第 3 层网络层	
服务器 Server	又称伺服器,是提供计算服务的设备。在网络环境下,根据服务器提供的不同服务类型,分为文件服务器、数据库服务器、应用程序服务器、WEB 服务器等	
计算机 以太网卡	网络接口板,又称网络适配器或网络接口控制器(NIC),用于允许计算机在计算机网络上进行通信的计算机硬件	

续表

设备名称	主要功能	图示
盘阵	磁盘阵列,独立磁盘构成的具有冗余能力的阵列	
工作站	高端的通用微型计算机	
防火墙 Firewall	又称防护墙,位于内部网络与外部网络之间的网络安全系统	
网桥	早期的两端口二层网络设备,用来连接不同网段	
网关	又称网间连接器、协议转换器,可在网络层以上实现网络互连,是最复杂的网络互联设备,仅用于两个高层协议不同的网络互连	
中继器	用于两个网络节点之间物理信号的双向转发工作。中继器主要完成物理层的功能,负责在两个节点的物理层上按位传递信息,完成信号的复制、调整和放大功能,以此来延长网络的长度	
网络电话	直接插入网线使用的 IP 互联网硬件电话,其外形与常规电话相似,提供网络接口	—

现代网络通信中,网桥和网络已无独立成设备使用,大多集成于路由器和交换机中。

计算机:俗称电脑,由软硬件组成,是能按照程序运行、自动调整处理少量数据的智能电子设备,主要功能包括数值、逻辑计算以及数据存储记忆,经历了电子管数字机、晶体管数字机、集成电路数字机、大规模集成电路机等时代。现代计算机可分为超级计算机、工控计算机、网络计算机、个人计算机、嵌入式计算机 5 类,更先进的有生物计算机、光子计算机、量子计算机等。其硬件构成一般包括电源、主板、CPU、内存、硬盘、声卡、显卡、网卡、调制解调器(已淘汰)、光驱、软驱(已淘汰)、显示器、鼠标、键盘等、外设主要包括音箱、打印机、视频设备、闪存盘等。

4.8.2 常用仪器仪表工具

检测维修施工过程的常用仪器工具如表 4-6 所示。

表 4-6 常见仪表工具

设备名称	主要功能	图示
网线钳	制作水晶头	

续表

设备名称	主要功能	图示
网络分析仪	测试网络参数及质量	
网线寻线仪	寻找网线	
网线测试仪	测试网线线序及质量	

4.8.3 通信原理

(1) 交换系统:具有业务-交换逻辑固定配合的交换设备,以节点的形式与邻接的传输链路可以构成各种拓扑结构的通信网,以适应不同业务类别和流量分布的需要,并随网络容量的扩大和技术的进步不断演化。交换系统的功能发展到业务-交换逻辑分开,且具有可编程组合的模块结构时,即可用以构成智能化的综合业务数字网(ISDN),以适应多种非预定新业务不断发展的需要。

(2) 网络交换:通过一定的设备(如交换机等),将不同的信号或者信号形式转换为对方可识别的信号类型而达到通信目的的一种交换形式,常见的有数据交换、线路交换、报文交换、分组交换。

(3) IP 交换:是 Ipsilon 公司提出的用于 ATM 网络传送 IP 分组的技术。它最先引入了流的概念,IP 交换机可以根据流的不同特点选择传统的路由方法转发分组,或建立 ATM 连接转发分组。IP 交换大大地提高了 ATM 网上 IP 分组转发的效率,是典型的集成方式的多层交换技术。

(4) 软交换:是一种功能实体,为网络提供具有实时性要求的业务的呼叫控制和连接控制功能,是网络呼叫与控制的核心,其概念的提出最初来自 PSTN、ISDN 和 IP 网络边界的 IP 电话网关的分解,为了实现大容量 IP 电话网关,一个 IP 电话网关被分解为由一个媒体网关控制器(MGC)和若干个媒体网关(MG)组成的分布式系统。软交换所使用的主要协议包括 SCTP、ISUP、TUP 等,是实现传统程控交换机"呼叫控制"功能的实体,与业务无关,其核心要素是生成接口、接入能力和支持系统。

(5) 以太网:(Ethernet)是由 Xerox 公司创建并由 Xerox、Intel 和 DEC 公司联合开发的基带局域网规范,通用的以太网标准于 1980 年 9 月 30 日出台,是现有局域网采用的最通用的通信协议标准。以太网络使用 CSMA/CD(载波监听多路访问及冲突检测)技术,并以 10 Mb/s 的速率运行在多种类型的电缆上。以太网与 IEEE802.3 系列标准相类似,包括标准(10 Mb/s)、快速(100 Mb/s)和 10 G(10 Gb/s)以太网,均符合 IEEE 802.3 系列标准。

(6) 快速以太网:(Fast Ethernet),一种局域网技术,"快速"是指数据速率可以达到

100 Mb/s,是标准以太网的数据传输速率的 10 倍,具体包括 100BASE-T 和 100VG-Any-LAN 两种技术。快速以太网可以满足日益增长的网络数据流量速率需求。100Mb/s 快速以太网标准分为 100BASE-TX 、100BASE-FX、100BASE-T4 3 类,支持 3、4、5 类双绞线以及光纤的连接,能有效利用现有的设施。

（7）令牌网:令牌网使用一种标记数据作为令牌,它始终在环上传输,当无帧发送时,令牌为空闲状态,所有站点都可以俘获令牌,只有当站点获得空闲令牌后才将令牌设置成忙状态并发送数据。数据随令牌至目的站点后,目的站点将数据复制,令牌继续环行返回发送站点,这时,发送站点才将俘获的令牌释放,令牌重新回到空闲状态。

（8）因特网:是由一些使用公用语言互相通信的计算机连接而成的网络,即广域网、局域网及单机按照一定的通信协议组成的国际计算机网络。互联网(Internetwork,简称 Internet)始于 1969 年的美国,又称因特网,是全球性的网络,是一种公用信息的载体,这种大众传媒比以往的任何一种通信媒体都要快。将计算机网络互相连接在一起的方法可称作“网络互联”,由此发展出覆盖全世界的全球性互联网络称“互联网”,即“互相连接一起的网络”。互联网并不等同于万维网(World Wide Web),万维网只是基于超文本相互链接而成的全球性系统,是互联网所能提供的服务的之一。单独提起互联网,一般都是互联网或接入其中的某网络,有时将其简称为网或网络(The Net),可用于通信,社交,网上贸易。

（9）万维网:又称环球信息网(WWW/W3,World Wide Web,Web),分为 Web 客户端和 Web 服务器程序。WWW 可以让 Web 客户端(常用浏览器)访问浏览 Web 服务器上的页面,是一个由许多互相链接的超文本组成的系统,通过互联网访问。在这个系统中,每个有用的事物称为一样“资源”,并且由一个全局“统一资源标识符”(URI)标识,这些资源通过超文本传输协议(Hypertext Transfer Protocol,HTTP)传送给用户,而后者通过点击链接来获得资源。

（10）ISDN(Intergrated Services Digital Network):综合业务数字网,是一个数字电话网络国际标准,是一种典型的电路交换网络系统,支持多种业务,包括电话业务、非电话业务。

（11）PSTN(Public Switched Telephone Network):公共交换电话网络,一种常用旧式电话系统,即日常电话网,是全球主要通信电路交换网络,包括商业和政府拥有的。

（12）VLAN(Virtual Local Area Network):虚拟局域网,是一组逻辑上的设备和用户,不受物理位置限制,相互间通信如同一个网段,工作在 OSI 参考模型的 2 层和 3 层。

注释

[注 1]ANSI:美国国家标准协会;TIA:电信工业协会;EIA:电子工业协会。ANSI/AIA/EIA 568 是其共同制定的布线标准。

[注 2]涂料、建筑塑料、橡胶制品等,在室外受光照、冷热、雨等气候以及微生物等综合作用后的耐受能力。

第5章　射频同轴电缆

5.1　概述

定义1:射频电缆(Radio-Frequency Line)指传输射频无线电信号的电缆,是各种无线电通信系统及电子设备中不可缺少的元件。

用途:在无线通信与广播、电视(监控)、雷达、导航、计算机及仪表等方面应用广泛。

优点:传输频带较宽;对外界干扰的防护能力强;天线效应小,辐射损耗小;结构简单,安装便利,比较经济。

定义2:同轴电缆(Coaxial Cable),如图5.1所示,又名射频同轴电缆,属于射频电缆的一种形式,有两个同心导体,其导体和屏蔽层共用同一轴心,是局域网中常见的传输介质之一。

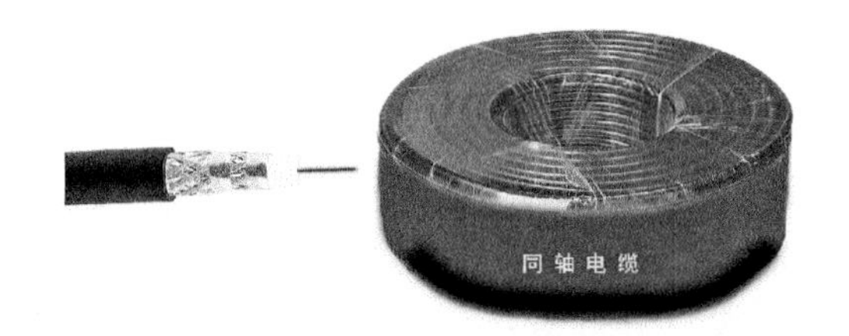

图5.1　同轴电缆

优点(和对称电缆相比):带宽大、衰减小、辐射小,抗干扰。同轴电缆可以在相对长的无中继器的线路上支持高带宽通信。从抗干扰角度考虑,在有些场所(比如干扰很强烈的地方),屏蔽双绞线也比不上同轴电缆;从阻抗匹配方面考虑,如在有线电视系统中,同轴电缆阻抗匹配而双绞线阻抗不匹配。可见,同轴电缆仍然在发挥着重要作用。同轴电缆的价格较双绞线贵,但抗干扰性能强于双绞线。当连接设备多且通信容量大时,可选择同轴电缆。

缺点:一是体积大,细缆的直径为3/8 in(1 in = 2.54 cm),要占用电缆管道的大量空间;二是缠结、压力和严重的弯曲易损坏电缆结构,阻止信号传输;三是造价高,同轴电缆单位长度造价高,现在的局域网环境中,已被基于双绞线的以太网物理层规范所取代;四是长距离传输运维成本高,同轴电缆的带宽取决于电缆长度,1 km传输速率可达1～2 Gb/s,但中间需使用放大器。由于同轴电缆损耗大,长距离传输时,即使使用粗铜芯缆也需串联大量放大器,系统可靠性下降;同时,由于电缆不均匀的频率特性,对高端频率会产生强势衰减,再者,使用粗同轴会导致成本和质量增加,因此,在长途通信中,光缆作为长途电信传输媒介已全面取代了同轴电缆。

原理:由两根相互绝缘的同轴心内外导体组成通信回路,使高频电磁信号在内外导体间传输,在外导体以外不存在电磁场。一般电线传输高频率电流时,相当于一根向外发射无线电的天线,这种效应损耗了信号的功率,使得接收到的信号强度减小。同轴电缆中心电线发射出来的无线电被网状导电层所隔离,网状导电层可以通过接地的方式来控制发射出来的无线电。同时,中心电线和网状导电层之间加入一层塑料绝缘体以保证两者距离相同,防止信号反射衰减。

主要性能参数指标:特性阻抗、衰减常数、回波损耗、工作电容、温度系数、屏蔽特性。

生产制造工艺流程:内导体拉制、绝缘层挤出、铜带(外导体)纵包、氩弧焊、定径模外导体定径[注1]、外导体轧纹、挤护套印字。

定义3:E1线,又称2 M线、两兆线、2 M同轴电缆,是一种在通信上广泛使用的同轴电缆。由于其传输速率为2 M/s,俗称2 M线,源于欧洲体制E1两兆线。本章下文提及的同轴电缆主要指有线传输(含其他专业使用有线传输过程中)使用的E1同轴电缆,其他功能的同轴电缆将在后续章节中介绍。

用途:适用于传输各类数字程控交换机、光电传输设备内部连接和配线架之间的数据、音视频信号传输等,如图5.2所示。

同轴电缆的最远传输距离如表5-1和表5-2所示。

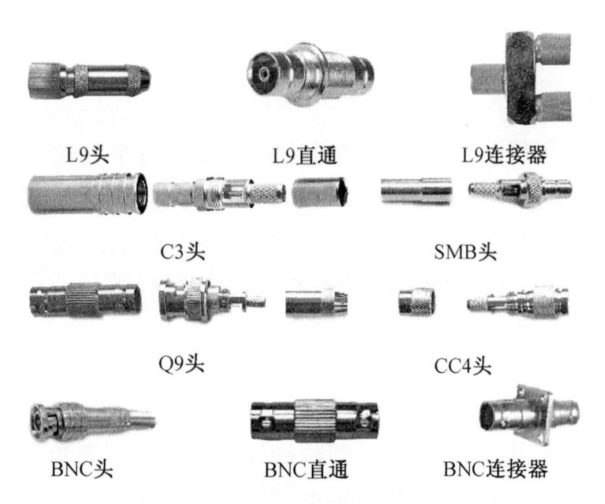

图5.2　传输用同轴电缆接头

表5-1　不同类型同轴电缆最远传输距离

阻抗(Ω)	外护套(mm)	内导体(mm)	最远传输距离(m)
120	外护套单对/单管电缆外径5.0	单芯内导体外径0.6 ±0.01	300
75	外护套单对/单管电缆外径3.2	单芯内导体外径0.31 ±0.01	204
75	外护套单对/单管电缆外径3.6	单芯内导体外径0.34 ±0.01	242

表5-2　各型号同轴电缆最远传输距离

型号	75-3	75-4	75-5	75-7	75-9	75-12
传输距离(m)	100	200	300	500 ~ 800	1 000 ~ 1 500	2 000 ~ 3 500

相关国标

GB/T 11322.1—2013	射频电缆 第0部分:详细规范设计指南 第1篇 同轴电缆
GB/T 15875—1995	漏泄电缆无线通信系统总规范
GB/T 17737—2000	射频电缆
GB/T 17738—2013	射频同轴电缆组件
GB/T 28509—2012	绝缘外径在1 mm以下的极细同轴电缆及组件
GB/T 14864—2013	实心聚乙烯绝缘柔软射频电缆
GB/T 15396—1994	射频电缆和连接器用六角和正方形压模腔体、压头、标准规、外导体压接套和中心接触件压接导线筒的尺寸
GB/T 15891—1995	射频电缆第4部分:超屏蔽电缆规范第一篇:一般要求和试验方法
GB/T 17737.2—2000	射频电缆第2部分:聚四氟乙烯(PTFE)绝缘半硬射频同轴电缆分规范
GB/T 17737.3—2001	射频电缆第3部分:局域网用同轴电缆分规范

5.2 历史事记

英国人奥利弗·黑维塞于1880年在英格兰取得同轴电缆的专利权,德国人维尔纳·冯·西门子于1884年在德国取得同轴电缆的专利权。1929年,美国电话电报公司贝尔电话实验室的工程师申请了第1根现代同轴电缆的专利,它由两根同轴金属管构成,以空气做隔离。1941年,美国AT&T(美国第2大移动运营商)铺设了第1条商用同轴电缆,并铺设在明尼苏达州的明尼阿波利斯至威斯康星州的史蒂芬·普颖特,其使用的L1系统能容纳1条电视频带或480条电话线路。1956年,全球第1条横渡大西洋的同轴电缆——TAT-1(Transatlantic No. 1)铺设成功。同轴电缆曾广泛应用于载波通信系统,随着光纤通信传输系统的全面普及,同轴电缆在长距传输领域逐步被光缆替代。19世纪30年代,杜仲橡胶(一种天然橡胶)是早期柔性同轴电缆的主要介质选择;二战期间,聚乙烯成为主要的绝缘介质材料;19世纪50年代开发出“发泡”工艺,减少了电缆电容及损耗;19世纪60年代固体全密度聚四氟乙烯(PTFE)或Teflon(特氟纶),作为理想的同轴电缆介质,其温度范围更广,损耗因数、介电常数更低,在更宽的温度和频率范围内性能可保持稳定一致;19世纪70年代与80年代,制造商开始使用拉伸扩展型的低密度的PTFE,进一步优化了性能指标;19世纪90年代,由于对电长度[注2]稳定性需求的增加,制造商开始使用超低密度PTFE介质,产品性能得到了显著改善,但仍有一些内在局限性,其中主要限制是相位对温度的“拐点”问题(由于PTFE分子的基本特性而导致电长度阶跃变化,这种效应可以最小化,但无法消除);2004年,TF4技术的出现解决了该技术问题,2015年,更新的TF4技术进一步优化和改进了工艺,与PTFE介电材料相比,TF4技术在相位敏感的应用中具有明显优势。

5.3　材质结构

同轴电缆由里到外分为 4 层,即内导体(中心铜线)、外导体(网状导电层)、绝缘层和外护套。中心铜线和网状导电层形成电流回路,由于中心铜线和网状导电层为同轴关系而得名。常见的同轴电缆由绝缘材料隔离的铜线导体组成,在里层绝缘材料的外部是另一层环形导体及其绝缘体,整个电缆由聚氯乙烯或特氟纶材料的护套包裹,其结构如图 5.3 所示。

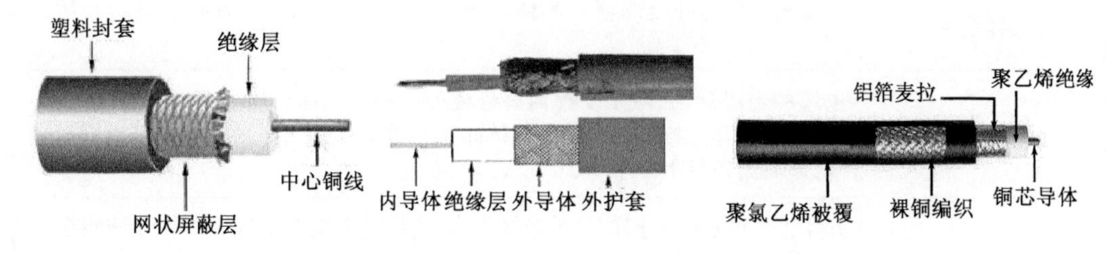

图 5.3　同轴电缆(右图分别为 2M 线、SYWV 视频线)剖面结构示意图

(1) 内导体:铜是内导体的主要材料,也可使用退火铜线、退火铜管、铜包铝线等。通常,小电缆内导体是铜线或铜包铝线,中心铜线可以是单股的实心线或多股绞合线,而大电缆则用铜管以减少电缆质量和成本。对大电缆外导体进行轧纹,可获得较好的弯曲性能。

(2) 外导体:外导体的作用是回路导体和屏蔽。计算机网络、广播电视、仪器仪表用通常由铝带包覆后再外面编织一层铜丝编织层;移动通信和有线电视用通常由铜带纵向包覆、焊接轧纹,从而实现外导体完全封闭和零辐射。

(3) 绝缘层:不仅起绝缘作用,而且传播高频电磁场,其选材和结构十分重要,线缆的衰减、阻抗、回波损耗等指标均与其相关。

(4) 外护套:一般室内用护套材料为聚氯乙烯(PVC)或其他阻燃材料,户外电缆常用的护套材料是黑色线性低密度聚乙烯(LLDPE),其密度与低密度聚乙烯(又称高压聚乙烯,LDPE)相近,强度与高密度聚乙烯(HDPE)相当。

★色谱端别

同轴电缆无色谱,但以数字标明顺序。

5.4　分类

5.4.1　射频电缆的分类

按结构的不同,可分为同轴射频电缆、对称射频电缆、螺旋射频电缆,如表 5-3 所示。

表 5-3　按结构分类

同轴射频电缆	常用的结构形式,内外导体处于同心位置
对称射频电缆	主要用在低射频或对称馈电中,其电缆回路的电磁场是开放的,由于在高频下辐射电磁能,衰减增大,屏蔽性能降低,同时,受大气条件影响大,故使用较少

续表

螺旋射频电缆	同轴或对称电缆中的导体，有时可做成螺旋线圈状，以增大电缆的电感，从而增大电缆的波阻抗[注3]及延迟电磁能的传输时间，从侧重点考虑，前者称为高阻电缆，后者称为延迟电缆。如果螺旋线圈沿长度方向卷绕的密度不同，则可制成变阻电缆

按绝缘方式，分为实体绝缘电缆、空气绝缘电缆、半空气绝缘电缆，如表5-4所示。

表5-4　按绝缘分类

实体绝缘	电缆内外导体间全部填满实体高频电介质，大多数软同轴射频电缆采用该方式
空气绝缘	电缆的绝缘层中，除了支撑内外导体的一部分固体介质外，空气填充其余大部分体积，其结构特点是内外导体间无介质层。空气绝缘电缆具有很低的衰减，超高频条件下常用
半空气绝缘	介于上述两种方式间的一种绝缘方式，其绝缘也是由空气和固体介质组合而成，但内外导体间存在固体介质层

按绝缘材料，可分为塑料绝缘电缆、橡皮绝缘电缆及无机矿物绝缘电缆。

按柔软性，可分为柔软电缆、平软电缆及刚性电缆。

按传输功率的大小，可分为0.5 kW以下的低功率、0.5～5 kW中功率、5 kW以上的大功率电缆。

按产品用途特点，可分为低衰减、低噪音、微小型及高稳相[注4]电缆等。

5.4.2　同轴电缆的分类

按导体的不同，可分为铜包钢线、镀银铜线、实心铜线、空心光滑铜管、空心轧纹铜管等。

按绝缘结构，可分为实心、发泡、半空气结构。

按绝缘材料，可分为聚乙烯、辐照聚乙烯、氟塑料等。

按派生特性，可分为同轴电缆、泄漏同轴电缆。

按同轴管的尺寸，可分为大同轴电缆、中同轴电缆、小同轴电缆、微同轴电缆。其中：大同轴内导体外径为5 mm、外导体内径为18 mm；中同轴内导体外径为2.6 mm、外导体内径为9.5 mm；小同轴内导体外径为1.2 mm、外导体内径为4.4 mm；微同轴内导体外径为0.7 mm、外导体内径为2.9 mm。

按特性阻抗，可分为50、75、93、100 Ω等，其中50、75 Ω最为常见。

按用途及传输原理，可分为基带同轴电缆和宽带同轴电缆（即网络同轴电缆COAXIAL CABLE和视频同轴电缆CATV）。

★基带和宽带

频带：即带宽，频带传输模拟信号。

基带：Baseband，信源发出的未经调制的原始电信号所固有的频带。基带传输基本脉冲信号。

宽带：Broadband，电子通信中描述的较宽的带宽范围。宽带传输是将信道分成多个子信道，分别传送不同信号。

电话行业中，4 kHz 频带称为宽带，计算机网络中的宽带电缆指任何使用模拟信号进行传输的电缆网。

目前基带是常用的电缆，屏蔽层使用铜网，其特征阻抗为 50 Ω（如 RG-8、RG-58 等），主要用于传输数字信号；宽带同轴电缆常用的电缆屏蔽层是用铝冲压而成，其特征阻抗为 75 Ω（如 RG-59 等）。

基带电缆又分为细缆（RG-58）和粗缆（RG-11），以及使用极少的半刚型同轴电缆和馈管。

半刚型同轴电缆使用极少，通常用于通信发射机内部的模块连接，其传输损耗很小，但也存在硬度大、不易弯曲等缺点。

馈管：馈线的外层使用铜线屏蔽，馈管弯曲半径大于馈线，馈管、馈线均用于传播高频信号。

基带电缆仅用于数字传输，数据率可达 10 Mb/s。电磁场封闭在内外导体之间，辐射损耗小，受外界干扰影响小，常用于传送多路电话和电视。计算机组网时，细同轴电缆两端可通过 BNC 接头连接 T 形 BNC 头（见图 5.4），再连接至带有 BNC 接口的计算机网卡，如表 5-5 所示。粗同轴电缆适配 AUI 接口网卡。粗缆和细缆均为总线拓扑结构，即一根缆上接多部机器，这种拓扑结构适用于机器密集的环境，但当一触点发生故障时，故障会串联影响整根缆上的所有机器，而且故障的诊断和修复复杂烦琐，因此，已逐步被非屏蔽双绞线或光缆取代。

图 5.4　带同轴接口的计算机网卡和 T 形 BNC 头

表 5-5　计算机网卡接口

接口类型	说明
RJ-45	应用最广、最为常见的一种接口类型网卡，用于以双绞线为传输介质的以太网。网卡自带两个状态指示灯，通过两个指示灯颜色可初步判断网卡的工作状态
BNC	用于以太网或令牌网中，由于使用细同轴电缆作为传输介质的网络比较少，接口较少见
AUI	用于以粗同轴电缆为传输介质的以太网或令牌网中，接口更为少见
FDDI	适用于 FDDI（光纤分布数据接口）网络中，提供 100 Mb/s 的带宽，使用光纤作为传输介质，网卡的接口是光纤接口，价格高，随着快速以太网的出现，该接口已非常少见
ATM	应用于 ATM（异步传输模式）光纤（或双绞线）网络中，传输速度可达 155 Mb/s

★同轴电缆组网

同轴电缆网络分类:主干网、次主干网、线缆。

计算机网络布线中,同轴电缆的 3 种结构:细缆、粗缆和粗/细缆混合。

宽带同轴电缆两种类型:双缆系统和单缆系统。

★E1 传输连接头

同轴电缆连接插头的种类繁多,同一种同轴电缆的接口也不尽相同,较为常见的有 L9、Q9 和 CC4 同轴连接插头。其中,L9 头也俗称 2 M 头,是最常用的一种同轴连接插头,采用螺纹旋转锁紧连接机构,特性阻抗为 75 Ω。图 5.5 示出了 3 种常用的 2 M 连接头。根据同轴电缆的不同分为 75-2-1 型和 75-2-2 型两种,分别对应 SYV-75-2-1 和 SYV-75-2-2 两种电缆,其区别在于 SYV-75-2-2 型的压接套管和外壳后端线孔比 SYV-75-2-1 型大一些。Q9 头采用推入旋转锁紧连接机构,特性阻抗为 75 Ω,外壳有不同形式。CC4 头使用较少,一般在光端机的 2 M 出线板上使用。另外,其他类型的同轴头还有很多,不一一列举。

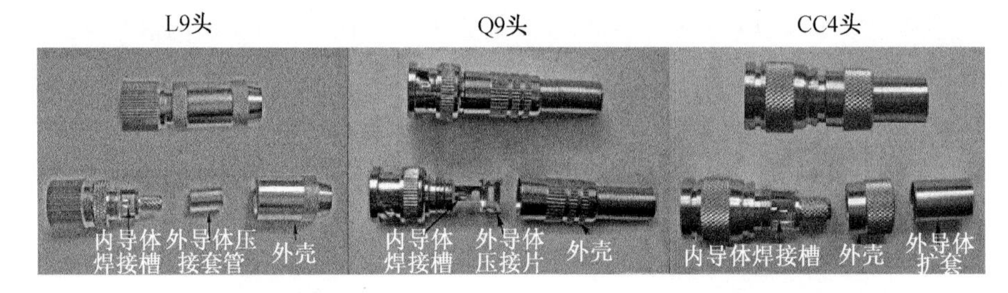

图 5.5　三种常用 2M 连接头分解图

★音视频同轴类连接头。详见第 6、7 章。

★无线系统使用的同轴类连接头。详见第 9 章。

5.5　型号

在国内,同轴电缆命名规则:第 1 部分为英文字母,分别代表分类代号、绝缘材料、护套材料和派生特性,第 2 ~4 部分均为数字,分别表示特性阻抗、芯线绝缘外径和屏蔽层结构,如表 5-6 所示。

表 5-6　命名原则

第 1 部分	第 2 部分	第 3 部分	第 4 部分
分类代号 (英文字母)	特性阻抗 (数字,Ω)	芯线绝缘外径 (数字,mm)	屏蔽层结构
分类代号:S-同轴射频电缆;SL-漏泄同轴射频电缆; 绝缘介质:Y-聚乙烯;YF-物理发泡聚乙烯;D-稳定聚乙烯空气绝缘;U-聚四氟乙烯; 护套介质:V-聚氯乙烯;Y-聚乙烯; 派生特性:P-屏蔽;Z-综合式	特性阻抗(常用的有 75、50、93)	整数值	数字

示例：

SYV：实芯聚乙烯绝缘射频电缆。

SYWV：物理发泡聚乙烯绝缘射频电缆。

SYKV：纵孔聚乙烯绝缘射频电缆。

SYTFVR：电梯用特种射频 SYV，数字传输系统同轴 RG，国外标准同轴射频电缆。

SYV-75-7-1：同轴射频电缆，绝缘材料为实芯聚乙烯，护套材料为聚氯乙烯，电缆的特性阻抗为 75 Ω，芯线绝缘外径为 7 mm，屏蔽结构序号为 1(一次纺织屏蔽)。

SYWLY-75-21：同轴射频电缆，物理发泡聚乙烯绝缘，护套材料为聚乙烯，电缆特性阻抗为 75 Ω，芯线绝缘外径为 21 mm，铝管外导体屏蔽。

常用的同轴电缆有：RG-8 或 RG-11(50 Ω)；RG-58(50 Ω)；RG-59(75 Ω)；RG-62(93 Ω)等。其中，计算机网络一般选用 RG-8 以太网粗缆和 RG-58 以太网细缆，RG-59 用于电视系统，RG-62 用于 ARCnet 网络和 IBM3270 网络。

5.6　设计选型

5.6.1　一般设计和选型

设计前，需掌握电缆传输信号相关情况，据此选择对应制式同轴电缆。同轴电缆设计需考虑频率范围、传输信号功率水平、周围射频及电磁环境、布线长度以及施工难度。根据不同应用场合使用不同的同轴电缆。

常见的同轴电缆的特性阻抗有 75 和 50 Ω 两种，前者多用于有线电视网络和广播电视装置及高频电子设备中，后者多用于电子仪器及某些电子信息系统中。由于生产制作技术的差异，导致实际特性阻抗与标称特性阻抗之间存在较大的误差。使用时，应选择特性阻抗波动范围适度、误差小的产品。具体的选择条件：

(1) 考虑衰减度。同轴电缆的衰减度表示每单位长度电缆的能量损失。由于信号能量因导体电阻、电介质以及其他质量相关因素而发生热能损失，在信号功率极低或布线极长，且不设置放大器或信号增强器的条件下，需采用低损失电缆，以满足同轴电缆接收端的最小信号强度要求，但价格较贵。

(2) 考虑频率因素。电缆性能取决于频率，同轴电缆衰减度和功率等性能参数均受频率影响。一般而言，信号频率越高，电阻性损失越大，衰减程度也越大。此外，在高频条件下，同轴电缆会以波导及性能极差的 TEM 波[注5]传输方式工作，即所谓的截止频率，其截止频率远高于传输信号的最高频率。

(3) 考虑额定功率。不同电缆具有不同额定功率，其取决于电缆直径、中央及外层导体类型以及电缆质量，应选择安全裕量较好的电缆，防止因超出同轴电缆的额定功率而发生电火花、加速老化、介质劣化、燃烧等情况。

(4) 考虑屏蔽性能。同轴电缆具有编织型、多股绞合型、箔形、实心型、波纹型等多种结构类型，多种外层导体类型以及多种屏蔽方式。为了进一步降低电缆收发产生的干扰，某些同轴电缆在外层导体之外还具有多个屏蔽层。采用不同类型的外层导体和屏蔽层还可实现抗压扁性、更高的刚性/柔性以及更低的衰减度。因此，一般情况下，在预算允许的情况下,同轴电缆的外层导体和屏蔽层的质量越高越好,数目越多越好。

(5) 特殊电缆的选用。军事、政府、航空电子、航天及工业设备等应用中,由于具有特定的规章制度,可能对同轴电缆性能具有特定要求,所以在测试和测量、科学实验、卫星、高性能雷达等许多特殊领域应用需使用专用同轴电缆,此时,电缆需满足相应非标准性的要求。

5.6.2 视频类同轴电缆的设计选型注意事项

视频传输对信号质量要求较高,应正确设计选择视频类同轴电缆,主要考虑以下因素。

(1) 阻抗。为确保信号损耗小,传输有效,同轴电缆前后级需达到阻抗匹配。有线电视信号传输过程中的阻抗差距较大时,后级无法全部接收信号,剩余能量由后级向前级反射,形成驻波,导致信号传输效率降低,轻则使音像质量下降,重则产生"重影"、网纹干扰、数据信号抖动,甚至造成频率特性恶化、数据误码率骤增,无法收看节目。另外,阻抗失配还会导致同轴电缆阻抗的成分和性质变化,产生频率失真,由此而造成音像质量下降。

(2) 屏蔽。为减小电视信号衰减和外来干扰,确保信号质量,使用三重屏蔽结构的屏蔽性能较好,但有条件应选用四重屏蔽(金属箔-编织网-金属箔-编织网)编织网或铝管、铜管作为屏蔽层的同轴电缆,其屏蔽衰减高达 120 dB 以上,满足屏蔽衰减要求。

(3) 金属自身衰减(内外导体)和介质衰减特性。应选择质量好、衰耗小、分布均匀且不随频率变化而波动的材料,一般情况下电缆越粗,衰耗越小。

(4) 温度特性。为降低温度对同轴电缆导体直流电阻及介质损耗的影响,同时减轻电缆老化,应注意线路较长、环境温度较高的情况。

(5) 同轴电缆的衰减常数、回波损耗、频率特性、湿度特性、温度特性和老化特性等技术指标,应根据实际情况合理选择。

5.7 制作施工

5.7.1 同轴电缆头的制作

以 E1 同轴电缆头制作为例。

(1) 准备工具:斜口钳、剥线钳、六角压线钳、电烙铁(加电预热)、焊锡丝、助焊剂(松香)、专用同轴电缆剥线器或剪刀、万用表,如图 5.6 所示。

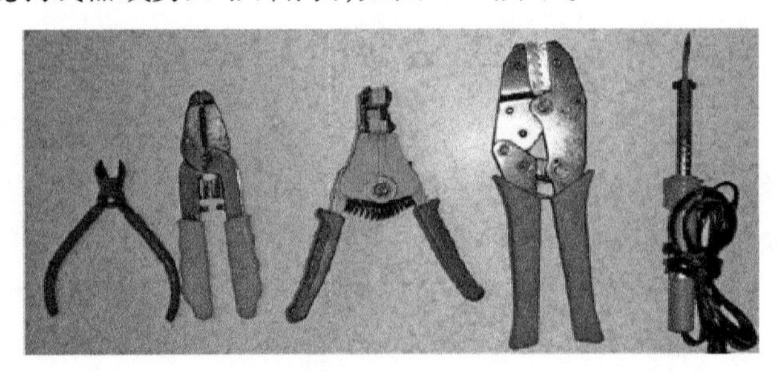

图 5.6 工具准备

(2) 准备线缆和 2 M 头：首先，剪裁出一对所需长度的同轴线，最好把两根线对齐并在两头各打个结(不用打紧)，防止制作时 2 M 外壳和套管滑走，且便于操作；准备 4 个和所用线缆相应的 2 M 头，并检查内部是否有压接套管，如图 5.7 和 5.8 所示。

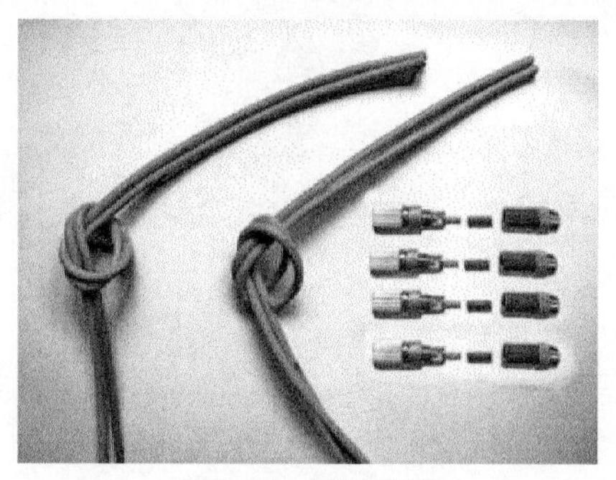

图 5.7　材料准备

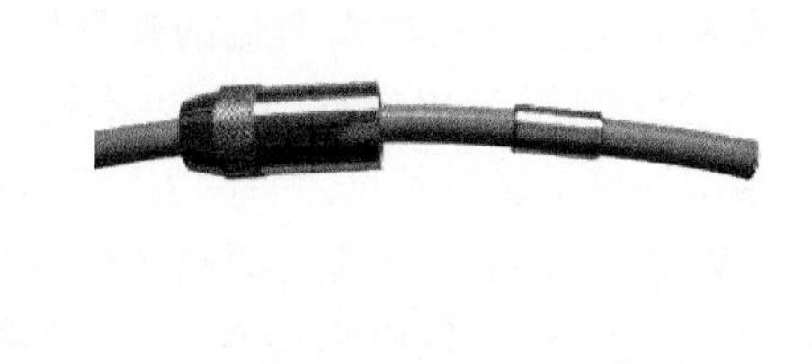

图 5.8　套外壳底座和套管

(3) 套外壳和压接套管：先将 2 M 头的外壳底座旋开套入线缆，然后，把压接套管套入线缆。

(4) 剥线：可用剪刀、裁纸刀或专门的剥线工具。当使用剪刀时步骤如下：

① 在距线端约 13 mm 处进行环形切割，剥掉外层绝缘体，露出外层导体；

② 把屏蔽层导线拨向一边，剪掉约 1/2 长度(压接时屏蔽层不能露出套管)，然后，向后拗在电缆外以免影响操作；

③ 剥去约 3 mm 的内层绝缘层，露出内层导线；此时，应该露出 3 mm 的内层导线和 3 mm的内层绝缘层，还有约 6 mm 的外层屏蔽层导线，见图 5.9。

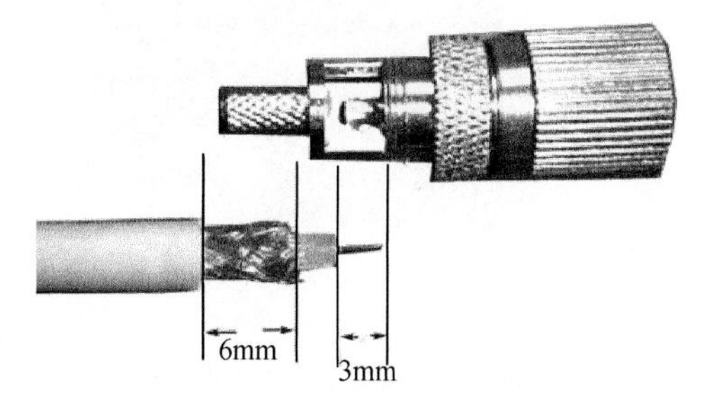

图 5.9　剥线要求

(5) 焊接内导体：将同轴线的内导体插入同轴头的内芯焊接槽内，要求插到同轴头内芯的底部；用烙铁蘸上焊锡点入焊接槽，等覆盖后移开烙铁，焊点应光滑、饱满，且不能让焊点接触到外导体，如图 5.10 所示。

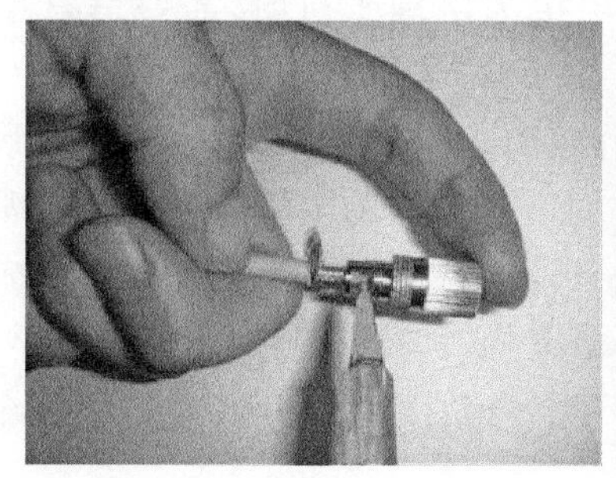

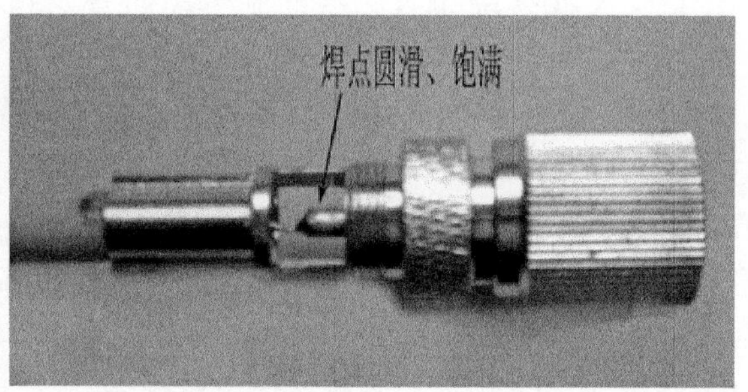

图 5.10　焊接

(6) 压接外导体：把外导体屏蔽层均匀地分布在同轴头末端的四周，套上压接套管，用专用压线钳压紧套管,使同轴头的末端与屏蔽层紧密接触,如图 5.11 所示。

图 5.11　压接

(7) 测试:如图 5.12 所示,把外壳旋紧,用相同的方法做好同轴线的另一端同轴头。把万用表打至导通测试挡(导通时会发出蜂鸣声)按以下步骤测试:

① 将表笔接触同一根线两端的外导体。此时,万用表应显示为 000 并发出蜂鸣声,如果不能导通或电阻很大,则说明外导体接触不良,可能是压接不好。

② 将表笔接触同一根线上两端的内导体。此时,万用表应显示为 000 并发出蜂鸣声。如果不能导通或电阻很大,则说明内导体接触不良,可能出现虚焊。

③ 将一支表笔接触一端的内导体,另一支表笔接触另一端的外导体。此时,万用表应显示为 1(无穷大)。如果显示导通,则说明内外导体短路,可能是焊点接触到外导体。

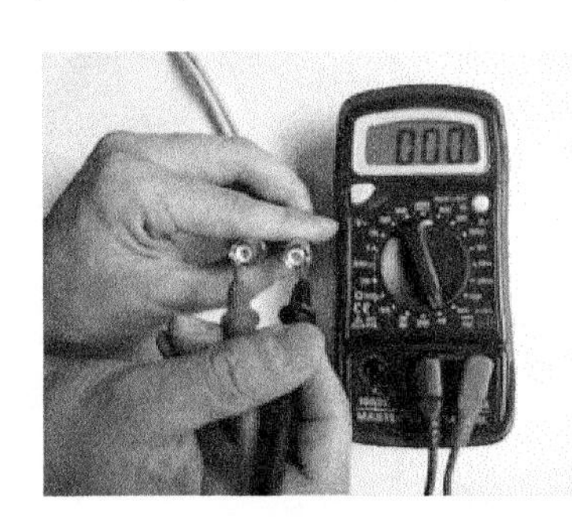

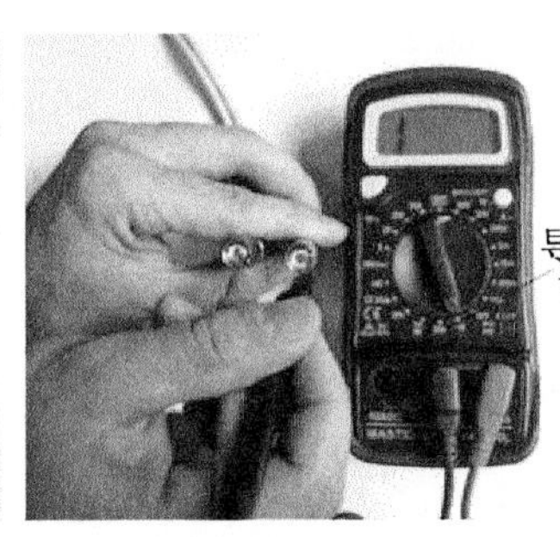

图 5.12　连通、绝缘测试

5.7.2　同轴电缆的室内布放要求

(1) 同轴电缆安装过程中,应利用合理有效的放线措施。安装时,要禁止对电缆拉拽、碰撞、挤压、烧烤及扎砸踩,避免造成电缆整体结构变形,从而导致电缆电气性能参数发生改变,并产生驻波效应。

(2) 线路敷设路径选择过程中,应避开较大体积的金属物体,同时,不能与其他金属线缆进行交叉或缠绕布置。当同轴电缆布置与市电电力电缆平行时,需要留有至少 0.8 m 的干扰距离。

(3) 设计和施工过程中,应该采取合理的保护措施,防止外部干扰和信号衰减所致电缆电气性能下降,从而影响信号的传输效率和精度。对于转弯处的电缆敷设,架空、埋地均要根据设计和相关规范要求,认真做好转弯处的外部辅助措施,尽量将同轴电缆做成圆弧形的慢弯结构,其转弯半径应该根据施工条件选择最大的转弯半径。对于特殊地形,其转弯半径应不小于同轴电缆自身外径的 5 倍,防止由于转弯角度过大,使得成电缆内部结构发生形变,从而影响其内部结构的电气性能。

(4) 明敷同轴电缆进线固定时,杜绝采用金属线卡、铆钉,应该采用专门的塑料线卡、铆钉,以防止外部金属对同轴电缆进线干扰。同时,在施工过程中,应该选用与同轴电缆尺寸和型号相匹配的卡片、铆钉,保证同轴电缆外部完整,使其发挥优良的电气特性。

（5）同轴电缆不可铰接，各部分是通过低损耗的连接器相连接。连接器的物理性能与电缆相匹配。中间接头和耦合器用线管包住，以防不慎接地。埋设时，如需防止光照，则电缆应埋在冰点以下的地层。架空电缆采用电杆架设。同轴电缆每隔100 m设置一个标记，以便于维修。必要时，每隔20 m要对电缆进行支撑。在建筑物内部安装时，要考虑便于维修和扩展，在必要的地方还需提供管道以保护电缆，要严禁线缆受潮进水。

（6）粗缆和细缆的相关要求：

① 粗缆铺设不应绞结和扭曲，应自然平直铺设；粗缆弯角半径应大于30 cm；安装在粗缆上各工作站点间的距离应大于25 m；粗缆接头安装要牢靠，并防止信号短路；粗缆走线应在电缆槽内，防止电缆损坏；粗缆铺设拉线时不可用力过猛，以防止扭曲；每一网络段的粗缆应小于500 m，数段粗缆可以用粗缆联结器连接使用，但总长度不可大于500 m，且连接器不能太多；每一网络段的粗缆两端需要安装终端器，其中一个终端器必须接地；同轴粗缆可安装在室外，但要加防护措施，埋入地下和沿墙走线的部分要外加钢管，以防止意外损坏。

② 细缆铺设不应铰结；细缆弯角半径应大于20 cm；安装在细缆上各工作站点间的距离应大于0.5 m；细缆接头安装要牢靠，且应防止信号短路；细缆走线应在电缆槽内，以防止电缆损坏；细缆铺设时，不可用力拉扯，以防止拉断；一段细缆应小于183 m，183 m以内的两段细缆一般可用“T”头连接加长；两端一定要安装终端器，每段至少有一个终端器要接地；同轴细缆一般不可安装在室外，安装在室外的部分应加装套管。

5.8　通信拓展

5.8.1　通达设备

E1同轴电缆主要通达设备如表5-7所示。

表5-7　E1同轴电缆通达设备

普通PCM	脉冲编码调制设备，高级PCM可带网管	
智能PCM	带网管的智能型设备。主要完成电话、音频、数据、图像等综合业务接入，通过交叉复用而实现综合业务信号点对点或点对多点通信功能	
DXC	数字交叉连接设备	
程控交换机	程控交换设备	

上述设备不仅限于有线专业，而且用于无线专业在机房范围内涉及有线传输中，此时，也需要配套使用E1同轴电缆。

5.8.2 维修检测施工

维修检测常用工具器材如图 5.13 所示。

图 5.13 常用工具器材

5.8.3 通信原理

脉冲编码调制(Pulse Code Modulation,PCM):对连续变化的模拟信号进行抽样、量化和编码产生的数字信号。

模拟和数字信号:模拟信号(Analog Signal)可采用一系列连续变化的电磁波或电压信号表示,数字信号(Digital Signal)可采用一系列断续变化的电压脉冲或光脉冲表示,两者可相互转换。

复用:一种在传输路径上综合多路信道、恢复原机制或解除终端各信道复用技术的过程,主要分为频分复用(FDM)、时分复用(TDM)两大类,此外,还有波分复用(WDM、粗波分复用-CWDM、密集型波分复用-DWDM)、码分复用(CDM,移动)、极化波复用(PWDM,卫星)、空分复用(SDM)等。

波分配置方式包括 OADM(光分叉复用)、OTM(终端复用)、OLA(线性放大)。

★专业术语

调度:值机人员对音频、E1 信号进行调整和重新安排,分为一般调度和紧急调度,具有时限性。

配线:值机人员对线缆进行区分,上架并标记。

落地:指业务落地站内有保障用户,业务中转不落地指该站只是中继站而无保障用户,信号通过站内增强后中转。

注释

[注 1]定径模:第 2 道模具,确定线缆外径;并线模:成缆使用的第 1 道模具,使缆芯按一定的排列合并在一起;稳定模:确保线缆外径不发生太大变化。

[注 2]指微带传输线的物理长度与所传输电磁波波长比。

[注 3]波阻抗:地震波在介质中传播时,作用于某个面积上的压力与单位时间内垂直通过此面积的质点流量比,具有阻力的含义。

[注 4]稳相:指低损耗高稳相柔软微波同轴电缆,采用微孔聚四氟乙烯绝缘,镀银铜箔绕包加纺织外导体,FEP 护套结构形式。用于相控雷达、量网络分析仪等电子设备。

[注 5]一种电场和磁场都在垂直于传播方向的平面的电磁波。

第6章　视频线

6.1　概述

视频线(Video Cable,Video Line),本章讨论的视频线是指所有传输视频信号的线缆的集合。是按功能用途命名的。

6.2　图像和视频基础

三基色,R(红)、G(绿)、B(蓝)。

图像类型分为位图和矢量图。

像素:pixel,整个图像中不可分割的单位或元素,决定图像在屏幕上所呈现的大小。分辨率:图像分辨率是单位英寸图像中所包含的像素点数;显示分辨率(屏幕分辨率)是屏幕图像的精密度,是指显示器所能显示的像素的多少。此外,扫描仪、打印机、电视、触摸屏、投影机、数码相机、鼠标等电子、家电、办公设备也涉及分辨率问题。

视频信号制式:三基色信号按不同比例组合成亮度和色度信号的方式,常用有3种,如表6-1所示。

表6-1　视频信号制式

制式	说明	制定国	使用范围
NTSC	正交平衡调幅制	美国	美国、加拿大等北美国家,以及日本、韩国、菲律宾等国和中国台湾
PAL	逐行倒相正交平衡调幅制	德国	德国、英国等西欧国家,以及中国、朝鲜等
SECAM	顺序传送彩色与存储制	法国	法国、俄罗斯及东欧国家

图片文件格式:BMP、JPG、TIFF、GIF、PCX、TGA、EXIF、FPX、SVG、PSD、CDR、PCD、DXF、UFO、EPS、AI、RAW……

视频文件格式:MPEG、MPG、DAT、AVI、RA、RM、RAM、MOV、ASF、WMV、nAVI、DivX、RMVB、FLV、F4V、MP4、3GP、AMV、MKV、OGM、VOB、TS、TP、IFO、NSV、M2TS……

图像中的参数主要有色调、饱和度、明度、光亮度、对比度等,具体解释如表6-2所示。

表6-2　图像中参数的具体解释

名称	具体解释
色调 (Hue)	又称色相,指颜色的外观,用于区别颜色的名称或种类。色调用红、橙、黄、绿、青、蓝、紫等术语来刻画,用于描述感知色调的一个术语是色彩(Colorfulness)

续表

名称	具体解释
饱和度 (Saturation)	是相对于明度的一个区域的色彩,指颜色的纯洁性,用来区别颜色明暗程度。完全饱和的颜色是指没有渗入白光所呈现的颜色,例如仅由单一波长组成的光谱色就是完全饱和的颜色
明度 (Brightness)	是视觉系统对可见物体辐射或者发光多少的感知属性,和人的感知有关。由于明度很难度量,所以国际照明委员会定义了亮度(Luminance)以度量明度,亮度即辐射的能量。明度的一个极端是黑色(没有光),另一个极端是白色,在这两个极端之间是灰色
光亮度 (Lightness)	是人的视觉系统对亮度(Luminance)感知的响应值,光亮度可用于颜色空间的一个维,而明度(Brightness)则仅限用于发光体,该术语用来描述反射表面或透射表面
对比度 (Contrast)	最高亮度和最低亮度的比值。其值越高,图片明暗差异越明显

清晰度与分辨率:按"清晰度与分辨率关联但含义不同"的理解,清晰度(分辨率,像素)分为:普清(320 p,480 ×320)、标清(480 p,640 ×480)[注1]、高清(分为 720 p,1 024 × 720;1 080 i, 1 920 ×1 080 i(隔行扫描))、全高清(1 080 p,1 920 ×1 080 p(逐行扫描))、超清:2k(1 920 ×1 080)、4k(3 840 ×2 160)、8k(7 680 ×4 320)。

流媒体视频质量等级:WEB(流畅)、蓝光(BD)、原画(盘)版。

视频的服务质量的 5 个等级分别为高清晰度会议电视(HDTV)、演播质量数字电视、广播质量电视、VCR 质量电视和电视会议质量。

视频编码方式:MPEG(ISO)、H. 26X(ITU)、AVS、RMVB。

5 代视频输出的发展:第 1 代是 CVBS,第 2 代是 S-VIDEO,第 3 代是 VGA,第 4 代是 DVI,第 5 代是 HDMI。

6.3 分类

视频线一般根据线材和接口进行分类,如图 6.1 所示。此外,还可按以下划分:

按模拟和数字信号的不同,可分为模拟视频线和数字视频线。

在属于同轴电缆的视频线中,

按阻抗,可分为 75,50 Ω 两个阻抗。

按照粗细,可分为-3,-5,-7,-9 等型号(后两种使用较少)。

视频线又根据材质的不同,可分为 SYV 和 SYWV 两种。

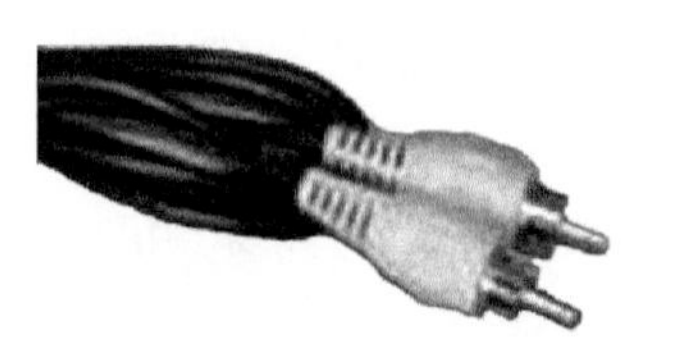

图 6. 1 视频线和射频线

6.3.1 视频线和射频线的异同

SYV——实心聚乙烯绝缘,PVC 护套,国标代号是射频电缆,又称"视频电缆"。

SYWV——聚乙烯物理发泡绝缘,PVC护套,国标代号是射频电缆。

相同点:特性阻抗均为75 Ω;外层护套、屏蔽层结构、绝缘层外径、编数选择、材质选择,屏蔽层数等基本相同。

不同点:绝缘层物理特性、芯线直径、传输衰减不同。高编[注2]电缆屏蔽层的直流电阻小,200 kHz以下的低频衰减少,对抑制低频干扰有利,但频率失真(高低频衰减差异)严重,从而导致图像失真。

常见视频线及其接头接口说明如表6-3所示。

表6-3 常见视频线及其接头接口说明

线名	说明	接头	图示
AV线	属同轴电缆的一种,标准音视频输入线,传输模拟视频信号(亮度与色度混合传输),可用于DVD机及电视机等。分3条线,音频接口(红色与白色线,组成左右声道)和视频接口(黄色)。画质一般。5RCA用于视频(3)和两个左右声道(2)。AV线配合莲花头一般为家用,工程上通常使用BNC头,此时,通常称线缆为复合视频线	莲花头、RCA、AV端子	
S端子线	将视频分为光亮度和色度传输(模拟信号),其质量优于AV线,接口是圆形的,类似PS/2鼠标键盘插头,主要用于液晶电视、影碟机、投影仪。S端子可以根据针数分为4针(常见)、7针和8针、9针4种型号	S端子	
色差线	又称三色差线、色差分量线,属同轴电缆的一种,是目前传输模拟信号质量最好的视频线,与AV线无本质区别,但外观、传输信号不同,用于DVD机,高端电视(等离子或LCD平板)、家用投影机等	莲花头、RCA、色差端子、分量端子	
VGA线	一种模拟信号视频线,传输R、G、B三原色信号和行、场同步信号(水平和垂直信号)。与色差线相比各有千秋,用于电脑、家庭影院。VGA接口共有15针,分成3排,每排5个孔,接口又称D-Sub接口(常用有DB25、DE9、DA15)。SVGA即SuperBGA,其连接头和线与VGA一致,但传输信号规格不同	VGA头	
DVI线	最高传输速度为8 Gb/s,用于电脑、DVD、高清晰电视(HDTV)、高清晰投影仪等。有DVI-A(模拟,基本淘汰)、DVI-D(数字)和DVI-I(数字/模拟)3种不同的接口形式。5种规格包括DVI-A(12+5)、单连接DVI-D(18+1)、双连接DVI-D(24+1)、单连接DVI-I(18+5)、双连接DVI-I(24+5)(常用)	DVI头	

续表

线名	说明	接头	图示
HDMI 线	数字视频线,以无压缩技术传送全数码信号,最高传输速度是 5 Gb/s,最远传输 30 m,HDMI 在传输 1080p 视频基础,同时支持 8 声道音频传送,其接口可与 DVI 接口转换(视频信号部分)。主要应用于等离子电视、高清播放机、液晶电视、背投电视、投影机、DVD 录/放映机、D-VHS 录/放映机和数位影音显示装置的视频及音频信号传输。HDMI 接口可以分为 TypeA、TypeB、TypeC、TypeD 4 种类型。其中:A 型是标准的 19 针 HDMI 接口,普及率最高;B 型接口尺寸稍大,但是有 29 个引脚,可以提供双 TMDS 传输通道,因此支持更高的数据传输率和 Dual-LinkDVI 连接;而 C 型接口和 A 型接口性能一致,但是体积较小,更加适合紧凑型便携设备使用;D 型主要应用于移动手机上	HDMI 头	HDMI
DP 线	DisplayPort,高清数字显示接口,HDMI 加强版。分 DP 和 Mini DP 两种,尺寸分别为 7. 5 mm × 4. 5 mm 与 16 mm × 4. 8 mm,已升级至 2. 0,支持 8k,兼容 USBType - C	DP 头	
SDI 线、同轴线	Serial Digital Interface,数字分量串行接口,与有线电视一样的同轴电缆及接口。使用 SDI 传输协议,有 SDDI、QSDI、CSDI 3 种类型,相互不兼容,但均与 SDI 兼容。按传输速率分为 SD-SDI、HD-SDI、3G-SDI 3 种	SDI 端子、BNC	
同轴线	原理等同于 VGA(传输信号略有区别)	5BNC 接头、Q9 头	
射频线	RF 射频线,模拟有线电视使用,插头分为直插式和 F 型射频头两种	射频头、RF 头、射频端子	
雷电连接线	Thunderbolt,整合 PCIExpress 数据传输技术和 DisplayPort 显示技术,可同时对数据和视频信号进行传输,每条通信提供 10 Gb/s 带宽。接口物理外观和原有 Mini DsiplayPort 接口相同	雷电接头	

其他接口包括 RS232 串口和 RJ45 接口均可用于计算机视频信号输出至投影机。1394 火线接口虽然连接笔记本、数码摄像机等,但一般认为是数据接口。

音视频系统中,控制线用于发送控制指令(控制线其他用途见第 13 章其他线缆),涉及各类音视频设备,控制接头主要有 D9 接头、D15 接头、D25 接头、Cresnet 接头等,如图 6.2 所示。

图 6.2　各种控制接头

6.3.2　S 端子和 PS/2 的区别

前者用于视频连接,后者用于 PS/2 鼠标键盘连接,外形如图 6.3 所示。

图 6.3　S 端子(左)和 PS/2 端子(右)

6.3.3　色差线和 AV 线的区别

其线材和接头本质相同,但外观和传输原理不同。AV 线为 3 根,分别传输视频和左、右声道。色差线有 3 根时传输的均为视频信号,有 5 根时增加了左、右声道。目前,多数设备提供不同的接法选择,以 AV 线和色差线为例,两种不同接法如图 6.4 所示。

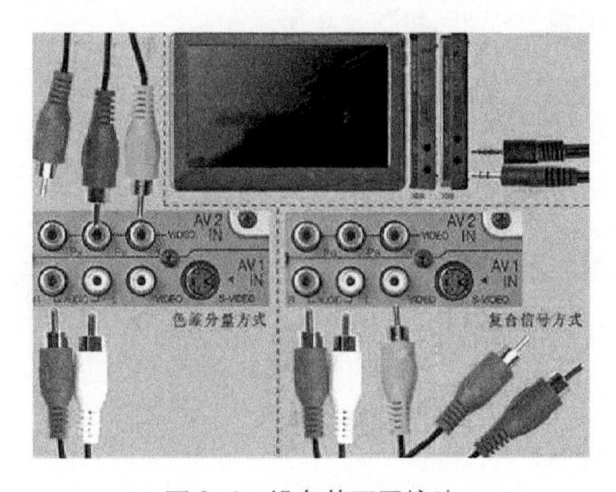

图 6.4　设备的不同接法

复合式线缆可同时传送视、音频信号,单纯的视频线可通过增加音频线形来成视、音频信号同步传输。以 AV 线为例,在 3 根视频线的基础上,可通过增加 1 根音频线来实现视、音频信号传输,如图 6.5 所示。

图 6.5 视、音频信号同步传输

6.4 制作施工

RF 射频头用于旧式电视机(模拟信号),目前在有线电视领域已停用,但电视机保留该接口,在模拟卫星电视接收上仍在使用。

6.4.1 RF 射频头制作

(1) 准备工具器材,用裁纸刀小心剖开外护层,注意不能伤及铜丝网和屏蔽层,如图 6.6 所示。

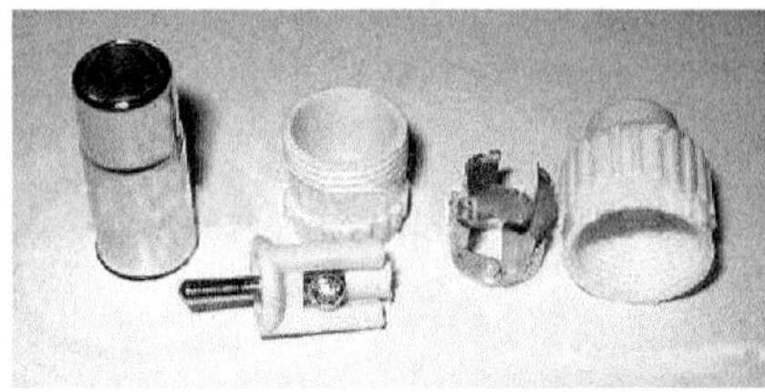
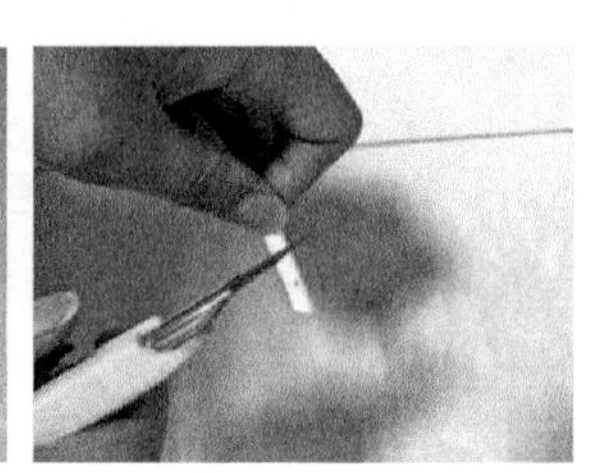

图 6.6 器材准备和剖线

按以下 5 个步骤连接安装,直通式 RF 头接法如图 6.7 所示。

图 6.7 直通式 RF 头的接法

新式电视机以机顶盒方式接收高清视频信号,机顶盒主要采用图 6.8 所示的两种连接方式。英制 RF 射频头是厂家生产的封装成品头,无须制作,接头采用螺纹连接方式,目前有线电视盒主要采用该连接方式;F 型射频头接法如图 6.8 所示,屏蔽层汇集于卡箍内,导体穿过金属孔并用螺丝锁紧,如图 6.8 所示。

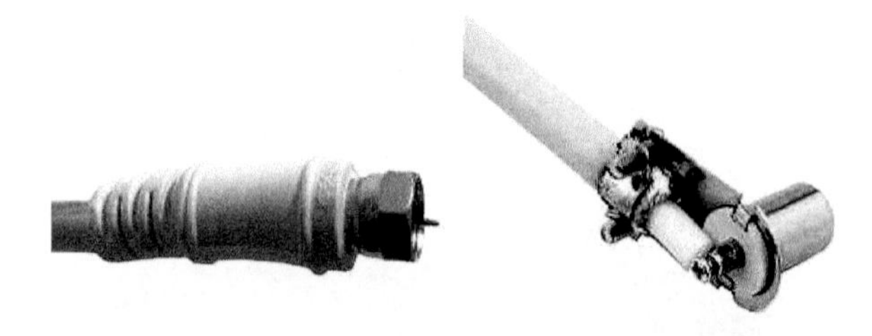

图 6.8 成品英制 RF 射频头和 F 型射频头的接法

6.4.2 其他视频接头的制作

视频接头种类较多,可自制接头的视频线包括 AV 线、三色差线、VGA 线、BNC 线,而

S端子线、DVI线和HDMI线一般由专业厂家批量或定制生产。

视频接头制作常采用压接、焊接两种方式。此外,还有剖线、测试、封装3道工序。

其中,BNC接头、莲花(RCA)接头的接线标准均为:

插针=同轴信号线,外壳公共地=屏蔽网线。

VGA视频母头接线标准为:

1脚=红基色;2脚=绿基色;3脚=蓝基色;6脚=红色地;7脚=绿色地;8脚=蓝色地;13脚=行同步;14脚=场同步;5脚=自测试;10脚=数字地;4、11、12、15脚=地址码,如图6.9所示。

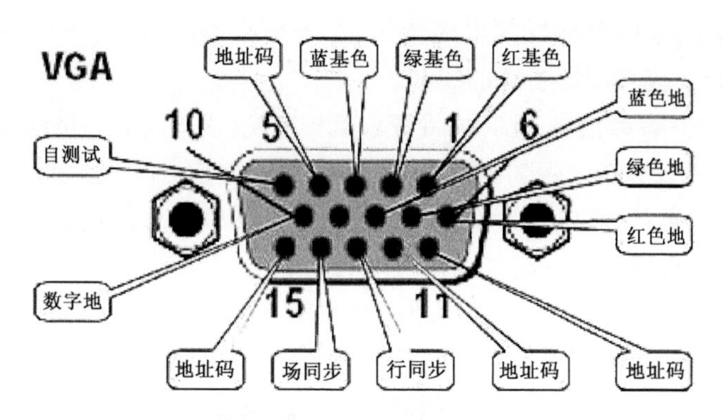

图6.9　VGA母头接线标准

6.4.3　各类控制接头的制作

控制接头多为D9接头(可传输232、422、485等不同协议),根据不同的连接方式有不同的焊接方式,制作时应根据设备说明书上的说明进行制作。引脚顺序及功能如图6.10、表6-4所示。

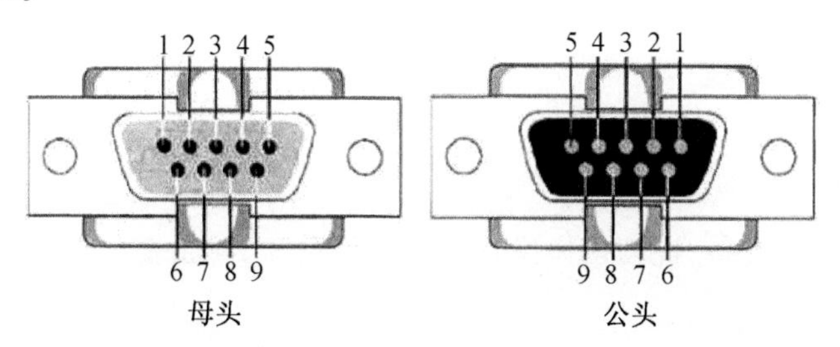

图6.10　标准9针串口(D9)引脚示意图

表6-4　各引脚功能

引脚序号	名称	作用	备注
1	DCD(Data Carrier Detect)	数据载波检测	—
2	RxD(Received Data)	串口数据输入	必联
3	TxD(Transmitted Data)	串口数据输出	必联
4	DTR(Data Terminal Ready)	数据终端就绪	—
5	GND(Signal Ground)	地线	必联

续表

引脚序号	名称	作用	备注
6	DSR(Data Send Ready)	数据发送就绪	—
7	RTS(Request to Send)	发送数据请求	—
8	CTS(Clear to Send)	清除发送	—
9	RI(Ring Indicator)	铃声指示	—

6.4.4 视频线缆铺设

复合视频信号:采用单根视频电缆传送,可根据距离的远近,采用不同的视频线缆。进行长距离传输时,应采用低衰减的线缆。

复合视频信号+音频信号:此时可将音频信号电缆(多为3芯带屏蔽麦克线)与视频电缆共同捆扎,一次铺设完毕。视频线缆的抗柔性和抗拉性较强,可起到保护音频线的作用。

计算机视频信号:计算机视频信号在进行长距离传输时多采用5合1视频电缆,或将单一的视频电缆5根捆扎在一起传输信号。计算机视频信号分为5部分同时传输,分别为红、绿、蓝、行频和场频信号。在采用单一视频线5根捆扎的方式传输时,应尽量保证5根线缆的长度一致。如不一致,则可造成单色信号拖尾,使图像不清晰。

计算机视频信号+音频信号:将音频信号电缆(多为3芯带屏蔽麦克线)与计算机视频电缆共同捆扎,一次铺设完毕。

6.5 选型选购

一般情况下,根据接口的不同区别选择不同的线材。

6.6 视频设备拓展

6.6.1 通达设备

主要包括视频源设备、视频切换设备和显示设备3类,如表6-5所示。

表6-5 视频线通达设备

设备名称	用途	图示
视频矩阵	通过阵列切换的方法将 m 路视频信号任意输出至 n 路监控设备上的电子装置,$m>n$。部分视频矩阵也带有音频切换功能,能将视频和音频信号进行同步切换,称为视音频矩阵。视频矩阵分为模拟矩阵和数字矩阵两类,一般用于各类监控场合。视频矩阵能够通过自身的网络接口从网络上接收2 048路数字视频码流(可能是MPEG4、H.264、MJPEG等不同格式的码流),将这些数字视频码流进行解码,并且转换成模拟视频信号,然后输出给16台甚至32台监视器,构建一个2 048×16或者2 048×32的大容量网络矩阵	

续表

设备名称	用途	图示
显示器	I/O(输入/输出)设备,将一定的电子文件通过特定的传输设备显示到屏幕上再反射到人眼的一种显示工具,可分为 CRT、LED、LCD(液晶)型	
投影仪	又称投影机,将图像或视频投射到幕布上的一种设备,可以通过不同的接口同计算机、VCD、DVD、BD、游戏机、DV 等相连接播放相应的视频信号,根据工作方式不同,分为 CRT、LCD、DLP 等不同类型	
摄像头	实时摄像,用于监控、视频会议	
计算机显卡	Video Card、Graphics Card,显示接口卡,又称显示适配器,是计算机最基本、最重要的配件之一。显卡作为主机重要组成部分,是计算机进行数/模信号转换的设备,承担输出显示图形的任务	
电视	接收信号,播放声像信号的设备	
影碟机	又称视盘机,包括 VCD、超级 VCD、DVD、EVD、HVD、HDV 等,播放光盘中声像信号的设备	
录像机、DVR	记录存储电视节目视频信号并可重新读取的磁带记录器,分为 PC 式和嵌入式两种,目前常用于监控视频录制	
数码摄像机、DV	通过感光元件将光信号转变成电流,再将模拟电信号转变成数字信号,由芯片进行过滤后还原动态画面	
数码相机	又称数字式相机,利用电子传感器将光学影像转换成电子数据的照相机	
机顶盒	又称机上盒,连接电视和外部信号源的设备	

会议电视系统主要设备如表6-6所示。

表6-6 会议电视系统设备

设备名称	用途	图示
MCU	微控制单元(Microcontroller Unit,MCU),又称单片微型计算机、单片机,将计算机的 CPU、RAM、ROM、定时计数器和多种 I/O 接口集成在一块芯片上,形成芯片级的计算机,为不同的应用场合做不同组合控制,其在现代流行的视频会议中起到核心领导作用,通过 MCU 设备给下面终端设备设置权限属性,以组建一个完整的视频会议网络	

续表

设备名称	用途	图示
会议终端	多媒体通信终端设备	
会议摄像机	与视频设备通用	—
会议显示设备	与视频设备通用	—
会议音频设备	与音频设备通用	—

6.6.2 维修测试施工常用仪表工具

电烙铁、焊锡丝、剥线钳、压线钳、斜口钳、尖嘴钳、万用表、线缆测试仪、信号发生器(少用)等。

6.6.3 信息原理

电视:根据人眼视觉暂留特性和视觉心理,利用电的方法传播光学信息的机器,其基本系统由摄像、传输、显像3部分组成。电视机由英国人贝尔德发明于1929年,有很多类型,如黑白/彩色、遥控/手动、数字/模拟、室内/车载、卫星/网络、智能/普通等。现代电视按使用效果和外形可分为平板电视(等离子、液晶、超薄DLP)、CRT显像管电视(纯平、超平、超薄)、背投电视(CRT、DLP、LCOS、液晶)、投影电视和3D电视5类。电视的其他常用分类方式如表6-7所示。

表6-7 电视的其他分类方式

类型	解释
开路电视和闭路电视	开路是以广播形式发布,即普通电视,闭路电视是使用电视配套的播放机进行播放,仅本电视能收到信号
数字电视和模拟电视	分别传输数字和模拟信号的电视
广播电视	通过有线或无线方式播送电视声像信号
地面(无线)电视	传统地面无线电视通过室外天线直接接收模拟信号
有线电线	传统有线电视传输模拟信号,可直接收看;有线数字电视传输数字信号,需配套机顶盒收看
网络电视(IP电视、互动电视)	通过网络播放内容的电视

注释

[注1]另一种说法为普清和标清同义,PAL制式720×576;NTSC制式720×480。

[注2]高编电缆,是编织电缆的一种,指屏蔽层编织密度在90%以上的电缆。编织密度与编织锭数(常见有16、24、32、36锭等)、每锭股数(4~10)、编织角(不宜大于45°)、电缆外径相关。

第 7 章　音频线

7.1　概述

音频连接线，简称音频线，本章讨论的音频线是指所有用来传输电声信号的线缆的集合，是按功能用途命名的。

7.2　分类

按用途区分，可分为信号传输线、话筒线、工程安装线等。

按芯线数量，可分为单芯、双芯及多芯线。

按线径面积，可分为 0.1、0.15、0.3 mm^2 等规格。

按屏蔽层疏密，可分为 96 网、112 网、128 网等规格。

按屏蔽层编织方式，可分为网型及绕包型。

按传输信号模数区分，可分为模拟音频信号线，包括麦克线、工程音频线和音箱线（发烧线、金银线，均为裸线头）3 类。数字音频线主要包括同轴和光纤两类。

按传输信号光电区分，可分为音频电信号线、音频光信号线。其中，音频电信号线按传输形式，可分为平衡与非平衡型，信号有模拟和数字区别，如表 7-1 所示。

表 7-1　音频电信号线缆及连接头

类别	名称	图示	传输形式	模数	备注
音频线（其中，用于话筒的称为话筒线，用于耳机的称为耳机线）	莲花头（RCA）		非平衡	模拟/数字	分为花瓣型和环型两种
	卡侬头（XLR）		平衡/非平衡	模拟/数字	用于高端话筒（电容麦），分为 2 芯、3 芯、4 芯、大 3 芯等
	6.3 mm 大 3 芯插头（TRS）		平衡/非平衡	模拟	音频设备连接
	大 2 芯插头（TS）		非平衡	模拟	单声道信号传输
	3.5 mm 小 3 芯插头（TRS）		非平衡		分为 2.5 和 3.5 mm 两种尺寸
	3.5 mm 4 芯插头（耳麦插头）				用于移动类音频设备： 1. 接带话筒的耳机，分 OMTP（中）和 CTIA（美）两种标准 2. 接全平衡式耳机

续表

类别	名称	图示	传输形式	模数	备注
	凤凰头 (Phoenix)		平衡/非平衡由厂家定义		通常用于专业工程类设备
音箱线	裸线头	—			分为护套线和金银线
	Speakon 插头			模拟	Neutrik 公司开发,后级输出音箱线,用于功放和音箱连接,分为 2 芯、4 芯、8 芯
	香蕉头 (Banana Plug)			模拟	后级输出音箱线,用于大功率输出的器材中连接音箱和功放
同轴音频线	形式多样,包括 RCA、BNC 等	—		数字/模拟	传输 WORDCLOCK、MADI 信号

此外,还有小 2 芯,2.5 mm 小 3 芯等不常用的音频接头。

RJ45 接口可将音频信号通过网络远程传输,但此时一般不将其定义为音频线。而利用网线或电话线在旧式会议电话系统传输音频时,可视为音频线的一种,其本质与电话线功能相同,详见第 1 章市话电缆。

音频光信号线分为民用与专用两大类,多数使用塑料光纤制造,接头连接使用 TOSLINK(接口协议,支持 RCA 和单模光纤)或 3.5 mm 圆形连接器。民用级信号格式有 S/PDIF(光学音频接口协议)。专业级音响与电视台音频连接,多使用通信光缆及电信级连接器,专业级音响格式有 ADAT,详见第 3 章纤线。

★声音三要素:音调、音量、音色。

★音频文件制式:CD,WAVE,AIFF,MPEG,MP3,MPEG-4,MIDI,WMA,RealAudio,VQF,AMR,APE,FLAC,AAC,OGG,MP3pro,MOD,CDA,M4A,MKA,MP2,MPA,MPC,OFR,RA,WV,TTA,AC3,DTS……

7.3 制作施工

7.3.1 音频线的接法

音频线较视频线复杂,其接法分为平衡和不平衡两种。音频接头的制作多采用焊接方式,其连接方式有:平衡、非平衡两种。

平衡式接法:用两条信号线传送一对平衡的信号的连接方法。由于两条信号线所接收的干扰信号幅度相同,相位相反,最后干扰被抵消。音频的频率范围较低,在长距离的传输情况下容易受到干扰,因此,平衡接法作为一种抗干扰的连接方法,在专业音频设备的连接中最为常见。家用电器的连接线中也用两芯屏蔽线作为音频连接线,但其传输的是左右声道两个信号,不属于平衡接法。

非平衡式接法:仅用1条信号线传送信号的连接方法。易受干扰,仅在一般家用电器或一些要求较低的情况下使用。

两种接法的选择一般根据设备对接口的具体要求而定,能使用平衡接法的尽量使用平衡接法,连接时需依据设备面板说明,以及使用说明书相关要求。另外,一些场所还可能遇到一端的设备接口是平衡接口,另一端的设备是不平衡接口的情况,此时,在要求不严格的场所,只需在平衡端使用平衡接法,不平衡端使用非平衡接法,注意各脚对应即以,在要求严格的场所,必须使用转换电路将平衡转为非平衡,或将非平衡转为平衡。

音频头的制作主要有剥线、焊接等工序,只需将线芯剖开露出后,与对应接点焊接起来,测试对应点通连后封装使用。

具体的接法如图7.1和7.2所示。其中:

平衡式接法:1脚接屏蔽,2脚接+端(又称热端),3脚接—端(又称冷端);

非平衡式接法:1脚和3脚相连接屏蔽,2脚接端(信号端)。

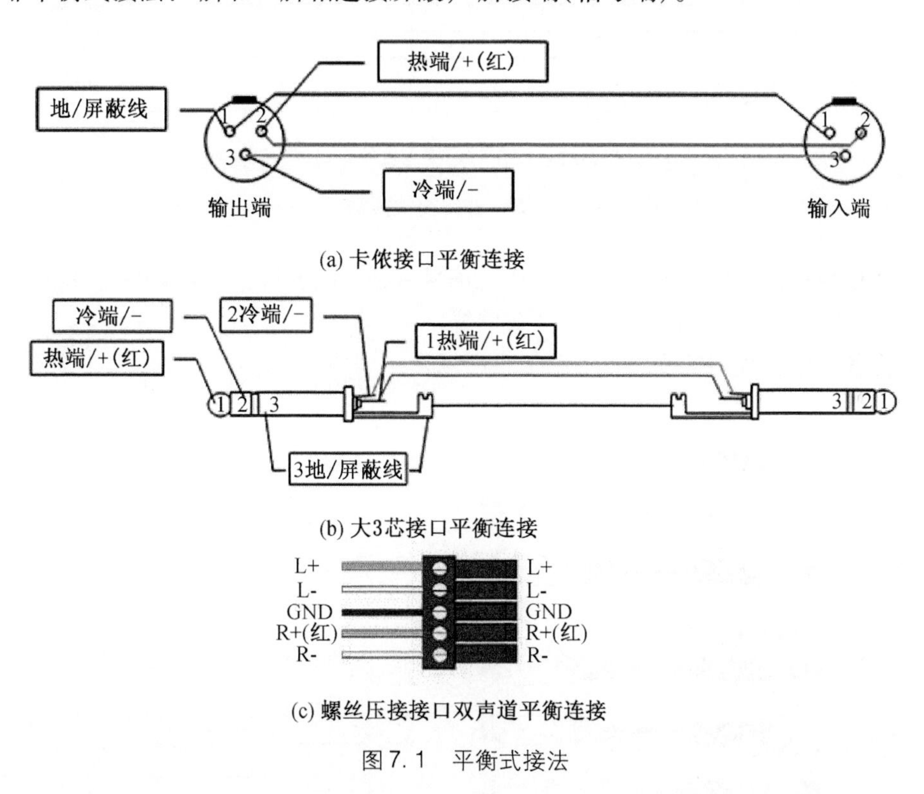

图7.1　平衡式接法

接头:直型(TRS)接头(直径ϕ2.5 mm、ϕ3.5 mm和ϕ6.3 mm3种)、卡侬接头

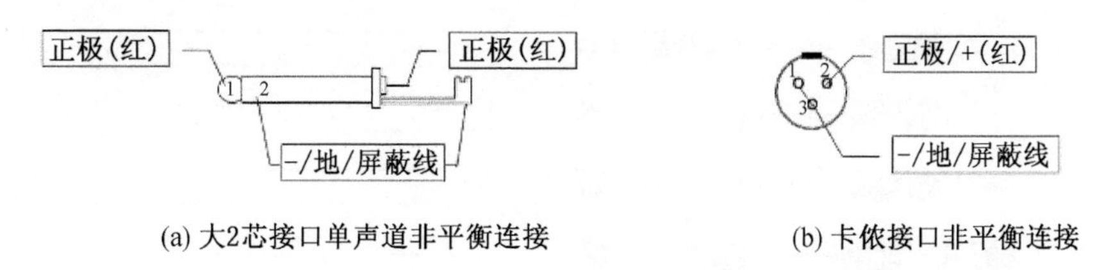

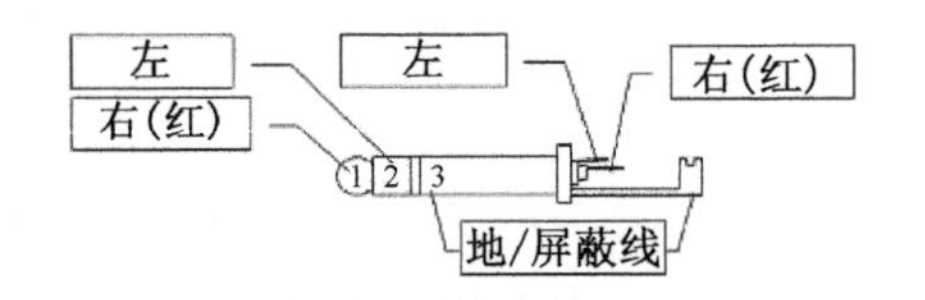

(c) 大3芯接口双声道非平衡连接

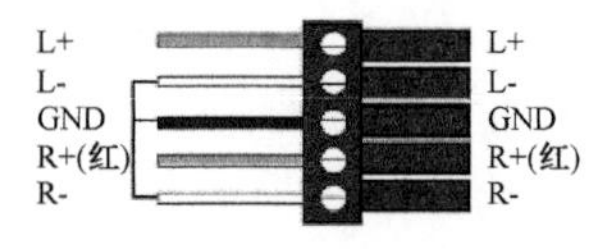

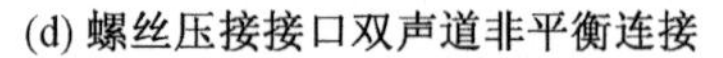
(d) 螺丝压接接口双声道非平衡连接

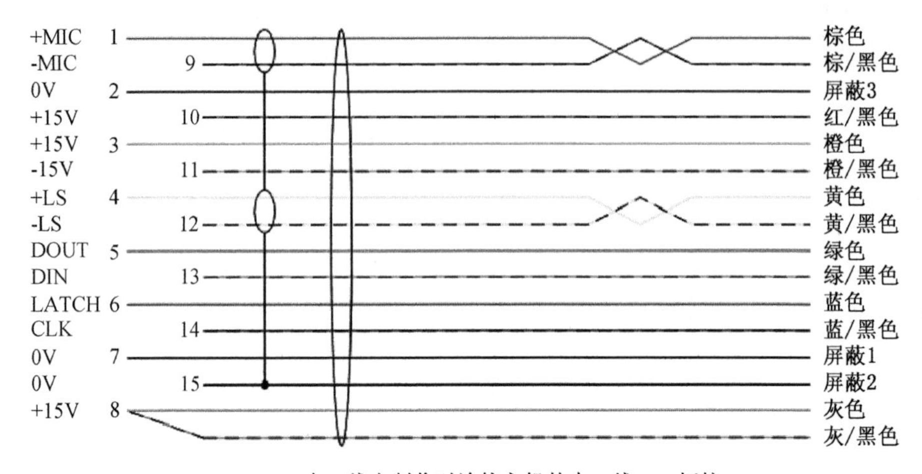

(e) 串口线在制作时连接主机的串口线7、8短接

图 7.2　非平衡式接法

接线标准:直插:插针 = 信号 + ,中环 = 信号 - ,外壳公共地 = 屏蔽网线;卡侬:2 脚 = 信号 + ,3 脚 = 信号 - ,1 脚公共地 = 屏蔽网线

其他各类接头线序接线原理如图 7.3 所示。

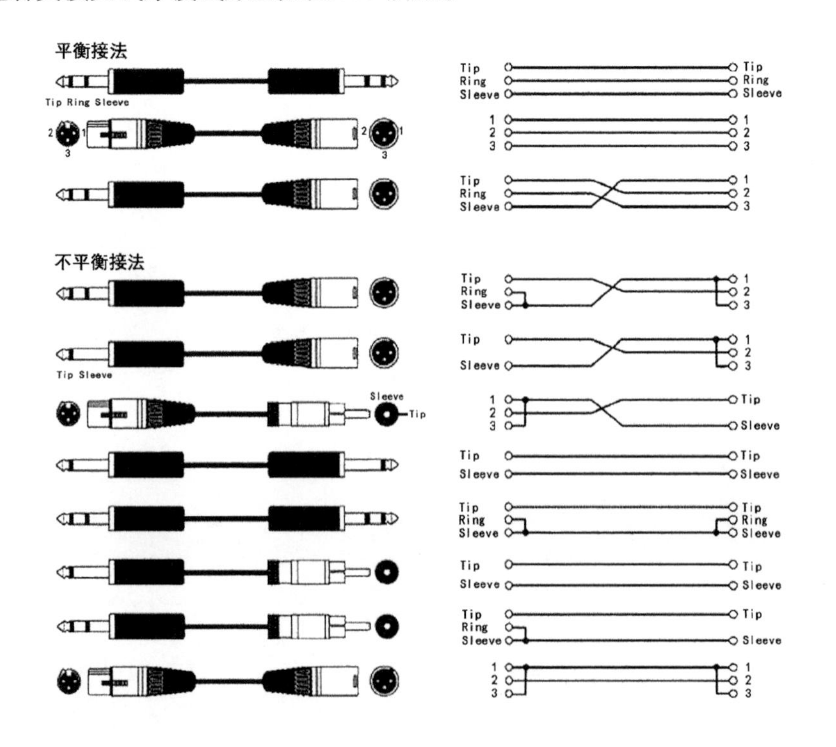

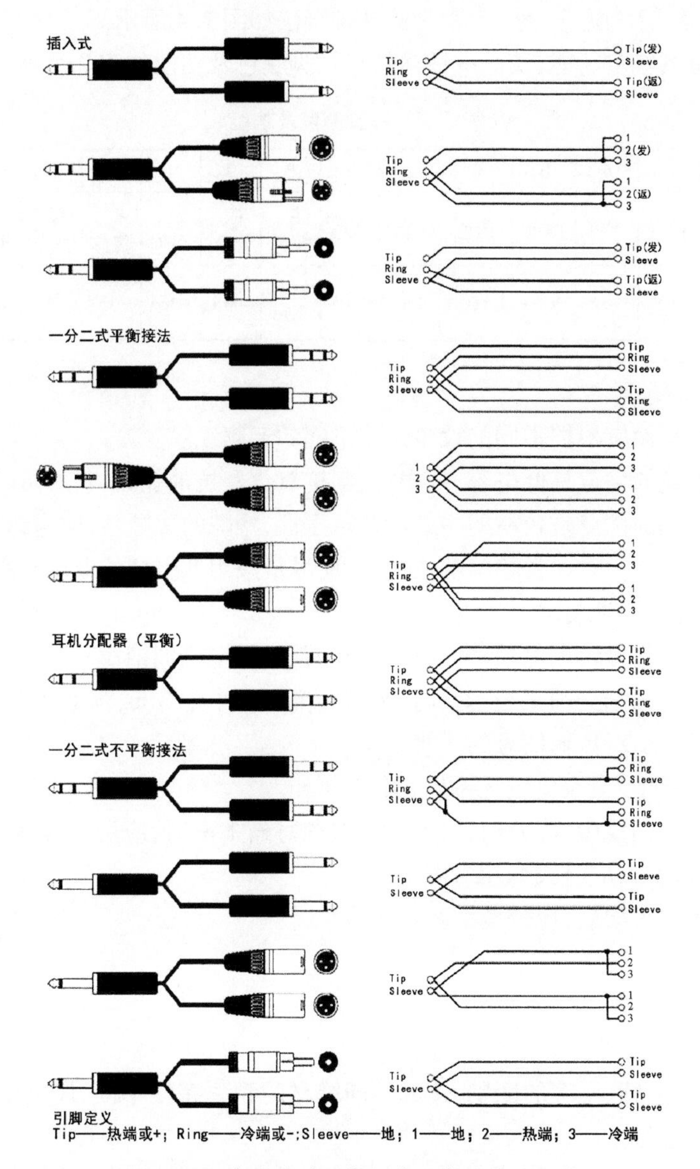

图7.3　各类接头平衡与非平衡式接法一览

常见音频接头针脚所对应的颜色如下(不同厂家针脚颜色定义可能有所区别)：

大3芯:1. 红(中心)、2. 白(边缘环)、3. (屏蔽接地)。

麦克:1. 接地、2. 红、3. 白。

话筒(手拉手)：1. 灰/灰黑、2. 外屏蔽、3. 兰、4. 绿、5. 黄、6. 橙、7. 内屏蔽、8. 棕、9. 内屏蔽、10. 黑兰、11. 黑绿、12. 黑黄、13. 黑橙、14. 黑红、15. 黑棕。

卡侬头:1. 地、2. 红、3. 白。

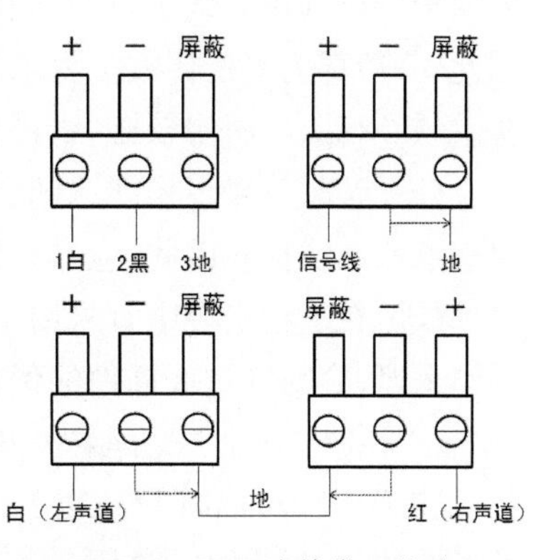

图7.4　凤凰头的常见接法

凤凰头:1. 红、2. 黑、3. 地,其常见的几种接法如图 7.4 所示。

每个针脚有其特定功能,某品牌话筒接头针脚颜色及功能如表 7-2 所示。

表 7-2 针脚颜色及功能

针脚	1	2	3	4	5	6	7	8	8	9	10	11	12	13	14	15
颜色	棕色	屏蔽 3	橙色	黄色	绿色	蓝色	屏蔽 1	灰色	灰、黑色	棕、黑色	红、黑色	橙、黑色	绿、黑色	绿、黑色	蓝、黑色	屏蔽 2
描述	MIC +	0V	15V	+LS	DOUT	LATCH	0V	15V	与 8 同一根	-MIC	+15V	-15V	-LS	DIN	CLK	0V

7.3.2 音频线缆铺设

音频线缆的铺设应根据不同的设备采用不同的音频线缆。

塑料护套电缆的优点是低电容、低损耗、高抗氧化及抗油能力,其质量轻,体积小。

橡胶护套电缆的优点是较高的耐磨性及抗压性、特殊的柔顺性,使电缆能够平放在舞台和播音间的地板上。对于音箱与功放之间,应尽量采用低阻抗的专用音箱线。

7.3.3 音视频线缆铺设要求

(1) 由于传输信号为弱电信号,所以禁止与强电线缆一同铺设。

(2) 因环境等限制必须平行铺设时,平行距离不得小于 3 m,强电线缆必须放入特定铁槽、铁管内,以减小对传输信号的干扰。

(3) 线缆铺设中,应避免线缆拉伤、刮伤、折伤。

(4) 多根线缆铺设中,应分组铺设,同组线缆每隔 1 m 时,应用胶带捆扎。

(5) 垂直铺设时,应将线缆相对固定。

(6) 线缆进入机架后,应分类捆扎整齐。

7.4 选型选购

线材的电阻、电感、电容的区别,造成不同线材的频率特性不同,风格效果各异,应根据实际需求进行选型。

(1) 话筒的连接线应选择话筒线。由于话筒连接线在使用中经常拖扯拉,需要很好的保护层以确保芯线不折断,同时,由于话筒输出信号较小,微小的干扰就会影响信噪比,因此,一般都为平衡传输。要求传输损耗小,尤其是较远距离传输,话筒线应选择外皮厚实柔软、双芯、屏蔽层较密、线径较大的品种,长度不宜超过 30 m。

(2) 音频信号传输线原则上可用话筒线代替,音频信号多为小信号,在远距离传输时要重点考虑线损。因此,应选择线径面积在 0.3 mm^2 以上、屏蔽网 128 网以上的双芯线。

(3) 在工程安装中宜采用工程安装音频线。一般工程线芯线较粗,屏蔽层较密,保护层不太厚,容易穿过接插件的保护弹簧、手柄等,且经过镀银处理后容易上锡,方便使用。

(4) 结构相同时,选择柔软、屏蔽的编织网(或绕包层)高密度线材,并确保足够的线芯数量(一般是 0.12 mm 的用 12 根以上)。线芯通常选用无氧铜(OFC),在高音场所,应选用镀银铜或纯银线,发烧级音频线应选用金属壳 RCA 端子,其抗干扰能力强,普通的音响可选用注塑头。

7.5　音频设备拓展

7.5.1　通达设备

主要分为音频源设备、音频处理设备和扩音设备 3 类，如表 7-3 所示。

表 7-3　音频线通达设备

设备名称	功能	图示
调音台	将多路输入信号进行放大、混合、分配、音质修饰和音响效果加工	
功率放大器	简称功放，把来自信号源（专业音响系统中则来自调音台）的微弱电信号进行放大以驱动扬声器发出声音	
均衡器	可分别调节各种频率的电信号放大量，以实现场景效果增强或削弱的功能	
反馈抑制器	一种自动拉馈点的设备，当出现声反馈时，可立即发现和计算出其频率、衰减量，并按照计算结果执行抑制声反馈命令	
数字音频处理器	对输入数字音频信号进行处理输出	
音频矩阵	多路音响处置	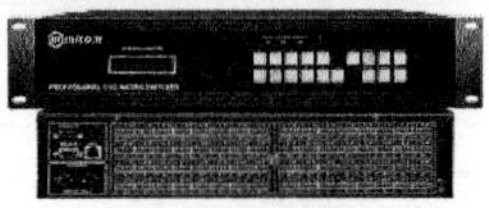
音箱	将音频电能转换成相应的声能，并辐射到空间	
计算机声卡	Sound Card，又称音频卡、声效卡。声卡是多媒体技术中的基本组成部分，是实现声波/数字信号相互转换的一种硬件。声卡的基本功能是把来自话筒、磁带、光盘的原始声音信号加以转换，输出到耳机、扬声器、扩音机、录音机等声响设备，或通过音乐设备数字接口（MIDI）使乐器发出美妙的声音	
麦克风	又称传声器、话筒、微音器，是将声音信号转换为电信号的能量转换器件。将声音的振动传到麦克风的振膜上，推动其中的磁铁形成变化的电流，并送至声音处理电路进行放大处理	

续表

设备名称	功能	图示
耳机	电音转换单元,接受电信号并转换成音波,主要有头戴式和入耳式	
音频数码产品	包括收音机、磁带机、MP3、CD、MD(迷你磁光盘)、DAT(数字录音带)、录音笔等	
电子乐器	包括电子合成器、电子琴、电钢琴、电吉他等	—

7.5.2 维修测试施工常用仪表工具

主要有电烙铁、焊锡丝、剥线钳、斜口钳、尖嘴钳、螺丝刀、万用表等。

7.5.3 基本概念

音视频会议系统:两个或两个以上不同地方的个人或群体,通过传输线路及多媒体设备将声音、影像及文件资料互传,实现即时且互动的沟通,以实现同时进行会议的系统设备。

广播:通过有线或无线(包括网络)方式传播声音信号。

电台:无线发信和收信设备(收音机等),使用调幅或调频两种方式。网络电台是在网络上搭建的电台。

单声道:把来自不同方位的音频信号混合后统一由录音器材记录,由一个音箱重放。

双声道立体声:采用两个会场器拾取声音,全部信号由两个会场器共同拾取,从而生成左右两个声道的信号。

5.1 声道环绕立体声:在双声道基础上创造三维声像,利用摇移、混响、回声、重复和镶边等效果形成空间深度感。一般包含 6 个音箱,分别是左主、右主、中置、左环绕、右环绕、低音。7.1 声道是在 5.1 声道的基础上将左、右环绕升级为左前、左后、右前、右后。和 3D 以后的电影一样,5.1 声道之后的宣传多是厂家的营销噱头。

第8章　漏泄电缆

8.1　概述

漏泄电缆分为导波线和漏泄同轴电缆两大类。导波线是采用双根或单根传输线组成的开放式诱导系统,通常用于较低的频段(150 MHz 以下)。本章只讨论漏泄同轴电缆。

定义:漏泄同轴电缆(Leaky Coaxial Cable,LCX),又称漏泄电缆、泄漏电缆、漏缆,是同轴电缆的一种特殊应用。在同轴管外导体上开设一系列的槽孔或隙缝,使电缆中传输电磁波的部分能量从槽孔中漏泄到沿线空间,其场强衰减较均匀而且无起伏,易为接收设备所接收,如图 8.1 所示。它作为一种新型的天馈线,兼具传输信号和天线的作用。由于传输频段较宽,覆盖范围在 450 MHz ~ 2.4 GHz 以内,适应现有的各种无线通信体制,既能通话,又能传输各种数据信息。

图 8.1　漏泄电缆

用途:应用场合包括无线传播受限的地铁、铁路隧道和公路隧道等。在国外,漏缆也用于室内覆盖。在长隧道地区,由于漏泄电缆衰耗较大,所以需要在隧道内装设中继器,用以补偿传输损耗,中继器需远距离供给电源。

优点(与传统天线相比):

(1) 信号覆盖均匀,尤其适合隧道等狭小空间。

(2) 漏缆本质上是宽频带系统,某些型号的漏缆可同时用于 CDMA800、GSM900、GSM1800、WCDMA、WLAN 等系统。

(3) 漏缆价格虽然较贵,但当多系统同时引入隧道等环境时可大大降低总体造价。

(4) 漏缆绝缘采用高物理发泡的均匀细密封闭的微泡结构,不仅比传统的空气绝缘结构的特性阻抗、驻波系数、衰减等传输参数更为均匀稳定,而且可抵御潮湿环境中潮气对电缆的侵入而使传输性能的下降或丧失,不用充气维护,大大提高了产品的使用寿命和稳定可靠性。

(5) 使用频率宽,场强辐射均匀稳定,抗压和抗张强度高。

工作原理:通过同轴电缆外导体上所开的槽孔,使电缆内传输的一部分电磁能量发送至外界环境;同样,外界能量也能传入电缆内部。外导体上的槽孔可使电缆内部电磁场和外界电波之间产生耦合,其耦合机制取决于槽孔数量和排列形式(包括槽孔形状、槽孔大小、排列密度、排列帧式等)。

主要参数性能指标:参考同轴电缆。其中主要电性能指标有频率范围、特性阻抗、耦合损耗、传输衰减、总损耗的动态范围、驻波比、传输时延。主要物理性能指标有绝缘电阻、绝缘介质强度(耐压)、阻燃和烟毒性能、抗扭力和弯曲性能、密封性。

相关国标：

GB/T 15875—1995　　漏泄电缆无线通信系统总规范

GB/T 17737.4—2013　　同轴通信电缆　　第4部分：漏泄电缆分规范

8.2 材质结构

漏泄电缆结构与普通的同轴电缆基本一致，由外护套、内导体、绝缘介质和开有周期性槽孔的外导体组成，如图8.2所示，该电缆绝缘介质采用泡沫。电磁波在漏缆中向纵向传输，同时，通过槽孔向外界辐射电磁波，外界的电磁场也可通过槽孔感应至漏缆内部并传送到接收端。

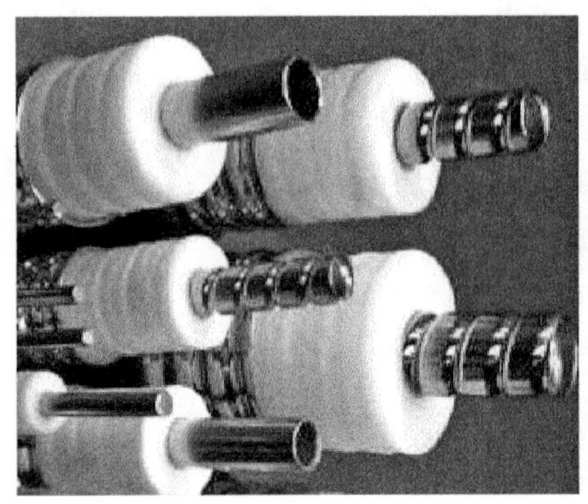
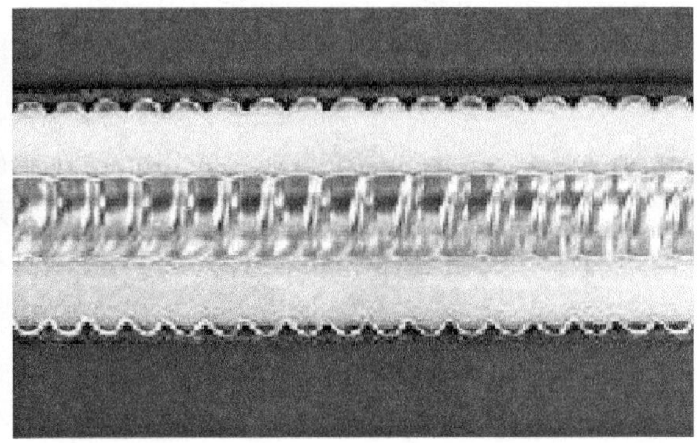

图8.2　漏泄电缆结构

8.3 分类

根据开槽方式，可分为八字形、螺旋槽、椭圆形、U形、L形、Z形、一字纵槽形等。

按辐射机理，可分为耦合型、辐射型。

8.4 设计选型

（1）考虑工作频段。由于漏泄电缆对不同频率的信号有不同的耦合损耗特性，所以应首先根据安装环境和用途确定频带。

（2）确定型号。一般而言，耦合型漏泄电缆用于低频宽带系统，辐射型漏泄电缆用于高频窄带系统，但由于辐射型电缆电磁场方向性强、能量集中、耦合损耗相对较小，实际应用中可选择性能好的辐射型电缆，以满足在较宽的频段上耦合性能变化较小的要求。

（3）兼顾非电指标。如针对部分对消防要求高的场合，应选用阻燃效果好、外层不含卤素、燃烧无毒性的电缆。

8.5　制作施工

8.5.1　线缆敷设安装要求

（1）敷设前，需进行单盘检验，单盘测试结果应符合相关技术规范。

（2）走线应整齐、美观，不得有交叉、扭曲、裂损、空中飞线。弯曲电缆时，曲径应不小于漏缆外径的20倍，应保持两根电缆之间的平行距离在1～3 m之间，最佳距离为1.5 m，且布放过程不得划缆。连接头须牢固安装，接触良好。

（3）电缆安装时，根据安装地介质的不同情况，一般情况下，水泥地埋深3～7 cm，泥地埋深10～20 cm。

（4）安装时，应注意每1套漏泄电缆间需要有3 m左右的重叠区域，每个重叠区域之间应保持0.3 cm的间距。

（5）应注意与其他金属线缆（隧道照明电缆及铁路专用通信漏缆等）距离，交叉防护。在漏泄电缆附近30～100 cm范围内不能出现信号线、电源线等。

（6）漏泄电缆应套PVC管后再埋入地下，禁用钢管，因钢管导电可将漏泄电缆上的电通过钢管引导出去，从而造成危险。

（7）掩埋漏泄电缆与周边应保持距离，与人行道距离大于2 m，与公路距离大于4 m，与墙体距离大于1 m。

（8）卡具安装应注意防火卡具和普通卡具的设置，卡具需安装牢固，完全闭合，固定间距符合设计要求。在有衬砌[注1]隧道内，漏缆采用卡具方式固定，卡具间隔为1～1.3 m，其中每隔10～15 m设置1个防火卡具；无衬砌隧道内，漏缆采用角钢支架和钢丝承力索加卡具方式架设，吊具间隔宜取1～1.3 m，其中每隔10～15 m设置1个防火卡具。

(9)漏泄电缆的泄漏口方向必须符合设计要求。避雷器、直流阻断器的安装需符合设计要求。

8.5.2　接头制作

（1）工具器材准备，施工工具器材包括漏泄电缆、接头及卡具、馈线及跳线、馈线接头及卡具、接地组件、避雷器、防水组件、功分器，耦合器、直流阻断器等，如图8.3所示。

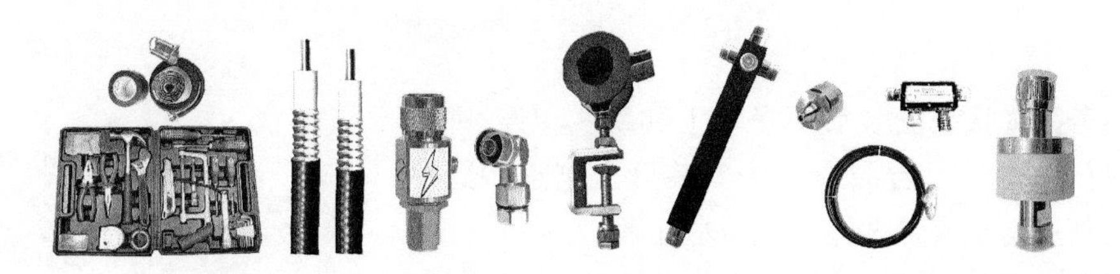

图8.3　工具器材准备

（2）用锯把漏缆锯断，将表面清理干净，内导体和外导体的表面平整去刺；然后，测量出约19 mm(±1 mm)的外护套，如图8.4所示。

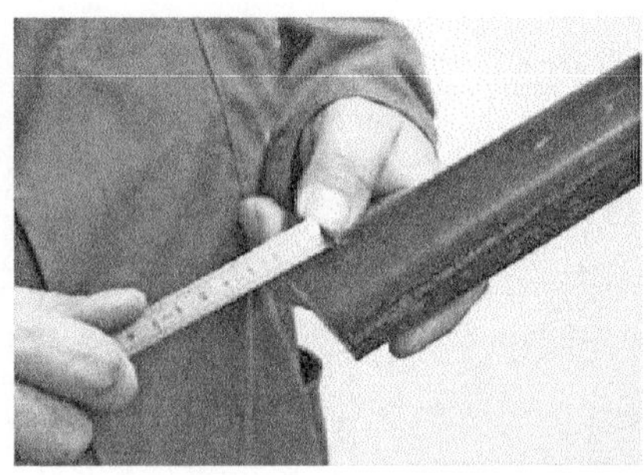

图 8.4　锯缆测量

(3) 将外护套打开,将外导体表面打磨平整,然后将热缩套管放进漏缆中,如图 8.5 所示。

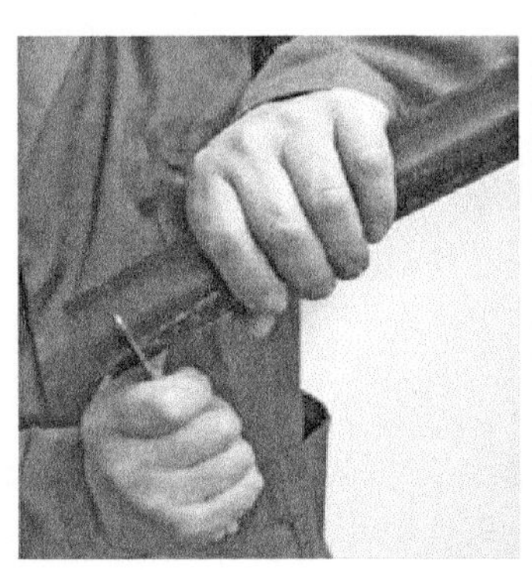
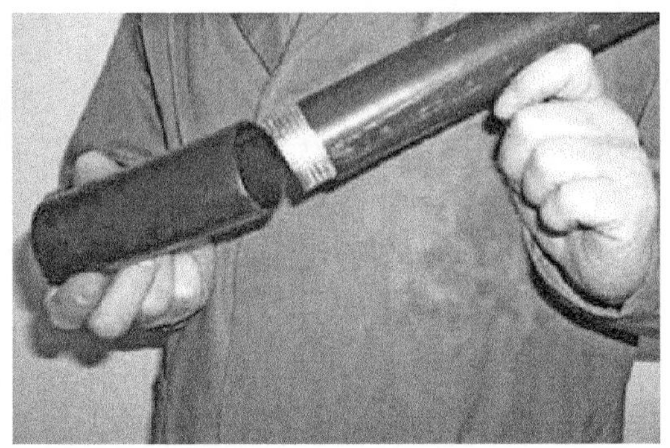

图 8.5　打磨套管

(4) 将漏泄电缆套入接头中,缠上胶带与防水胶泥。清洁电缆外护套表面,再用热风枪或喷枪加热接头和热缩套管,从而完成漏缆接头制作,如图 8.6 所示。

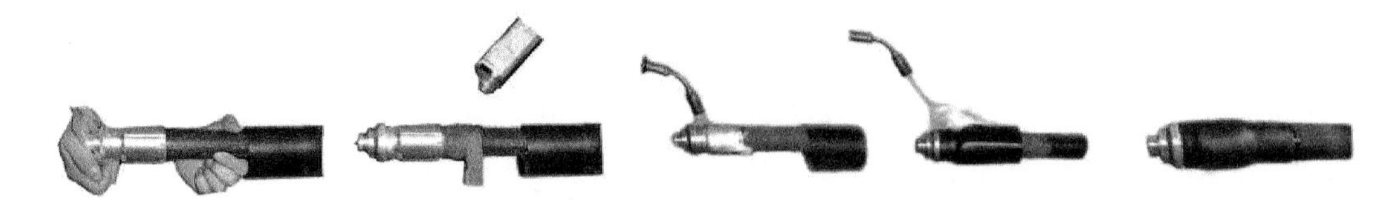

图 8.6　加热接头和热缩套管

注:若漏缆接头安装后不是马上和跳线相连,则必须密封好整个接头;若漏缆接头安装后立刻连接到跳线,则需使用防水胶带做进一步防水处理。

漏缆装上连接器后,其接口必须做防尘、防潮保护,直至最终与系统连接。临时保护时,可以将连接器的塑料帽盖上。

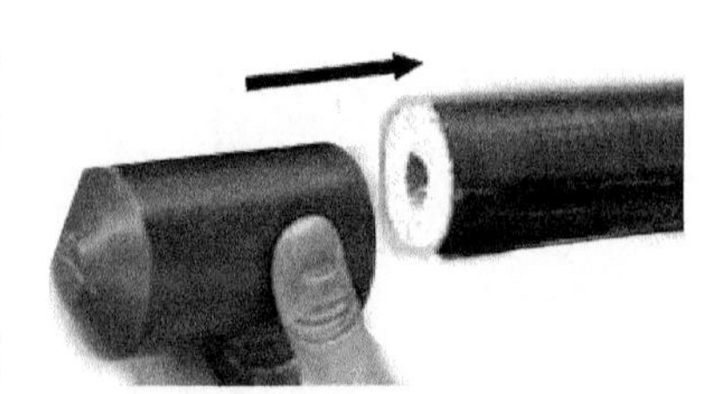

图 8.7　封装

封装要求:如需重新封帽,务必先割掉导线槽,并用热缩套管封好以防进水,如图 8.7 所示。

8.6　通信拓展

（1）通信原理

漏泄电缆通信系统：系统由漏泄电缆、基台（或转发设备）、中继器、功率分配器等组成。

（2）仪表工具器材

主要用于钢尺、钢锯、热风枪、刀子、热缩套管等。

注释

[注1]衬砌是为防止围岩变形或坍塌、沿隧道洞身周边用钢筋混凝土等材料修建的永久性支护结构。

第9章　天线和馈线

9.1　概述

定义1:天线是一种换能器件,可将传输线上传播的导行波变换成在无界媒介(通信是自由空间)中传播的电磁波,或者进行相反的变换,是无线电设备中用来发射或接收电磁波的重要部件。图9.1示出了多种天线型式。

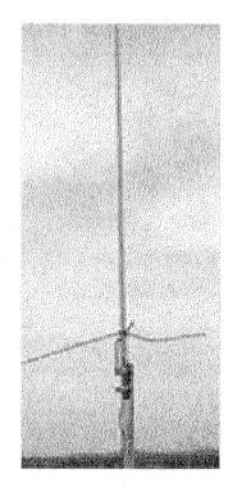

图9.1　各类天线

定义2:馈线(Feeder),原指由电源母线分配的配电线路到负荷的负荷线。本章讨论的馈线是天线馈线,又称天馈线(Antenna Feeder),是接收天线到接收器之间的连线。馈线有架空明线、同轴电缆和大功率螺纹电缆等,见图9.2。

天馈线系统(Antenna Feeder System)包括天线和馈线,是无线通信系统的重要组成部分。天线将馈线中传输的电磁波和自由空间传播进行相互转换。馈线是电磁波的传输通道。在多波道共用天馈线系统的无线通信电路中,天馈线系统的技术性能、质量指标直接影响共用天馈线系统的各波道的通信质量。

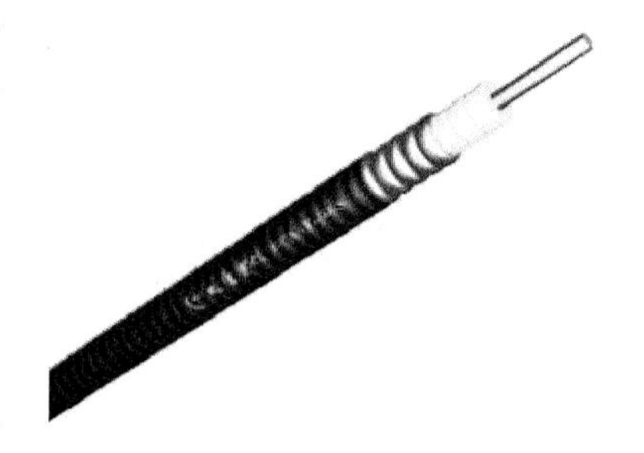

图9.2　馈线

用途:无线电通信、广播、电视、雷达、导航、电子对抗、遥感、射电天文等工程系统,凡是利用电磁波传递信息的器件都依靠天馈线系统进行工作。

工作原理:天线作为一种换能器件,能够发送和接收电磁波信号,馈线将天线信号传递至收接/发送设备。天线和馈线能有效地传送天线接收的信号,畸变小、损耗小、抗干扰能力强,馈线与天线和接收机信号输入端之间应具有良好的阻抗匹配。由于普通导线对接收信号的高频衰减严重,抗干扰能力差,容易受到各种外来高频信号的干扰,而且普通导线的特性阻抗不定,难以满足阻抗匹配要求,所以馈线一般使用特性阻抗一定的同轴电缆馈线,且应有金属屏蔽层,使其抗干扰能力好,传输损耗小,但配接较为困难。

天线互易原理:一般天线都具有可逆性,同一副天线既可用于发射天线,也可用于接收天线。同一天线作为发射或接收的基本参数是相同的。

主要参数:包括电气性能和机械性能。电气性能主要包括工作频段、增益、极化方式、波瓣宽度、预置倾角、下倾方式、下倾角调整范围、前后抑制比、副瓣抑制、零点填充、回波损耗、功率容量、阻抗、三阶互调等。机械性能主要包括尺寸、质量、天线输入接口、风载荷等。

定义3:波导(Waveguide),用来定向引导电磁波的结构,最早特指用来传输无线电波的空心金属管,可将电磁波限制在金属管内,又称封闭波导;另一种表面波波导,即将引导的电磁波约束在波导结构的周围,又称开波导;固体介质杆是一种介质波导,如光导纤维;另外,筒、共面波导、带着线或同轴电缆等传输线也可认为是波导。波导结构有平行双导线、同轴线、平等平板波导、矩形波导、圆波导、微带线、平板介质波导和光纤。从电磁波引导来看,它可分为内部和外部区域,电磁波被限制在内部区域传播,见图9.3。

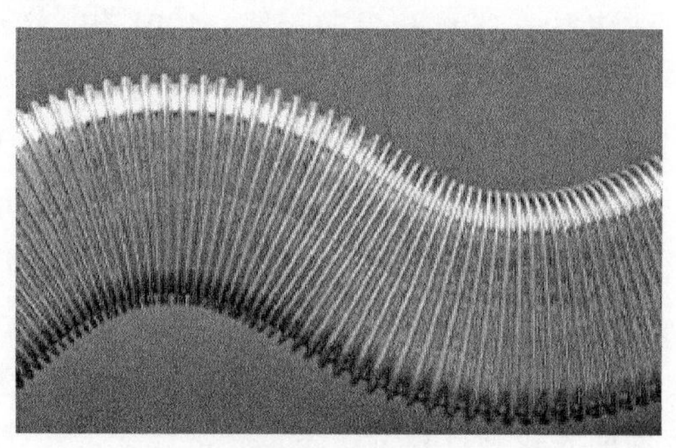

图9.3　波导

相关标准:

GY/T 178—2001	中、短波天馈线运行维护规程
GB/T 11298.2—1997	卫星电视地球接收站测量方法 天线测量
GB/T 11298.3—1997	卫星电视地球接收站测量方法 室外单元测量
GB 11299.6—1989	卫星通信地球站无线电设备测量方法第2部分:分系统测量第1节:概述 第2节:天线(包括馈源网络)
GB 12401—1990	国内卫星通信地球站天线(含馈源网络)和伺服系统设备技术要求
GB/T 12970.3—2009	电工软铜绞线第3部分:软铜天线
GB/T 14733.10—2008	电信术语天线
GB/T 21195—2007	移动通信室内信号分布系统天线技术条件
GB 50922—2013	天线工程技术规范
GB/T 6113.104—2016	无线电骚扰和抗扰度测量设备和测量方法规范第1~4部分:无线电骚扰和抗扰度测量设备辐射骚扰用测量天线和试验场地
GB/T 6113.105—2008	无线电骚扰和抗扰度测量设备和测量方法规范第1~5部分:无线电骚扰和抗扰度测量设备30~1 000 MHz天线
GB/T 6361—1999	微波接力通信系统抛物面天线型谱系列
GB/T 9410—2008	移动通信天线通用技术规范
GB 9635—1988	天线棒测量方法
GB 9636—1988	磁性氧化物制成的圆天线棒和扁天线棒

9.2 历史事记

德国人赫兹于1887年证实了电磁波的存在,并建立了第1个天线系统,俄国科学家波波夫于1894年发明天线。1901年,意大利人博洛尼亚在系统上添加了调谐电路。在初期研究的基础上,天线的发展可划分为3个阶段:一是19世纪末至20世纪30年代初的线天线时期,发明了倒L形、T形、伞形天线等不对称天线,此外,在短波、超短波通信方面,开发了各种水平天线和天线阵,包括偶极天线、环形天线、长导线天线、同相天线、八木天线、菱形天线和鱼骨型天线等。二是20世纪30年代初至50年代末的面天线时期,随着微波电子管的出现,陆续研制出各种面天线,此外还出现了波导缝隙天线、介质棒天线、螺旋天线等。在20世纪50年代,突破宽频带天线技术难题,出现了等角螺旋天线、对数周期天线等宽频带或超宽频带天线。三是20世纪50年代至今的技术大发展时期,人造地球卫星和洲际导弹的出现,以及电子计算机、电子技术和现代材料技术的发展,1957年出现了单脉冲天线、1963年出现了双模喇叭馈源,1966年出现了波纹喇叭[注1],1968年制成高功率相控阵雷达[注2],1972年制成了微带天线,此外,还出现了分形天线等小型化的天线型式。

9.3 分类

按用途,可分为通信天线、广播天线、电视天线、雷达天线、制导天线等。

按方向性,可分为全向天线和定向天线等。

按工作波长,可分为超长波天线、长波天线、中波天线、短波天线、超短波天线、微波天线等。

按外形结构,可分为线天线、环天线、面天线和共形天线等,其特性参数包括方向图[注3]、方向性系数、增益、输入阻抗、辐射效率、极化方式和频率范围。

按维数,可分为一维天线,二维天线和三维天线。一维天线由许多电线组成,其中单极和双极天线是两种最基本的一维天线;二维天线变化多样,有片状、阵列状、喇叭状、碟状;三维天线主要应用在对天线外形有特殊要求的设备上,如火箭的圆柱共形阵列天线、远程雷达的球形天线等。

根据使用场合,可分为手持台天线、车载天线、机载天线、舰载天线、基地天线等。手持台天线是个人使用手持对讲机的天线,常见的有橡胶天线和拉杆天线两大类;车载天线是车辆通信天线,使用最普遍的是吸盘天线,车载天线结构分为缩短型、四分之一波长、中部加感型、八分之五波长、双二分之一波长等形式;基地台天线在整个通信系统中具有非常重要的作用,分为玻璃钢高增益天线、四环阵天线(八环阵天线)、定向天线等。

室内分布系统天线包括吸顶天线、壁挂式天线、八木天线、露泄电缆、小增益的螺旋、杆状天线等。

常用短波通信天线有水平横幅、鞭状、多馈多模、对数周期、伞锥、三线式、双极、Γ形、笼形、水平分支笼形等。

无线工程中需要大量使用连接头。

同轴连接器可用于传输射频信号,其传输频率范围很宽,可达 18 GHz 以上,主要用于雷达、通信、数据传输及航空航天设备。除了在 E1 有线传输系统中使用的 BNC、L9、SMB、SMZ 和在音视频系统中使用的各类型外,同轴连接器在无线系统工程中的应用更为广泛,常见的射频同轴连接器有 BNC、TNC、SMA、SMB、SMC、SMP、SMC、N、F、RF、BMA、VHF、MCX、MMCX 型等。其传输信号与 E1 信号不同,主要传输无线射频信号。主要分为以下几种类型:

Male:公接头,内螺纹,内插针,如 TNC(M)。

Female:母接头,外螺纹,内置孔洞,如 SMA(F)。

RP:Reverse Polarity,反极接头,头和里面的针是相反的。

Bulkhead:可锁螺丝在板子上的接头,如 SMA FEMALE BULKHEAD。

PCB:有脚、可以焊接在板子上的接头,如 SMA FEMAL PCN。

Panel:有螺丝孔、可用螺丝锁在板子上的接头,如 SMA PANEL MOUNT,通常有 4 孔与 2 孔之分。

无线工程中常用连接头如表 9-1 所示。

表 9-1　无线工程中使用的连接头

名称	功能	适用范围	示例
BNC	卡口式,用于低于 4 GHz 的射频连接	用于仪器仪表及计算机互联	
TNC	螺纹连接,尺寸等方面类似 BNC,工作频率可达 11 GHz	适用于振动环境	
SMA	分为标准 SMA 头和反极性 RP-SMA,螺纹连接,阻抗有 50 Ω 和 75 Ω 两种	50 Ω 匹配软电缆时使用频率低于 12.4 GHz,配半刚性电缆最高可到 26.5 GHz	
SMB	小型的推入锁紧式射频同轴连接器,具有体积小、质量轻、使用方便、电性能优良等特点	适用于无线电设备和电子仪器的高频回路中连接同轴电缆。在无线设备上常用于基站侧 E1 传输电缆连接基站 DDF 小传输盒	
SMC	小型螺纹式射频同轴连接器,具有体积小、质量轻、抗震性好、可靠性高等特点	供无线电设备和仪器中连接射频同轴电缆使用	
N	该系列是一种具有螺纹连接器结构的中大功率连接器,具有抗震性强、可靠性高、机械和电气性能优良等特点	广泛用于振动和环境恶劣条件下的无线电设备和仪器中连接射频同轴电缆。常用于 GPS 天馈线、射频模块的射频连线、避雷器、功分器、合路器等接头	

续表

名称	功能	适用范围	示例
DIN	也称7/16或L29,该系列是一种较大型螺纹连接的连接器,具有坚固稳定、低损耗、工作电压高等特点,且大部分具有防水结构	可用于户外作为中、高能量传输的连接器,广泛用于微波传输和移动通信系统中,常用于基站天馈线接头、天线接头等	
同轴终端负载	具有与传输线适配的特征阻抗,是系统中的能量吸收元件,特征阻抗分别为50 Ω与75 Ω	用于同轴传输系统的末端连接,一般用于射频信号传输的系统测试	

射频接头主要要素包括:

接头类型:SMA、SMB、BNC、TNC、SMC、N型、BMA等;

特性阻抗:50 Ω(可不标)、75 Ω;

接触键方式:公头、母头;

外壳形式:直式-不标,弯式-W;

安装形式:法兰盘-F,螺母-Y,焊接-H;

接线种类:适配电缆型号、内径和外径的要求等;

衰减:对应不同频段的射频信号通过引起的信号强度衰减;

螺纹类型:外螺纹、内螺纹;

备注:通常设备侧接头均为母头外螺纹,线缆侧多为公头内螺纹。

9.4 设计选型

9.4.1 天线

天线选型时,首先考虑通信方向,选择全向天线或定向天线;再考虑通信方式,根据通信波长或频率来选择不同天线;同时,考虑通信距离、天线仰角、水平阵子长度(达通信波长1/2)、天线高度,以及地势条件、天线造价等,以选择合适的天线。固定发射接收天线需选择高增益、方向性强的天线。

选择基站天线时,需要考虑其电气和机械性能。

9.4.2 馈线

以业余无线电通信为例进行说明。

(1) 无线电业余操作一般限于小功率(小于100 W)和低高频电压(小于1 kV)。通常无需考虑馈线的容量。一般选择50 Ω阻抗同轴电缆作为馈线,但效率不高。

(2) 当使用功率超过100 W的短波电台,根据实际要求选择合适阻抗(50、75、100 Ω)的同轴电缆时,应选用较粗的馈线,以避免发热。

(3) 在选定馈线阻抗后,应选择馈线的粗细(-3、-5、-7等),综合考虑馈线衰耗和线路造价。对于中继台等重要台站,必须保证效果,应该高标准严要求,选用粗一些的馈线;对于普通台站,应在基本满足条件的前提下尽量压缩造价。

(1) 首先,估测需要的馈线长度,并结合所用频率、所处位置、天线用途(用于普通电台或中继台)等确定天馈系统的总增益,再根据天线增益确定可接受最大馈线衰耗。天馈系统的总增益推荐为:144 MHz 中继站 4 dB;144 MHz 基地台 3 dB;430 MHz 中继站 5 dB;430 MHz 基地台 3 dB。

(2) 根据容许的最大馈线衰耗和馈线的长度求取馈线的容许衰减常数。衰减常数 = 衰减量(dB) ÷ 馈线长度(m)。

(3) 根据求得的容许衰减常数,查询同轴电缆性能手册,选取在给定频率的衰减常数小于容许衰减常数的同轴线。

根据经验,当对于 150 MHz,7.5 dB 天线,当馈线长度为 10 m 时选 50-5;当馈线长 20 m 时选 50-7;当馈线长 30 m 时选 50-9。一般业余电台可以选择缩小一号。

430 MHz 的电台对馈线衰耗的要求较低(150 MHz),可使用增益很高的天线,但同样规格的馈线,在 430 MHz 的衰耗明显大于 150 MHz,几乎是它的两倍,因此,通常需要选择更粗一些的馈线。国产 SYV 和 SWY 同轴电缆的衰减常数接近,可忽略其系列。多层屏蔽电缆一般用于频率较高的场合,业余条件使用 144 MHz 和 430 MHz 意义不大,反而不易处理。以上未考虑通信机的情况和天线的高度,应综合进行调整弥补某一部分的不足。

表 9-2、表 9-3 列出了常用同轴线的衰减常数(估算值,略有误差),供选线参考。

表 9-2　不同型号同轴线衰减常数

型号	频率 150 MHz	频率 430 MHz
50-3	0.242	0.365
50-5	0.165	0.253
50-7	0.124	0.195
50-9	0.100	0.161
50-12	0.086	0.142
50-15	0.070	0.119

表 9-3　不同型号同轴线衰减常数

频率型号	150 MHz	400 MHz	900 MHz
SYV-50-7	0.121	0.203	0.295
CTC-50-7	0.060	0.100	0.165
CTC-50-9	0.050	0.085	0.135
CTC-50-12	0.040	0.060	0.105

9.5 制作施工

大型定制天线进行敷设安装,在选择合适地域场地后,通常使用水泥做基础,再将天线底座固定在基础之上。

9.5.1 天线

(1) 基站天线施工要求

a. 基站天线的安装位置及加固方式应符合工程设计要求,安装应稳定、牢固、可靠。

b. 天线方位角和俯仰角方向图应符合工程设计要求。

c. 天线的防雷保护接地系统应良好,接地电阻应符合工程设计要求。

d. 天线应处于避雷针下45°角的保护范围内。

e. 天线安装间距(含与非本系统天线的间距)应符合工程设计要求,全向天线收、发水平间距应不小于2.5 m。

f. 全向天线离塔体间距应不小于1.5 m。

(2) 微波天线、馈源施工要求

a. 安装方位角及俯仰角应符合工程设计要求,垂直方向和水平方位应留有调整余量。

b. 安装加固方式应符合设备出厂说明书的技术要求,加固应稳定、牢固,天线与座架(或挂架)间不得有相对摆动。水平支撑杆安装角度应符合工程设计要求,水平面与中心轴线的夹角应小于或等于±25°;垂直面与中心轴线的夹角应小于或等于±5°,加固螺栓必须由上往下穿。

c. 组装式天线主反射面各分瓣应按设备出厂说明书技术要求正确拼装,各加固点应受力均匀、光滑。

d. 主反射器口面的保护罩应按设备出厂说明书技术要求正确安装,各加固点应受力均匀。

e. 天线馈源加固应符合设备出厂说明书的技术要求。馈源极化方向和波导接口应符合工程设计及馈线走向的要求,加固应合理,不受外加应力的影响。与馈线连接的接口面应清洁,电接触良好。

f. 天线调测需要认真细心,严格按照要求操作。当站距在45 km以内时,接收场强的实测值与计算值之差允许在1.5 dB之内;当站距大于45 km时,实测值与计算值之差允许在2 dB之内。

(3)卫星地球天线、馈源施工要求

a. 天线构件外覆层如有脱落应及时修补。

b. 天线防雷接地体及接地线的电阻应符合施工图设计要求。

c. 各种含有转动关节的构件应转动灵活、平滑且无异常声音。

d. 天线驱动电机应在安装前进行绝缘电阻测试和通电转动试验,确认正常后再行安装。

e. 馈源安装:

馈源安装必须在干燥充气机和充气管路安装完毕,并可以连续供气的条件下进行;

馈源安装后,应及时密封并充气,充气机的气压和启动间隔应符合馈源及充气机说明书规定的条件,以免损坏馈源窗口密封片。充气后,应进行密封试验,且无泄露。

(4) 极化分离器及合路器的安装要求

a. 安装前,检查连接极化器的直波导,应无变形、内壁应洁净、无锈斑。

b. 在施工中,严禁任意调整极化分离器及合路器。安装时,整体与馈源及其他波导器件连接。如限于结构特点必须拆开安装,则应在拆卸前做好标记,重新安装时按原标记恢复。

c. 安装过程中,严防异物进入馈源系统,严禁手扶馈源内壁。

(5) GPS 天线施工要求

a. GPS 天线安装方位应符合工程设计要求。

b. GPS 应安装在较开阔的位置并保持垂直,离开周围金属物体的距离应不小于2 m,应保证周围遮挡物对天线的遮挡不大于30°,天线竖直向上的视角不小于120°。

c. GPS 天线应处在避雷针顶点下倾45°保护范围内。

9.5.2 馈线

(1) 移动基站馈线施工要求

a. 馈线的规格、型号、路由走向、接地方式等应符合工程设计的要求。馈线进入机房前应有防水弯,以防止雨水进入机房。馈线拐弯应圆滑均匀,弯曲半径不小于馈线外径的20倍(软馈线的弯曲半径应不小于其外径的10倍),防水弯最低处应低于馈线窗下沿。

b. 馈线衰耗及驻波比应符合工程设计要求。

c. 馈线与天线、软路线连接处,应有防雷器;馈线在室外部分的外保护层应接地连接,外保护层的接地位置应在天馈线连接处、馈线引入机房的馈线窗外。

(2) 微波馈线系统施工要求

a. 馈线路由走向、安装加固方式和加固位置等应符合工程设计要求。

b. 馈线出入机房时,其洞口必须按工程设计要求加固和采取防雨措施;馈线与天线、馈线与设备的连接接口应能吻合,馈线不应承受外力。

c. 馈线安装好后必须按工程设计要求接地线,并做好防腐处理;馈线系统安装完后应做密封性试验,馈线保气时间应符合设计要求。

d. 安装的硬波导馈线应横平竖直、稳定、牢固、受力均匀,加固间距为2 m左右,加固点与软波导、分路系统的间距为0.2 m左右。同一方向的两条及两条以上的硬波导馈线应相互平行。

e. 安装的软波导馈线的弯曲半径和扭转角度必须符合产品技术标准要求。安装的椭圆软波导馈线两端椭圆-矩形转换处必须用矩形波导卡子加固,以使椭圆软馈线平直地与天线馈源、设备连接而达到吻合。椭圆软波导应用专用波导卡子加固,其水平走向的加固间距约为1 m,垂直走向的加固间距约为1.5 m,拐弯处应适当增加加固点。

(3) 卫星地球站馈线系统施工要求

a. 同轴电缆及波导馈线的走向、连接顺序及安装加固方式应符合施工图设计要求;馈线应留足余量,以适应天线的转动范围。

b. 波导馈线连接前,先将其位置调好,使法兰盘自然吻合,先用销钉定位,装好密封橡皮圈,再用螺栓连接紧固。加固时,除可略向上托以消除因重力下垂以外,不允许波导馈线在其他方向受力(如向下压或向左右扳)。装好的波导馈线接头的橡皮圈不得扭绞或挤出槽外。当法兰盘不能自行吻合时,禁用螺栓强行拉紧合拢,以免波导管受附加应力而损伤。

c. 同轴电缆馈线转变的曲率半径应不小于电缆直径的 12 倍,LDF4-50 Ω 同轴电缆转变的曲率半径不小于 125 mm,室外同轴电缆接头应有保护套,并用硅密封剂密封。

d. 波导馈线和低损耗射频电缆外导体在天线附近和机房入口处应与接地体进行电气连接。

e. 矩形波导馈线应平直,其走向应与设备边缘及直线架平行。

f. 椭圆软波导转弯时,其长、短轴方向的曲率半径均应符合馈线设计要求,扭转角不得大于馈线设计允许值。

9.5.3 天馈接头的制作

(1) 以 DIN 直式连接器(母头)为例,其由密封胶制成的馈线接头、后套、前套组成。对应使用 7/8 in(17.78/20.32 cm)馈线,如图 9.4 所示。

图 9.4 DIN 型连接器组成及配套馈线

(2) 先用美工刀剥除馈线的外皮,再使用馈线刀,旋转馈线刀直到把柄全部合拢,使得馈线内外导体全部割断;最后,用美工刀切除破损的馈线外皮,完成馈线切割,相关工艺尺寸要求如图 9.5 所示。其他不同规格连接器的制作方法应参考相应厂家说明书。

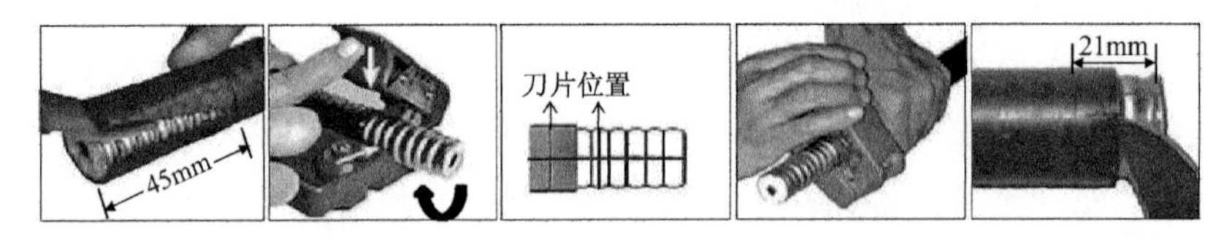

图 9.5 线缆的切割

(3) 馈头制作应无松动,驻波比测试值不得大于 1.2 dB,连接处如图 9.6 所示。

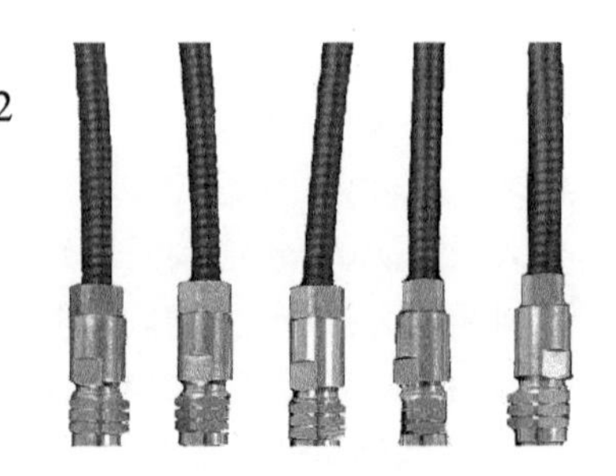

图 9.6 馈头制作要求

9.6 通信拓展

9.6.1 通达设备

天馈线通达设备如表 9-4 所示。

表9-4 天馈线通达设备

设备名称	应用环境	功能
手机	移动通信	接收发送设备(集成天线)
对讲机(手持式、车载式)	超短波通信	接收发送设备(集成天线)
GPS终端	导航系统	导航定位
驱动箱	控制的中间环节	主控系统控制天线或感应器的中间环节
监测测向接收机	无线监测测向系统	接收设备
下变频器和解调器	卫星通信收发系统	接收发送设备
收、发信机	短波通信系统	接收发送设备
驱动控制器	超短波监测测向系统	主控系统和监测测向天线的中间环节
高频头	卫星地面站接收分系统	将馈源送来的卫星信号降频和放大后传送至卫星接收机
高功率放大器	卫星地面站发射分系统	将需要发送的信号调制到工作波段载波,经功率放大后由天线向卫星发射

9.6.2 仪表工具

使用工程类、电气类、有线传输类仪表工具。详见相关章节。

9.6.3 通信原理

无线类通信方式包括卫星通信、移动通信、微波通信、短波通信、超短波通信、集群通信、紫外光通信、大气激光通信等,各种无线通信的波长、频段、特点见表9-5。

表9-5 几种无线通信方式

通信方式	波长	频段	特点
卫星通信	3 m~10 mm	1~10 GHz,已开始研究新频段如12、14、20、30 GHz。具体频段包括V/UHF、L、S、C、X、Ku、K、Ka、EHF等	Satellite Communication,地球卫星站间利用卫星作为中继进行通信。系统由卫星和地球站组成,其特点是通信范围大、可靠性高、开通电路迅速、多址、电路设置灵活、多址连接。Ku波段为卫星数字广播,C波段为卫星模拟广播
微波通信	1 m~1 mm	0.3~300 GHz	Microwave Communication,使用电磁波(微波)进行通信,具有可用频带宽、通信容量大、传输损伤小、抗干扰能力强等特点,可用于点对点、点对多或广播等通信方式
短波通信	100~10 m	3~30 MHz	Short-wave Communication,是远程通信的主要手段。系统由发信机、发信天线、收信机、收信天线和各种终端设备组成。自适应技术、猝发传输技术、数字信号处理技术、差错控制技术、扩频技术,超大规模集成电路技术和微处理技术的出现,使短波通信进入崭新发展阶段

续表

通信方式	波长	频段	特点
超短波通信	10 ~ 1 m	30 ~ 300 MHz	Ultra Short Wave Communication，广泛用于电视、调频广播、雷达探测、移动通信、军事通信等领域，由终端站和中继站组成，终端站有发射机、接收机、载波终端机和天线，中继站有发射机和接收机、天线
移动通信（特指运营商）	—	300 ~ 3 000 MHz 范围内（885 ~ 2 620 MHz 范围）	Mobile Communication，移动用户间、移动用户和固定用户间通信的方式。系统包括空间系统和地面系统，由移动台、基台、移动交换局组成。其发展经历 5 代：1 G 为模拟制式，2 G 是包括语音在内的全数字系统，包括 GSM、CDMA两种标准；3 G 是移动多媒体通信系统，提供语音、传真、数据、多媒体娱乐和全球无缝漫游，包括 WCDMA、CDMA2000 和 TD-SCDMA 三种标准；4 G 是高速移动通信系统，速率达 20 Mb/s。从 2 G 到 4 G 典型技术在表 9-6中给出
集群通信	米波和分米波段	150/350/450/480 MHz 频率范围内	Trunked Communication，按照动态信道指配的方式实现多用户共享多停产的无线电移动通信系统，由终端设备、基站和中心控制站等组成，具有调度、群呼、优先呼、虚拟专用网、漫游等功能，其可用信道可为系统全体用户共用
紫外光通信	100 nm ~ 1 nm	3 ~ 300 GHz	Ultraviolet Communication，由发射系统和接收系统组成，保密性高，环境适应性强，具有全方位、全天候、灵活机动性
大气激光通信	一般是 850nm 和 1 550 nm	—	Laser Atmospheric Communication，通过大气利用激光进行通信，包括发送和接收两部分，由两台激光通信机组成
无线电频谱管理	最小波长 0.1 μm	0 ~ 3 000 GHz	Radio Spectrum Management，作为自然资源，无线电频谱是有限的，因此，成立相关机构，科学管理使用无线电频谱，以确保合理、有效地开发利用无线电频谱资源，审批各类无线电台设置，协调处理各类无线电干扰，监督检查各类无线电台使用情况，维护空中电波秩序，保证各种无线电业务正常进行

无线电业务一般分为地面无线电业务和空间无线电业务，共 30 种。其中，地面业务可分为固定业务、移动业务（陆地（专用和公众）、水上、航空）、广播业务、无线电监测业务等。

无线频谱是无线电波或电磁波的频率。在电磁波频谱中，频率在 3 000 GHz 以下的电磁波称为无线电波，用于无线电通信。无线电频谱（Radio Spectrum）一般指 9 000 Hz ~ 3 000 GHz 频率范围内发射无线电波的无线电频率的总称，如图 9. 7 所示。它可分为 14

个频带,频率高于3 000 GHz的频段由于目前技术还未达到,无法应用于通信,但已广泛用于医疗等行业。

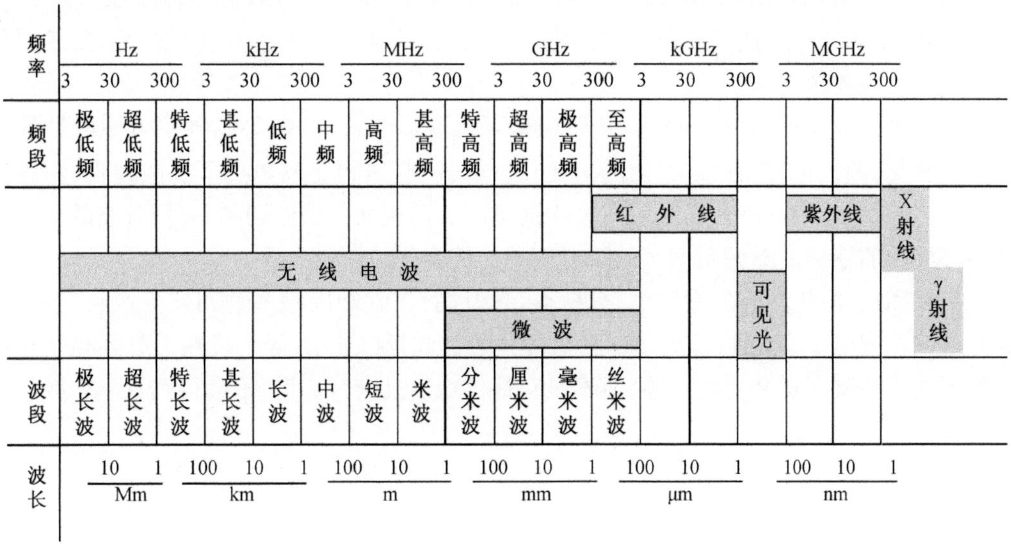

频率	3 Hz	30 Hz	300 Hz	3 kHz	30 kHz	300 kHz	3 MHz	30 MHz	300 MHz	3 GHz	30 GHz	300 GHz
频段	极低频	超低频	特低频	甚低频	低频	中频	高频	甚高频	特高频	超高频	极高频	至高频
波段	极长波	超长波	特长波	甚长波	长波	中波	短波	米波	分米波	厘米波	毫米波	丝米波

图 9.7　电磁频谱波段和业务划分

移动通信手机技术发展过程中主要使用的网络制式及其相关说明如表 9-6 所示。

表 9-6　移动通信手机网络制式

网络制式	网络时代	技术原理	使用频率(MHz)	运营商
GSM	2G	时分多址、时分双工	885 ~ 915(上行)、930 ~ 960(下行)//1 710 ~ 1 785(上行)、1 805 ~ 1 880(下行)	电信、移动、联通
CDMA1X	2G	频分双工	825 ~ 835 (上行) 870 ~ 880 (下行)	电信
WCDMA	3G	频分双工、时分双工	1 940 ~ 1 955 (上行) 2 130 ~ 2 145(下行)	联通
TD-SCDMA	3G	时分双工	1 880 ~ 1 920、 2 010 ~ 2 025、 2 300 ~ 2 400(补充频段)	移动
CDMA(EVDO、CDMA2000)	3G	频分双工	1 920 ~ 1 935(上行) 2 110 ~ 2 125(下行)	电信
TD-LTE	4G	时分双工	常用 2 570 ~ 2 620 2 300 ~ 2 400	电信、移动、联通
FDD-LTE	4G	频分双工	1 755 ~ 1 765、1 850 ~ 1 860	电信、联通
2.5G 过渡技术:GPRS、HSCSD、WAP、EDGE、Bluetooth、EPOCh 等				

卡、模、网、待的含义及区别:几个概念容易混淆。以常见的双卡双待和双模双待为例,双卡双待指支持同一种网络制式的两张卡同时待机;双网双待或双模双待指支持两张

不同制式的卡同时待机,如中国电信和中国移动。

全网通:一般指 6 模全网通,指手机支持电信、移动、联通 3 家运营商的 6 种移动通信制式(TD-LTE、FDD-LTE、TD-SCDMA、CDMA(EVDO、2000)、WCDMA、GSM(GPRS))。

漫游:指移动终端离开注册登记的服务区域,移动到另一个服务区,移动通信系统仍可向其提供服务的功能。

调制可分为 3 种:调频(AM)、调幅(FM)、调相(PM)。调幅是调制信号使载波的幅度随之变化;调频是使频率或相位随之变化。其区别:调频比调幅抗干扰能力强;调频波比调幅波频带宽;调频制功率利用率大于调幅制。调相又称相位调制,采用载波的相位对其参考相位的偏离值随调制信号的瞬时值成比例变化的调制方式。

扩频和跳频:扩频在发端以编码进行扩频调制,在收端以相关解调技术接收,基本方法有直接序列(DS)、跳频(FH)、跳时(TH)和线性调频(Chirp)等。跳频是载波频率在一定范围内不断跳变意义上的扩频,而不是对被传送信息进行扩谱,不会得到直序扩频的处理增益。

频段(Frequency Range)和波段(Wave Band):两者意义基本相同。频段又称频带,是有关通信和声音理学方面的词语,是频率的分段。波段有两种含义:一是电磁波频谱的划分,典型的有长波、中波、短波、米波、分米波、毫米波等;二是发射机、接收机设备的工作频率范围的划分,典型的有 P、L、S、K、Ku、X 波段等。

移动通信中基站相关知识如表 9-7 所示。

表 9-7　基站相关概述

类型	解释
宏站	宏蜂窝、铁塔站,可覆盖几十 km 范围,配套机房设施完备
微站	微蜂窝、一体化基站,在楼宇或密集区安装的小型基站,配套简单,无需固定机房,覆盖小,用户少
直放站	Repeater,由天线、射频双工器、低噪声放大器、混频器、电调衰减器、滤波器、功率放大器等元器件或模块组成上、下行放大链路,是一种中继设备,只具有信号中转功能。其工作的基本原理是:用前向天线(施主天线)将基站的下行信号接收进直放机,通过低噪放大器将有用信号放大,抑制信号中的噪声信号,提高信噪比(Singal-to-Noise Ratio ,SNR);再经下变频至中频信号,经滤波器滤波,中频放大,再移频上变频至射频,经功率放大器放大,由后向天线(重发天线)发射到移动台;同时,利用后向天线接收移动台上行信号,沿相反的路径由上行放大链路处理,即经过低噪放大器、下变频器、滤波器、中放、上变频器、功率放大器再发射到基站,从而达到基站与移动台的双向通信,由基站射频信号接收放大后发射,不增加容量,会造成信噪比下降
拉远站	射频拉远模块(Remote Radio Unit, RRU)或射频拉远头(Remote Radio Head, RRH),RRU 针对宏站进行室外覆盖,RRH 针对室内分布系统进行室内覆盖。RRH 本质上是将基站一个扇区基带部分通过光纤方式传输到其他地区,一般用在话务量较小的区域,可降低成本。RRU 和 BBU(基带处理单元)间使用光纤连接,一个 BBU 可支持多个 RRU
室分站	室内分布系统,针对室内用户群,利用室内天线分布系统将移动基站的信号均匀分布在室内每个角落,用于改善建筑物内移动通信环境,确保室内区域信号覆盖

手机:又称移动电话、无绳电话,是可以在较广范围内使用的便携式电话终端。最早为1940年由美国贝尔实验室制造的战地移动电话发展而来,经历了1 G~4 G时代,如今已进入5 G时代,现行手机通常分为智能、非智能两种,以智能手机为主流。

全球卫星导航系统:The Global Navigation Satellite System,是能在地球表面或近地空间的任何地点为用户提供全天候的三维坐标和速度以及时间信息的空基无线电导航定位系统。4大卫星导航系统包括GPS(美)、BDS(中)、GLONASS(俄)、GALILEO(欧),由空间部分(卫星)、控制部分(监测站、控制站、地面天线等)、用户部分(各类终端)组成,利用全球覆盖的移动卫星进行通信的卫星包括"依星""全球星"等。

注释

[注1]喇叭是天线的一种。

[注2]天线是雷达的重要组成部分。

[注3]指在离天线一定距离处,辐射场的相对场强(归一模值)随方向变化的图形。

第10章　电力电缆

10.1　概述

定义：电力电缆(Electric Power Cable, Power Cable, Power Supply Cable)，又称电缆、电缆线。

从广义上，电缆包括裸电线、绕组线、电力电缆、通信电缆与光缆、电气装备用各类通信电缆等5类，本章讨论狭义上的电力电缆，如图10.1所示，电线在第11章讨论，绕组线在第12章中讨论，其他弱电电缆在13章进行讨论，分裂导线和裸电线在第20章进行讨论。

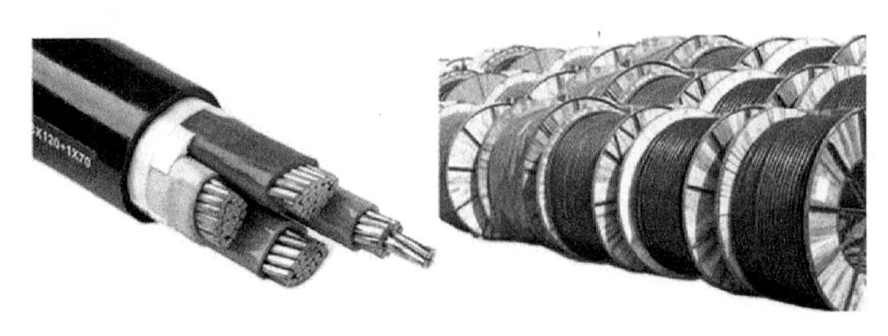

图10.1　电力电缆

电缆的优点(和裸导线相比)：安全、稳定、可靠。

电缆的用途：电力电缆的作用是传输、分配电能，用于城市电网、发电站引出线路、工矿企业内部供电及过江海水下输电线。电源是整个信息通信网运行的电能来源，电力电缆是电能传送至用户设备的物理"路由"。

主要性能参数指标：

(1) 电性能：导体的直流电阻和交流阻抗，绝缘层的绝缘电阻，介质损耗和其中的电场分布及电场强度，电缆的电容、电感，载流量，金属护层的感应电压和电流等。

(2) 机械性能：电缆的机械强度、伸长率，绝缘护层材料的机械性能，阻燃性能，绝缘老化寿命等。

生产制作工序流程：铜、铝单丝拉制，单丝退火，导体的绞制、绝缘挤出、成线、挤包内护层(隔离套)和绕包内护层(垫层)，装铠，挤包塑料外护套。

原理：在电压作用下，电子在金属导线上移动而产生电流。

相关国标

GB/T 12706—2008　额定电压1 kV(U_m = 1.2 kV)到35 kV(U_m = 40.5 kV)挤包绝缘电力电缆及附件

GB/T 14315—2008　电力电缆导体用压接型铜、铝接线端子和连接管

GB/T 18889—2002　额定电压6 kV(U_m = 7.2 kV)到35 kV(U_m = 40.5 kV)电力电缆附件试验方法

GB/T 27794—2011	电力电缆用承插式混凝土导管
GB/T 31840—2015	额定电压 1 kV(U_m = 1.2 kV) 到 35 kV(U_m = 40.5 kV) 铝合金芯挤包绝缘电力电缆
GB/T 6995—2008	电线电缆识别标志方法
GB/T 9327—2008	额定电压 35 kV(U_m = 40.5 kV) 及以下电力电缆导体用压接式、机械式连接金具 试验方法和要求
GB 7594—1987	电线电缆橡皮绝缘和橡皮护套

10.2　历史事记

1879 年,美国发明家 T. A. 爱迪生在铜棒上包绕黄麻并将其穿入铁管内,再填充沥青混合物制成电缆;1880 年,英国人卡伦德发明沥青浸渍纸绝缘电力电缆;1889 年,英国人 S. Z. 费兰梯在伦敦与德特福德之间敷设了 10 kV 油浸纸绝缘电缆;1908 年,英国建成 20 kV电缆网,使电力电缆得到越来越广的应用;1911 年,德国敷设成60 kV高压电缆,开始了高压电缆的发展;1913 年,德国人 M. 霍希施泰特研制出分相屏蔽电缆,改善了电缆内部电场分布,消除了绝缘表面的正切应力,成为电力电缆发展中的里程碑;1952 年,瑞典在北部发电厂敷设了 380 kV 超高压电缆,实现了超高压电缆的应用。到 20 世纪 80 年代,已制成 1 100 kV、1 200 kV 的特高压电力电缆。

10.3　材质结构

电力电缆的基本结构由线芯(导体)、绝缘层、屏蔽层和保护层 4 部分组成。

(1) 线芯:具有导电功能,主要使用铜芯,是电力电缆的核心。

(2) 绝缘层:将线芯与地、零、不同相的线芯相互间进行电气隔离,以确保电能的安全输送,是电力电缆不可缺少的组成部分。

(3) 屏蔽层:防止线芯间、线芯和外界产生电磁波干扰,实现电场屏蔽,还可以起到一定的接地保护作用。电缆芯线破损时,泄漏出来的电流可以顺屏蔽层流入接地网,以实现安全保护。15 kV 及以上的电力电缆一般都有导体屏蔽层和绝缘屏蔽层。

(4) 保护层:保护电力电缆免受外界杂质和水分的侵入,防止外力直接损坏电力电缆。

例如,通信供电系统中常用的铜芯交联聚乙烯绝缘、无卤、低烟、阻燃聚烯烃护套防鼠防蚁电力电缆型号为 FSY-WDZ-YJE,其剖面结构如图 10.2 所示。

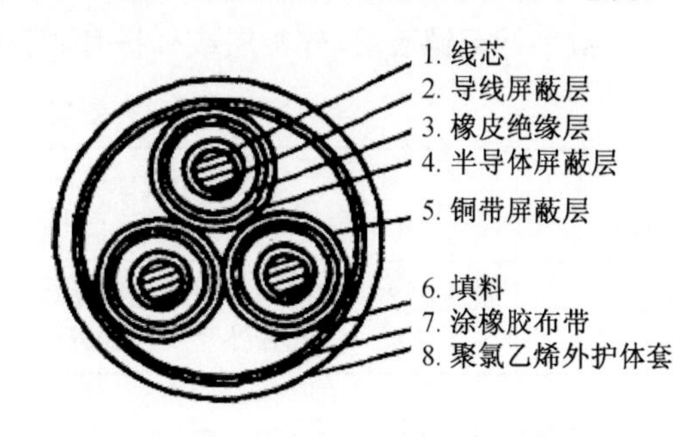

图 10.2　FSY-WDZ-YJE 型电缆结构剖面示意图

★色谱和相序

一般情况下,对于电力电缆(包括通信和动力用),其三相按顺序标准色谱为黄、绿、红,中性线用蓝色或黑色,接地线用黄绿色;对于单相缆线,火线是红色,零线为淡蓝色或灰色,地线是黄绿色;对于直流电缆,正电使用红色,负电使用蓝色。

10.4 分类

按电流制式,可分为交、直流电缆。

按绝缘材料,可分为油浸纸、塑料、橡皮绝缘电力电缆。

按电压等级,可分为低压电缆(3 kV 及以下)、中低压电缆(35 kV 及以下,聚氯乙烯绝缘电缆,聚乙烯绝缘电缆,交联聚乙烯绝缘电缆等)、高压电缆(110 kV 及以上,聚乙烯电缆和交联聚乙烯绝缘电缆等)、超高压电缆(275 ~ 800 kV)、特高压电缆(1 000 kV 及以上)。

10.5 型号

电线电缆的型谱完善,但完整命名复杂。一般来说,电线电缆的型号组成与顺序如下:[1:类别、用途][2:导体][3:绝缘][4:内护层][5:结构特征][6:外护层或派生] - [7:使用特征],随后注明额定电压、芯数和标称截面积,如表 10-1 所示。

其中:1 ~5 项和第 7 项用拼音字母表示,高分子材料用英文名的第 1 位字母表示,每项可以是 1 ~2 个字母;第 6 项是 1 ~3 个数字。

表 10-1 常用电线电缆的型号含义

类别、用途	导体材料	绝缘	内护层	外护层代码	派生	特征	特殊使用场合
不标为电力电缆,K:控制缆,P:信号缆	不标为铜(也可标为CU),L:铝	Y:聚乙烯绝缘,YF:泡沫聚烯烃绝缘,YP:泡沫/实心皮聚烯烃绝缘	A:涂塑铝带粘接屏蔽聚乙烯护套,S:铝,钢双层金属带屏蔽聚乙烯护套,Q:铅包,L:铝包,H:橡套,V:聚氯乙烯护套,内护套一般不标识	V:聚氯乙烯,Y:聚乙烯	D:不滴流,P:干绝缘	T:石油膏填充,G:高频隔离,C:自承式	TH:湿热带,TA:干热带,ZR:阻燃,NH:耐火,DH:防火,WDZ:低烟无卤、企业标准;FY:防白蚁、企业标准等

数字标记铠装层、外被层或外护套,对应如表 10-2 所示。

表 10-2 数字代码

数字编号	0	1	2	3	4	5	6	8	9
含义	无	联锁铠装纤维外被	双层钢带聚氯乙烯外套	细圆钢丝聚乙烯外套	粗圆钢丝	皱纹(轧纹)钢带	双铝(或铝合金)带	铜丝编织	钢丝编织

用数字表示外护层构成,有两位数字。无数字代表无铠装层,无外被层。第 1 位数字表示铠装,第 2 位数字表示外被,如单层粗钢丝铠装纤维外被表示为 41。

另外,命名过程需注意以下两个原则。

(1) 省略原则

a. 名称省略原则:有时用一个简单的名称(通常是一个类别的名称)结合型号规格来代替完整的名称,如“低压电缆”代表0.6/1 kV级的所有塑料绝缘类电力电缆。在不引起混淆的情况下,有些结构描述可省写或简写,如汽车线、软线中不允许用铝导体,故不描述导体材料。

b. 型号省略原则:电线电缆产品中铜是主要使用的导体材料,故铜芯代号T省写,但裸电线及裸导体制产品除外。裸电线及裸导体制品类、电力电缆类、电磁线类产品不表明大类代号,电气装备用电线电缆类和通信电缆类也不列明,但需列出小类或系列代号等。

(2) 顺序原则

有时,为了强调重要或附加特征,将特征写到前面或相应的结构描述前。另外,额定电压也可写在最前面。

10.6　设计选型

10.6.1　一般要求

电力电缆的设计选型包括路径选择、类型选择、附件选择。涉及计算的有额定电压、载流量和横截面积。

路径选择要保证安全、节省投资且便于施工、维修。要根据实际情况选择合理路由。

形式选择要考虑芯线材和芯数、制式。供电及接地制式有IT三相三线、TT三相四线、TN(TN-C、TN-S、TN-C-S)等,典型的TN-S制式下,一般采用铜芯、三相五线制,特殊场合根据实际供电制式选择线制。线材的选择要根据实际负载情况、施工难易、经费预算来选择多股或单股,硬线或软线,根据敷设条件选择绝缘层和外护层材料,有防鼠咬、阻燃、耐腐、防火、抗干扰等特殊要求时应选择特种电缆。一般而言,应注意:

列外部分:在不同机房之间,选用铜芯聚氯乙烯绝缘聚氯乙烯护套电力电缆(阻燃)(RVVZ系列),在同一机房内,选用铜芯聚氯乙烯绝缘电力电缆(阻燃)(RVZ系列),还可采用铜母线(TMY系列)。

列内部分:一般由厂家随设备提供。

交流部分:一般采用铜芯聚氯乙烯绝缘聚氯乙烯护套电力电缆(VV)。

附件一般包括终端装置和接头,应满足相应的机械、物理、电气、绝缘等性能要求。

10.6.2　额定电压

额定电压U_0是确保电缆长期安全运行的关键参数。对于三相系统,额定电压规定如表10-3所示。

表10-3　国内电力电缆额定电压U_0/U值

U(kV)	U_m(kV)	U_0(kV)	
		Ⅰ类	Ⅱ类
3	3.6	1.8	3.0

续表

U(kV)	U_m(kV)	U_0(kV)	
		Ⅰ类	Ⅱ类
6	7.2	3.6	6.0
10	12.0	6.0	8.7
15	17.5	8.7	12.0
20	24.0	12.0	18.0
35	42.0	21.0	26.0
63	72.5	37.0	48.0
110	126.0	64.0	—
220	252.0	127.0	—
330	363.0	190.0	—
550	550.0	290.0	—

其中：U 为导体间额定工频电压，U_0为导体对地或金属屏蔽之间的额定工频电压，U_m 为设计时采用的电缆任两个线芯间最高工频电压。

当电缆所在系统中的单相接地故障能很快切除，在任何情况下故障持续时间不超过 1 min 时，可选Ⅰ类 U_0，例如中性点经小电阻接地。

当电缆所在系统中的单相接地故障持续时间在 1 min ~ 2 h，个别情况在 2 ~ 8 h 时，必须选用Ⅱ类 U_0。

当电缆所在系统采用中性点直接接地方式时，U_0 只有Ⅰ类。

U 值应选择大于或等于电缆所在系统的额定电压，U_m 值应选择大于或等于电缆所在系统的最高工作电压。

10.6.3 载流简单计算

影响导线允许载流量或允许电流密度的因素很多，如导线线芯的导电率、绝缘材料的耐热等级、安装敷设的方式、工作环境条件等。相同条件下，导线线芯截面积越大，则允许的载流量也大。

首先，通过计算求出载流量，利用实际负载额定功率进行计算。

（1）直流电力线截面的选择：单线电线电流计算公式为

$$I = P/U$$

其中：P 为全部负载额定功率之和；U 为高频开关电源浮充电压，可取值 48 V 计算。敷设线路较长时，计算截流量要考虑线损（ΔU）。

（2）单相交流电力线截面的选择：单相电线交流电流计算公式为

$$I = \frac{P}{U\cos\Phi}$$

其中：P 为功率（W），U 为电压（220 V），$\cos\Phi$ 为功率因数（0.8）。

（3）三相交流电力线截面的选择：三相交流电线电流计算公式为

$$I = \frac{P}{1.732U\cos\Phi}$$

其中：P 为功率(W)，U 为电压(380 V)，$\cos\Phi$ 为功率因数(0.8)。

三相交流电电流计算公式是基于三相平衡分配的前提条件，实际情况基本无法精确做到，因此，计算时要留有富余。

(4) 横截面积

电缆横截面积的确定可通过经验、计算、查表、口诀等方法实现。明确线缆截流量后，一般通过查表或口诀确定其横截面积。

a. 经验法

一般铜导线的安全截流量为5～8 A/mm^2，铝导线的安全截流量为3～5 A/mm^2。在单相220 V线路中，每1 kW功率的电流在4～5 A左右，在三相负载平衡的三相电路中，每1 kW功率的电流在2 A左右。也就是说，在单相电路中，1 mm^2的铜导线可以承受1 kW功率荷载；三相平衡电路可以承受2～2.5 kW的功率。但是，电缆的工作电流越大，1 mm^2能承受的安全电流越小。

注：因传输专业通信机房内使用交流220 V电源负荷较小、供电距离较短，故在选用交流导线时，一般不必计算。在工程中，一般采用铜芯聚氯乙烯绝缘聚氯乙烯护套电力电缆($VV-1\ kV-3\times4\ mm^2$)。

b. 计算法

例如：导线截面积计算公式(导线距离/压降/电流关系)

铜线：$S=\dfrac{IL}{54.4U}$

铝线：$S=\dfrac{IL}{34U}$

其中：I 为导线中通过的最大电流(A)；L 为导线长度(m)；U 为允许的压降(V)；S 为导线的截面积(mm^2)。

c. 查表法

影响电力线型号选取和截面计算的因素很多，一定要保证截面计算适当留有余量，以确保设备和系统供电的安全可靠。通过查表，所得不同型号电力电缆横截面积和载流量的对应关系如表10-4和10-5所示。

表10-4　VV和YJV型电缆载流数据表

序号	铜电线型号	单芯载流量(25℃)(A)		电压降 mV/m	品字型电压降 mV/m	紧挨一字型电压降 mV/m	间距一字型电压降 mV/m	两芯载流量(25℃)(A)		电压降 mV/m	三芯载流量(25℃)(A)		电压降 mV/m	四芯载流量(25℃(A)		电压降 mV/m
		VV	YJV					VV	YJV		VV	YJV		VV	YJV	
1	1.5 mm^2/c	20	25	30.86	26.73	26.73	26.73	16	16		13	18	30.86	13	13	30.86
2	2.5 mm^2/c	28	35	18.9	18.9	18.9	18.9	23	35	18.9	18	22	18.9	18	30	18.9
3	4 mm^2/c	38	50	11.76	11.76	11.76	11.76	34	38	11.76	23	34	11.76	28	40	11.76
4	6 mm^2/c	48	60	7.86	7.86	7.86	7.86	40	55	7.86	32	40	7.86	35	55	7.86
5	10 mm^2/c	65	85	4.67	4.04	4.04	4.05	55	75	4.67	45	55	4.67	48	80	4.67
6	16 mm^2/c	90	110	2.95	2.55	2.56	2.55	70	108	2.9	60	75	2.6	65	65	2.6
7	25 mm^2/c	115	150	1.87	1.62	1.62	1.63	100	140	1.9	80	100	1.6	86	105	1.6
8	35 mm^2/c	145	180	1.35	1.17	1.17	1.19	125	175	1.3	105	130	1.2	108	130	1.2

续表

序号	铜电线型号	单芯载流量(25℃)(A)		电压降 mV/m	品字型电压降 mV/m	紧挨一字型电压降 mV/m	间距一字型电压降 mV/m	两芯载流量(25℃)(A)		电压降 mV/m	三芯载流量(25℃)(A)		电压降 mV/m	四芯载流量(25℃(A)		电压降 mV/m
		VV	YJV					VV	YJV		VV	YJV		VV	YJV	
9	50 mm^2/c	170	230	1.01	0.87	0.88	0.9	145	210	1	130	160	0.87	138	165	0.87
10	70 mm^2/c	220	285	0.71	0.61	0.62	0.65	190	265	0.7	165	210	0.61	175	210	0.61
11	95 mm^2/c	260	350	0.52	0.45	0.45	0.5	230	330	0.52	200	260	0.45	220	260	0.45
12	120 mm^2/c	300	410	0.43	0.37	0.38	0.42	270	410	0.42	235	300	0.36	255	300	0.36
13	150 mm^2/c	350	480	0.36	0.32	0.33	0.37	310	470	0.35	275	350	0.3	340	360	0.3
14	185 mm^2/c	410	540	0.3	0.26	0.28	0.33	360	570	0.29	320	410	0.25	400	415	0.25
15	240 mm^2/c	480	640	0.25	0.22	0.24	0.29	430	650	0.24	390	485	0.21	470	495	0.21
16	300 mm^2/c	560	740	0.22	0.2	0.21	0.28	500	700	0.21	450	560	0.19	500	580	0.19
17	400 mm^2/c	650	880	0.2	0.17	0.2	0.26	600	820	0.19	—	—	—	—	—	—
18	500 mm^2/c	750	1 000	0.19	0.16	0.18	0.25	—	—	—	—	—	—	—	—	—
19	630 mm^2/c	880	1 100	0.18	0.15	0.17	0.25	—	—	—	—	—	—	—	—	—
20	800 mm^2/c	1 100	1 300	0.17	0.15	0.17	0.24	—	—	—	—	—	—	—	—	—
21	1 000 mm^2/c	1 300	1 400	0.16	0.14	0.16	0.24	—	—	—	—	—	—	—	—	—

表 10-5　VV22 和 YJV22 型电缆载流数据表

序号	铜电线型号	单芯载流量(25℃)(A)		电压降 mV/m	品字型电压降 mV/m	紧挨一字型电压降 mV/m	间距一字型电压降 mV/m	两芯载流量(25℃)(A)		电压降 mV/m	三芯载流量(25℃)(A)		电压降 mV/m	四芯载流量(25℃(A)		电压降 mV/m
		VV22	YJV22					VV22	YJV22		VV22	YJV22		VV22	YJV22	
1	1.5 mm^2/c	20	25	30.86	26.73	26.73	26.73	16	16		13	18	30.86	13	13	30.86
2	2.5 mm^2/c	28	35	18.9	18.9	18.9	18.9	23	35	18.9	18	22	18.9	18	30	18.9
3	4 mm^2/c	38	50	11.76	11.76	11.76	11.76	29	45	11.76	24	32	11.76	25	32	11.76
4	6 mm^2/c	48	60	7.86	7.86	7.86	7.86	38	58	7.86	32	41	7.86	33	42	7.86
5	10 mm^2/c	65	85	4.67	4.04	4.04	4.05	53	82	4.67	45	55	4.67	47	56	4.67
6	16 mm^2/c	88	110	2.95	2.55	2.56	2.55	72	111	2.9	61	75	2.6	65	80	2.6
7	25 mm^2/c	113	157	1.87	1.62	1.62	1.63	97	145	1.9	85	105	1.6	86	108	1.6
8	35 mm^2/c	142	192	1.35	1.17	1.17	1.19	120	180	1.3	105	130	1.2	108	130	1.2
9	50 mm^2/c	171	232	1.01	0.87	0.88	0.9	140	220	1	124	155	0.87	137	165	0.87
10	70 mm^2/c	218	294	0.71	0.61	0.62	0.65	180	285	0.7	160	205	0.61	176	220	0.61
11	95 mm^2/c	265	355	0.52	0.45	0.45	0.5	250	350	0.52	201	248	0.45	217	265	0.45
12	120 mm^2/c	305	410	0.43	0.37	0.38	0.42	270	425	0.42	235	292	0.36	253	310	0.36
13	150 mm^2/c	355	478	0.36	0.32	0.33	0.37	310	485	0.35	275	343	0.3	290	360	0.3
14	185 mm^2/c	410	550	0.3	0.26	0.28	0.33	360	580	0.29	323	400	0.25	333	415	0.25
15	240 mm^2/c	490	660	0.25	0.22	0.24	0.29	430	650	0.24	381	480	0.21	400	495	0.21
16	300 mm^2/c	560	750	0.22	0.2	0.21	0.28	500	700	0.21	440	540	0.19	467	580	0.19
17	400 mm^2/c	650	880	0.2	0.17	0.2	0.26	600	820	0.19	—	—	—	—	—	—
18	500 mm^2/c	750	1 000	0.19	0.16	0.18	0.25	—	—	—	—	—	—	—	—	—
19	630 mm^2/c	880	1 100	0.18	0.15	0.17	0.25	—	—	—	—	—	—	—	—	—
20	800 mm^2/c	1 100	1 300	0.17	0.15	0.17	0.24	—	—	—	—	—	—	—	—	—

d. 口诀法

对于铝线，其截面积和载流量的关系如表 10-6 所示，铜线升级计算。

表 10-6　口诀表

口诀	说明	示例
10（十）下五	截面在 10 平以下，载流量都是截面数值的 5 倍（2.5 平实为 >20 A）	—
100（百）上二	截面 100 以上的载流量是截面数值的 2 倍	—
25（二五）、35（三五），四、三界	16、25 平 4 倍	—
	35、50 平 3 倍	—
70（七十）、95（九五），两倍半	75、95 平 2.5 倍	—
穿管、温度，八、九折	穿管敷设（包括槽板等敷设、即导线加有保护套层，不明露的），计算后，再打 8 折	—
	若环境温度超过 25℃，计算后再打 9 折。指夏天最热月的平均最高温度，一般情况下，对导线载流影响并不很大，只在经常超过 25℃时，才考虑打折扣	当截面为 10 mm^2 穿管时，载流量为 $10\times5\times0.8=40$ A；若为高温，则载流量为 $10\times5\times0.9=45$ A
	既穿管敷设，温度又超过 25℃，则打 8 折后再打 9 折，或简单按一次打 7 折计算	既穿管又是高温，则载流量为 $10\times5\times0.7=35$ A
裸线加一半	裸导线截流量为绝缘导线 1.5 倍	截面为 16 mm^2 时，则载流量为 $16\times4\times1.5=96$ A
铜线升级算	铜导线的截面排列顺序提升 1 级，再按相应的铝线条件计算，以上为铝导线计算法则	35 mm^2 裸铜线环境温度为 25℃，载流量的计算为：按升级为 50 mm^2 裸铝线可得 $50\times3\times1.5=225$ A

说明：国内常用导线标称截面（单位：mm^2）按从小到大顺序排列如下：

1、1.5、2.5、4、6、10、16、25、35、50、70、95、120、150、185、…、500。

对于电缆，口诀中没有介绍。一般地，直接埋地的高压电缆可采用口诀中的有关倍数计算。

比如，35 mm^2 高压铠装铝芯电缆埋地敷设的载流量为 $35\times3=105$ A，95 mm^2 的为 $95\times2.5\approx238$ A。

e. 零线的选择

零线横截面积一般在确定火线面积后配套确定。如需计算定制时，依据以下规则：

三相四线制中的零线截面，通常选为相线截面的 1/2 左右。同时，不得小于机械强度要求所允许的最小截面；

在单相线路中，由于零线和相线所通过的负荷电流相同，所以零线截面应与相线截面相同。

f. 设备保护地线的选择

地线排至列柜:不同机房间一般选用铜芯聚氯乙烯绝缘聚氯乙烯护套电力电缆(阻燃)(RVVZ-1 kV-1×50 mm^2),同一机房内一般选用铜芯聚氯乙烯绝缘电力电缆(阻燃)(RVZ-1 kV-1×50 mm^2)。

列柜至光电设备:由厂家提供型号。

ODF 防雷地线的选择:一般为铜芯聚氯乙烯绝缘聚氯乙烯护套电力电缆(阻燃)(RVVZ-1 kV-1×35 mm^2)。

DDF 保护地线的选择:一般为铜芯聚氯乙烯绝缘聚氯乙烯护套电力电缆(阻燃)(RVVZ-1 kV-1×16 mm^2)。

g. 不同设备的电缆设计

变压器的最佳负载范围在 70% ~85%,交流不间断电源 UPS 的最佳负载范围在 70% ~80%,在其前端电力电缆设计时,应按 100% 负载,甚至更高(超载运行)比例设计。

UPS、高频开关电源在放电后,需同时考虑负载供电和电池充电,其前端电力电缆的设计应同时考虑设备负载和充电负载。

10.7 制作施工

10.7.1 铜鼻子的制作

(1) 准备线缆、器材、工具

线缆、铜鼻子、液压钳、万用表、工业热风枪、热缩套管、剪线钳(或切割刀、大力钳,用于剪大线径电缆)、剪刀、裁纸刀,如图 10.3 所示。

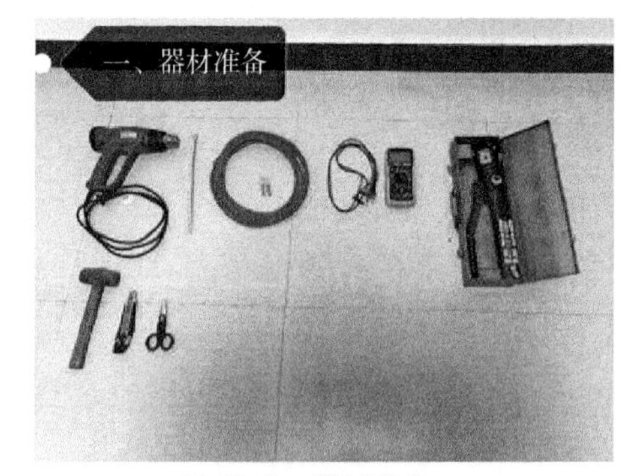

图 10.3 器材准备

(2) 剪线和开剥

根据线缆粗细,使用对应剪线钳剪出所需长度电缆。参照铜鼻子身部长度进行剥线,以 16 mm^2电缆和铜鼻子为例,一般开剥 3 ~4 cm,用剥线钳或者美工刀剥削导线的绝缘层。使用美工刀时,要斜 45°剥削,注意力度要适当,以防止伤到线芯,如图 10.4 所示。剥削长度应准确,防止导线裸漏或导线长度不足。

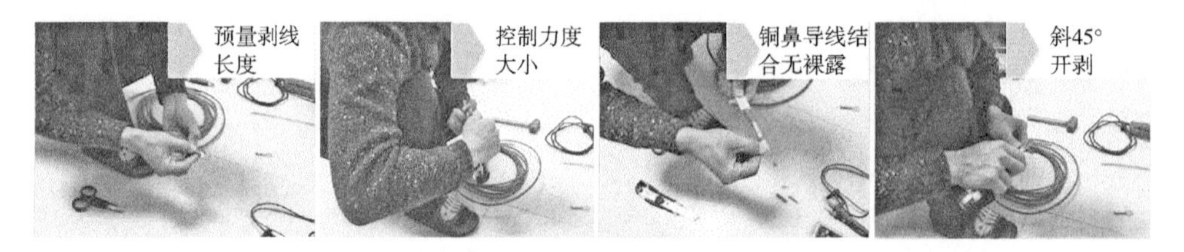

图 10.4 剪线和开剥

(3) 压线

① 根据色谱要求,将热缩套管剪出一截,长度为 5 ~6 cm,套进电缆线一头,将铜鼻子套进削好的导线端,按照先尾部后头部的顺序进行压制,注意铜鼻子的端面要与压制的方

向凹槽相一致,压制2~3次的紧锢,力度要适当,以防止过力而导致铜鼻子变形或液压钳损坏;② 用锤子敲打紧锢过程出现的痕迹,达到端面无瑕疵毛刺,以免绝缘层破损而导致漏电;③ 检查铜鼻子是否压制牢固,确保用力拔导线不脱落;④ 将热塑套管套至铜鼻子上,使用热风枪加热热缩套管,以使铜鼻子尾部绝缘,如图10.5所示。

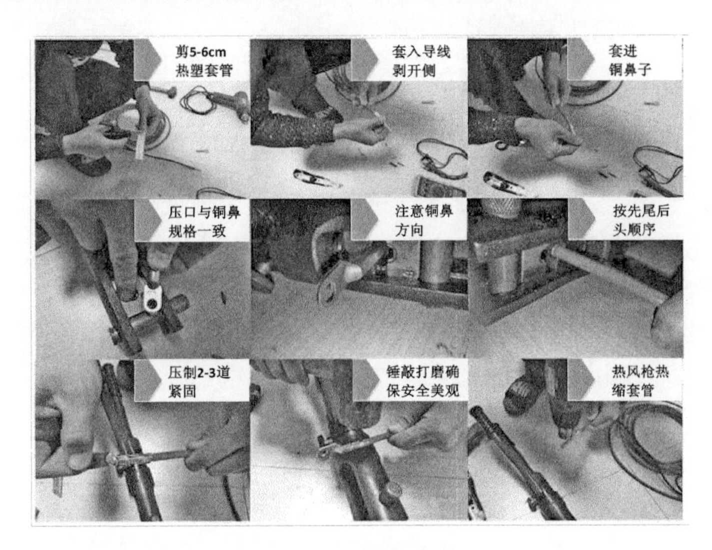

图10.5　压线步骤

(4) 检测工艺质量

检查铜鼻子压制是否牢固,有无绝缘层破损。使用万用表将挡位选到“蜂鸣”档,测量导线电阻以及通断,如图10.6所示。当电缆头是多股端时,应使用兆欧表进行电缆绝缘测试。

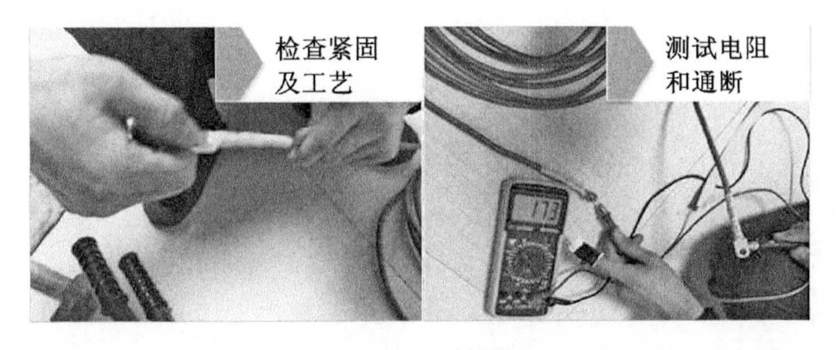

图10.6　检测

10.7.2　电缆的连接

电缆发生局部破损、开裂时可进行连接。使用铜鼻管连接电缆的方法可参考铜鼻子的制作。

10.7.3　电力电缆的敷设

(1) 总体要求

电缆工程敷设方式,应视工程条件、环境特点和电缆类型、数量等因素,且按满足运行可靠、便于维护的要求和技术经济合理的原则来选择。电缆线路与架空线路不同,它的敷设方式有直埋、沟道、穿管、悬挂及隧道敷设等。隧道敷设适用于大型发电厂或大型变电站(所),其他敷设方式的使用较普遍。

电缆的敷设路径选择,应符合下列规定:

① 避免电缆遭受机械性外力、高温、腐蚀等危害。

② 满足安全要求条件下使电缆较短。

③ 便于敷设、维护。

④ 避开将要挖掘施工的地方。

⑤ 充油电缆线路通过起伏地形时,供油装置需合理配置。

电缆在任何敷设方式及其全部路径条件的上下左右改变位置,都应满足电缆允许弯曲半径要求。电缆的允许弯曲半径,应符合电缆绝缘及其构造特性要求。对自容式铅包充油电缆,允许弯曲半径可按电缆外径的 20 倍计。

电缆群敷设在同一通道中位于同侧的多层支架上配置,应符合下列规定:

① 应按电压等级由高至低的电力电缆、强电至弱电的控制和信号电缆、通信电缆的顺序排列。

② 支架层数受通道空间限制时,35 kV 及以下的相邻电压级电力电缆可排列于同一层支架,1 kV 及以下电力电缆也可与强电控制和信号电缆配置在同一层支架上。

③ 同一重要回路的工作与备用电缆需实行耐火分隔时,宜适当配置在不同层次的支架上。

同一层支架上电缆排列配置方式,应符合下列规定:

① 控制和信号电缆可紧靠或多层叠置;

② 除交流系统用单芯电力电缆的同一回路可采取品字形(三叶形)配置外,对重要的同一回路多根电力电缆不宜叠置;

③ 除交流系统用单芯电缆情况外,电力电缆相互间宜有 35 mm 空隙。

(2) 直埋电缆

将电缆按要求直接埋入地下,特别是野外敷设的电缆,如国防、人防工程的外电源进线电缆、35 kV 及以上电缆线路,大多采用直埋方式。

直埋敷设电缆的路径选择,宜符合下列规定:

① 避开含有酸、碱强腐蚀或杂散电流电化学腐蚀严重的地段。

② 未有防护措施时,避开白蚁危害地带、热源影响和易遭外力损伤的区段。

直埋敷设电缆方式,应满足下列要求:

① 电缆应敷设在壕沟里,沿电缆全长的上、下紧邻侧铺设厚度不少于 100 mm 的软土或砂层。

② 沿电缆全长覆盖保护板,其宽度不小于电缆两侧各 50 mm,保护板宜用混凝土制作。

③ 位于城镇道路等开挖较频繁的地方,可在保护板上层铺以醒目的标志带。

④ 位于城郊或空地旷带,沿电缆路径的直线间隔约 100 m、转弯处或接头部位,应竖立明显的方位标志或标桩。

直埋方式维护不便,故障时寻找故障点困难,容易受到土壤酸碱物质或地中电流的腐

蚀,易受到外界机械损伤。因此,应注意以下几点:

① 在寒冷地区,电缆应埋设于冻土层以下;

② 电缆通过有振动和承受压力的地段应穿保护管;

③ 电缆与建筑物平等敷设时,电缆应敷设在建筑物的散水坡外;

④ 埋地敷设的电缆长度应比电缆沟长1.5% ~2%,并做波状敷设;

⑤ 电缆在拐弯、接头、终端和进出建筑物等地段应装设明显的方位标志,直线段上应适当增设标桩;

⑥ 直埋电缆回填土前,应先经隐蔽工程验收合格后,回填土应分层夯实;

⑦ 直埋电缆的铺沙盖砖保护做法随不同气候及不同环境而变化。

(3) 缆沟电缆

其应用较多,如中小型变电所、国防、人防工程(隧道)及一些工厂厂区内部的电缆线路等。

电缆构筑物应满足防止外部进水、渗水的要求,且符合下列规定:

① 对于电缆沟或隧道底部低于地下水位、电缆沟与工业水沟并行且邻近、隧道与工业水管沟交叉的情况,宜加强电缆构筑物防水处理;

② 电缆沟与工业水管、沟交叉时,应使电缆沟位于工业水管、沟的上方;

③ 在不影响厂区排水情况下,厂区户外电缆沟的沟壁宜稍高出地坪。

电缆构筑物应能实现排水畅通,且符合下列规定:

① 电缆沟、隧道的纵向排水坡度不得小于0.5%;

② 沿排水方向适当距离宜设集水井及其泄水系统,必要时,实施机械排水;

③ 隧道底部沿纵向宜设泄水边沟。

电缆沟沟壁、盖板及其材质构成,应满足可能承受荷载和适合环境耐久的要求。可开启的沟盖板的单块质量不宜超过50 kg。

电缆沟敷设造价低、检修更换方便,占地面积小,走线灵活,但沟内活动范围小,施工不便,检修更换电缆要搬运大量笨重盖板。根据电缆的数目可采用无支架、单侧支架或双侧支架的电缆沟。具体注意事项:

① 电力电缆在电缆沟内敷设时,其最小水平净距高为35 mm,但不应小于电缆外径;

② 电缆沟内应采取防水措施,底部应做不小于0.5%的排水沟,使积水直接排入排水管道或经集水坑用水泵排出;

③ 电力电缆和控制电缆应分开排列;

④ 电缆沟进入建筑物时,应设防火墙建筑;

⑤ 电缆沟宜采用钢筋混凝土盖板,每块盖板的质量不宜超过50 kg。

(4) 穿管敷设和排管敷设

常用于电缆线路穿越建筑物、公路、铁路、国防、人防工程的外电源进入坑道,以及工厂车间内电源向设备供电的电缆线路等。

电缆保护管必须是内壁光滑无毛刺。保护管的选择,应满足使用条件所需的机械强度和耐久性,且符合下列基本要求:

① 需用穿管来抑制电气干扰的控制电缆,应采用钢管;

② 交流单相电缆以单根穿管时,不得用未分隔磁路的钢管。

部分或全部露在空气中的电缆保护管的选择,应遵守下列规定:

① 防火或机械性能要求高的场所,宜用钢质管,且应采取涂漆或镀锌包塑等适合环境耐久要求的防腐处理;

② 满足工程条件自熄性要求时,可用难燃型塑料管。部分埋入混凝土中需有耐冲击的使用场所,塑料管应具备相应承压能力,且宜用可挠性的塑料管。

地中埋设的保护管,应满足埋深下的抗压和耐环境腐蚀要求。通过不均匀沉降的回填土地段等受力较大的场所,宜用钢管。

同一通道的电缆数量较多时,宜用排管。这种敷设方式占地少,能承受大的荷载,电缆之间无相互影响,但其敷设及检修电缆困难,散热条件差而使载流量下降。敷设时应注意如下事项:

① 当地面上均匀荷载超过 100 kN/m^2 或通过铁路时,必须采取加固措施,以防止排管受到机械损伤;

② 排管孔的内径应大于电缆外径的 1.5 倍,电力电缆的管孔内径应大于90 mm,控制电缆的管孔内径应大于 75 mm;

③ 排管应有倾向人孔井侧不小于 0.5% 的排水坡度;

④ 排管顶部距地面应大于 0.7 m;

⑤ 排管沟底部应夯实垫平,应铺设不少于 80 mm 厚的混凝土垫层;

⑥ 在线路转角、分支处,应设电缆人孔井。

(5) 竖井电缆

① 竖井内不得有与其无关的管道等通过;

② 竖井内高压、低压、应急电源的电气线路相互之间应保持 0.3 m 及以上的距离,或不在同一竖井内布线;

③ 竖井内应设一接地母线,分别与预埋金属铁件、支架、电缆金属外皮等良好接地;

④ 管路垂直敷设时,为保证管内导线不因自重而折断,应装设导线固定盒,且盒内导线应用线夹固定。

(6) 悬挂式或支架敷设

适用于人员活动较少的场所,并且无架空热力管道。该方式结构简单、维护方便、造价低,但需要预埋大量的铁件,不美观,影响人员的活动,且容易受到其他管道的影响。

电缆支架应符合下列规定:表面光滑无毛刺,适应使用环境的耐久稳固,满足所需的承载能力,符合工程防火要求。

固定电缆所用的夹具、扎带、捆绳或支托件等部件,应具有表面平滑、便于安装、足够的机械强度和适合使用环境的耐久性。

10.8 电缆拓展

10.8.1 连接头

电力电缆连接的接头主要有铜鼻和铜管,如表 10-7 所示。

表 10-7　连接头

名称	功能	图示
铜鼻子(线耳)	电缆和设备连接(裸压端子、OT 端子多用于小电线的连接)	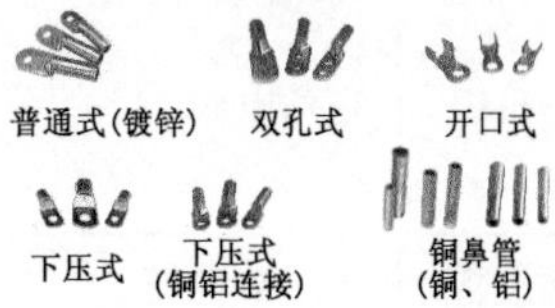 普通式(镀锌)　双孔式　开口式　下压式　下压式(铜铝连接)　铜鼻管(铜、铝)
铜鼻管	电缆间连接	

10.8.2　电力电缆通达设备

电力电缆主要通达设备如表 10-8 所示。

表 10-8　通达设备

设备名称	功能	图示
高频开关电源	不间断直流供电设备	
整流器	交流转直流设备	
线性电源	输入电源先经预稳压电路进行初步交流稳压后,通过主工作变压器隔离整流变换成直流电源,再经过控制电路和单片微处理控制器的智能控制以对线性调整元件进行精细调节,使之输出高精度的直流电压源	
UPS	不间断交流供电设备,分为高频机、工频机和模块机	
逆变器	直流转交流设备	
变压器	将输电高压转换为用户低压	
配电柜	电能分配设备,按大小分为小柜、屏、盘、箱	
蓄电池	停电续航	
稳压器	又称稳压电源,稳定电压	

续表

设备名称	功能	图示
柴油发电机组	后备电源	
各类终端设备	用户端设备	—

现代机房中,传统的整流器、线性电源、逆变器、稳压器等已被高频开关电源、UPS取代。

10.8.3 检测维修施工

检测维修施工过程,低压常用的电工仪表如表10-9所示。

表10-9 常用电工仪表

设备名称	功能	图示
(验)电笔	测试设备、导线是否带电	
数字万用表	测试电压、电阻等,取代旧式的机械电压、电流表	
毫伏表	正弦交流电压表,可测试低电压,精度高	
钳型电流表	简称钳流表,测试电流	
示波器	显示电源波形,可测峰-峰值杂音电压	
频谱分析仪	又称频域示波器、跟踪示波器、分析示波器、谐波分析器、频率特性分析仪或傅立叶分析仪等,测量信号失真度、调制度、谱纯度、频率稳定度和交调失真等	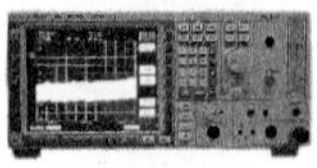
电力质量分析仪	电源质量分析诊断	
兆欧表	俗称摇表,测试绝缘程度	
相序表	测试三相相序	

续表

设备名称	功能	图示
电度表	测试用电量	
地阻仪	测试地阻阻值	
高低频杂音测试仪	简称杂音计，测试电话衡重杂音电压、宽频杂音电压	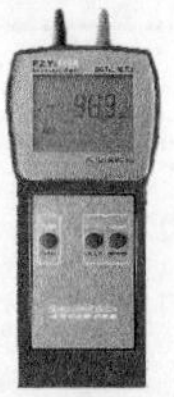
选频表	测试离散频率杂音电压	

常用的低压电气类和机械类电工工具如表10-10、表10-11所示。

表10-10　常用电气类电工工具

名称	手电钻	冲击钻、电锤	切割机	打磨机、手刹轮	电焊机
图示					

表10-11　常用机械类电工工具

名称	一字、十字螺丝刀（起子、改锥）	铁锤	橡皮锤	钢锯
图示				
名称	内六角、套筒扳手	固定扳手	活动扳手	美工刀、剪刀
图示	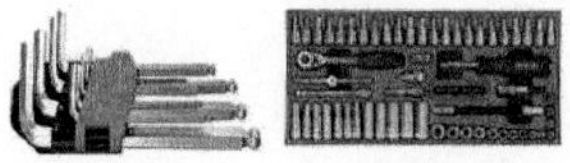			
名称	老虎钳、尖嘴钳、斜（偏）口钳	大力钳	大力剪线钳	液压钳
图示	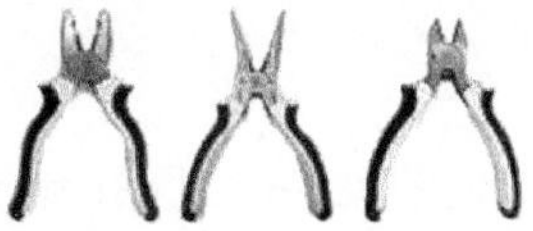			

电气类常见耗材如表10-12所示。

表 10-12　常用耗材

热缩(塑)套管	冷缩套管 (电力硅胶管)	四色绝缘 电工胶布	防水胶布	扎带	标签纸
					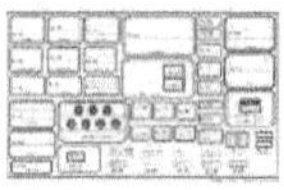

10.8.4.　电气原理及基本概念

通信电源:通信系统的心脏,稳定可靠的通信电源供电系统是确保信息通信安全可靠运行的关键,供电中断将导致通信中断和系统瘫痪。

通信电源 4 大系统包括:

(1) 交流供电系统:由主用交流电源(一般为市电,特殊情况可用其他能源)、备用交流电源(油机发电机组或其他内燃发电机组)、交流配电屏等组成,提供 220 V 交流输出。

(2) 直流供电系统:由高频开关电源、蓄电池、直流配电屏等组成,提供 -48 V 直流输出。最新的高压直流电源(High Voltage Direct Current,HVDC)是一种新型直流不间断供电系统,提供 -240 V 直流输出。

(3) 防雷接地系统:由防雷和接地装置组成,包括避雷针、避雷带、等电位连接器、接地地网、避雷器、浪(电)涌保护器(SPD,Surge Protection Device)等。

(4) 电源集中监控系统:通过数据采集和网络设备控制显示,对分布的通信电源设备进行遥控、遥信、遥测,实时监视和显示其运行状态,甚至自动处置故障。

10.9　电力载波通信

(1) 定义

电力线载波通信(Power Line Carrier Communication,PLC)是以输电线路为载波信号传输媒介的一种特殊的电力系统通信方式,可利用高压电力线、中压电力线、低压配电线及用户线作为信息传输媒介进行语音或数据传输。

电力载波系统一般由电力线载波机、电力线、耦合设备三大部分构成,其中耦合设备包括线路阻波器、结合滤波器、耦合电容器、高频电缆等。

(2) 优点(和独立建设 1 套载波通信系统相比)

以电力线路为传输通道,具有可靠性高、投资少、见效快与电网建设同步等优点。由于电力部门拥有发展通信的特殊资源优势,所以世界上大多数国家的电力公司都以自建为主建立了电力系统专用通信网。

(3) 历史事记

电力线载波通信技术的发展经历了从模拟到数字的发展过程。国外利用电力线传输信号的技术起步较早,1838 年,埃德华戴维提出了用遥控电表来监测伦敦利物浦无人地点的电压等级。从 19 世纪 40 年代起,我国东北地区使用日本生产的载波机实现了长距离电力调度通信;19世纪50年代起,我国自行研制ZDD-1至ZDD-5型系列电力线载波机,并实现量产;19世纪60~70年代广泛应用,并趋于成熟,主流机型以ZDD-12、ZJ-5、ZBD-3机型为代表,称为第1代载波机;19世纪80年代中期,电力线载波技术开始了单片机和集成化的革新,实现了小型化和多功能,如S-2载波机等,这一阶段的载波机称为第2代载波机;19世纪90年代中期,以SNC-5电力线载波机为代表的第2代载波机在国内首次采用DSP数字信号处理技术,此类数字化电力线载波机称为第3代载波机。国内大容量全数字多路复接载波机初步解决了载波机通信容量小的技术瓶颈,数字型载波机成为主流,模拟载波机已趋于淘汰。目前,电力载波的规模、范围、装机数量及其从业人员等方面规模空前,综合业务能力和装备水平都得到了很大提高,同时,理论研究成果丰硕。可以预见,随着电网的不断完善,电力载波技术将得到进一步提升。

(4) 应用

电力载波通信技术的应用领域很广。理论上,涉及用电的场所都可以应用。目前,已应用于智能家居、远程电力抄表、路灯监控系统、电梯远程呼梯等。

★电力猫:又称电力线通信调制解调器,通过电力线进行宽带上网。使用家庭或办公室现有电力线和插座组建成网络,连接PC、ADSL modem、机顶盒、音频设备、监控设备以及其他智能电气设备来传输数据、语音和视频,具有即插即用功能,能通过普通家庭电力线传输网络IP数字信号。

第 11 章　电源线

11.1　概述

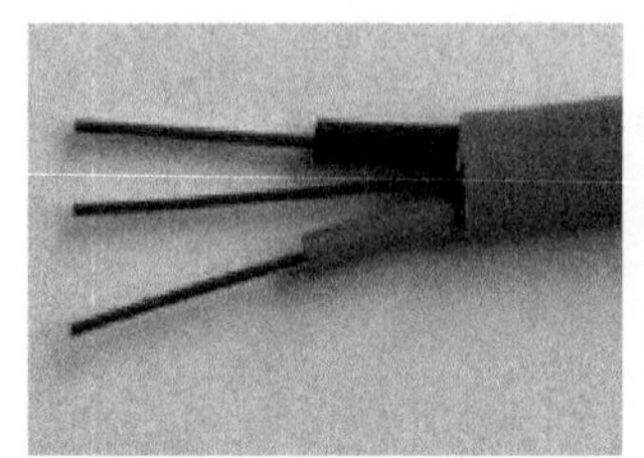

图 11.1　电源线

电源线(Power Line, Electric Line),又称电线,是传导电流的元件。广义上的电源线指有电流信号通过的线缆,包括信号、控制、数据线等各类弱电电缆,本章只讨论狭义的传送电能的电源线,如图 11.1 所示。

用途:小功率用户(大功率则使用电力电缆)供电线路。

生产工艺流程:铜、铝单丝拉制,单丝退火,导体的绞制,绝缘挤出,成线,挤包内护层(隔离套)和绕包内护层(垫层),装铠,挤包塑料外护套。

★电线与电缆的区别

电线是由一根或几根柔软的导线组成,外面包以轻软的护层;电缆是由一根或几根绝缘包导线组成,外面包以金属或橡皮制的坚韧外层。电缆与电线一般都由芯线、绝缘包皮和保护外皮 3 个部分组成,两者实际上并无严格的界限,通常将芯数少、产品直径小、结构简单的产品称为电线,没有绝缘的称为裸电线,其他的称为电缆;导体截面积较大的(大于 6 mm^2)称为大电线,较小的(小于或等于 6 mm^2)称为小电线,绝缘电线又称为布电线,电缆一般有 2 层以上的绝缘,多数是多芯结构,绕在电缆盘上,长度一般大于 100 m。电线一般是单层绝缘,单芯,100 m 一卷,无线盘,但随着使用范围的扩大,很多品种已变为"线中有缆","缆中有线"。在日常习惯上,把家用、办公室布电线称为电线,把电力电缆简称电缆。

相关国标

GB/T 12970—2009　　电工软铜绞线
GB 15934—2008　　电器附件　电线组件和互连电线组件
GB/T 18213—2000　　低频电缆和电线无镀层和有镀层铜导体电阻计算导则
GB/T 19666—2005　　阻燃和耐火电线电缆通则
GB/T 28567—2012　　电线电缆专用设备技术要求
GB/T 3048—2007　　电线电缆电性能试验方法
GB/T 32129—2015　　电线电缆用无卤低烟阻燃电缆料
GB/T 34016—2017　　防鼠和防蚁电线电缆通则
GB/T 3953—2009　　电工圆铜线
GB/T 3955—2009　　电工圆铝线

GB/T 4910—2009　　　　镀锡圆铜线
GB/T 5584—2009　　　　电工用铜、铝及其合金扁线

11.2　材质结构

电源线的结构主要为线芯、内护套、外护套，如图11.2所示。

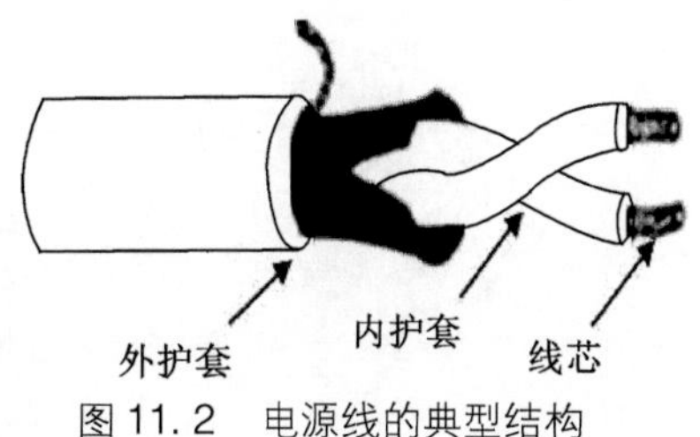

图11.2　电源线的典型结构

（1）线芯。常见的传输导体有铜、铝等材质，是电源线的核心部分，是传输电流的载体。

（2）内护套。又称绝缘护套，是包裹在电缆屏蔽层和线芯之间的一层绝缘材料，以使绝缘层不会与水、空气或其他物体接触而产生漏电，确保通电安全，避免绝缘层受潮或受机械伤害。绝缘护套材质柔软，能很好地镶在中间层，一般使用聚氯乙烯塑料或者聚乙烯塑料，也可使用低烟无卤材料。

（3）外护套。又称保护护套，是电源线最外面的一层护套，起保护电源线的作用，外护套功能包括耐高温、耐低温、抗自然光线干扰、挠度性能好、使用寿命长、材料环保等。

11.3　分类

电源线按承载电流制式，可分为交流电源线（AC）、直流电源线（DC）。

根据材质的不同，可分为铜线、铝线。

根据柔软程度，可分为硬线、软线。

根据线数，可分为单芯、多股。

★两种常见电线：

（1）花线：双绞电线，两根软线缠绕在一起，类似于麻花，常见色谱有黑红、蓝红，只能作为临时照明线路，不能长时间使用。

（2）护套线：两根或3根并列平行的BV电线，外加一层胶皮作为保护套，分为软护套（RVV、RVVB）和硬护套（BVV、BVVB、BLVV、BLVVB）。其中，L为铝、第1个V代表聚氯乙烯绝缘，第2个V代表聚氯乙烯护套。

11.4　型号

工业方面：BLX、BLV为铝芯电线，质量轻，通常用于架空线路尤其是长途输电线路；BX、BV铜芯电线广泛应用在机电工程；RV、RX铜芯软线主要应用于需柔性连接的可动部位，其中RV适用于450/750 V以下小型电动工具、仪器仪表等，RX适用于300/500 V及以下的室内照明灯具和工具；BVV多芯平行或圆形塑料护套，适用于电气设备内配线。

家用方面：RV、RX适用于家用电器。常见的还有塑料护套线，俗称布电线，包括BV（B）（硬线）、BLV（单股铝芯线）、BVR（多股软线）、BVVB（铜护套线）、BLVVB（铝护套

线）等。

其他电线还有 BVVR（双胶多股）、RVS 线（毛丝线：46、46、84、128 芯等），RVV 线（铜芯电缆线）和控制电缆（KVV、KVV22、KVVP2、KVVP 等，用于电器间的电路连接与控制）。

电线常用线径规格有 1、1.5、2.5、4、6、10 mm^2[注1]。

（1）电源适配器及其接头（如图 11.3 所示）

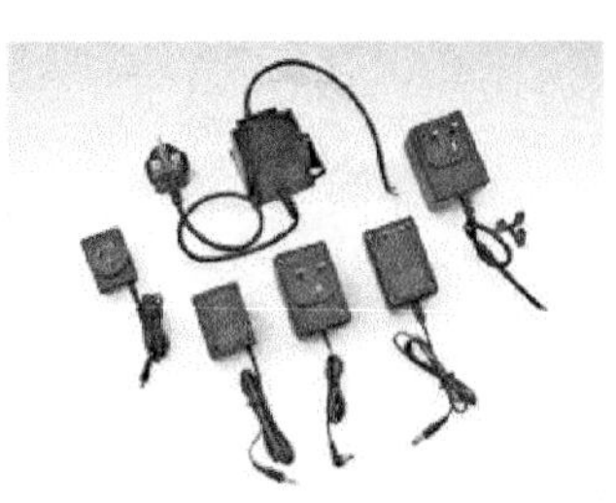
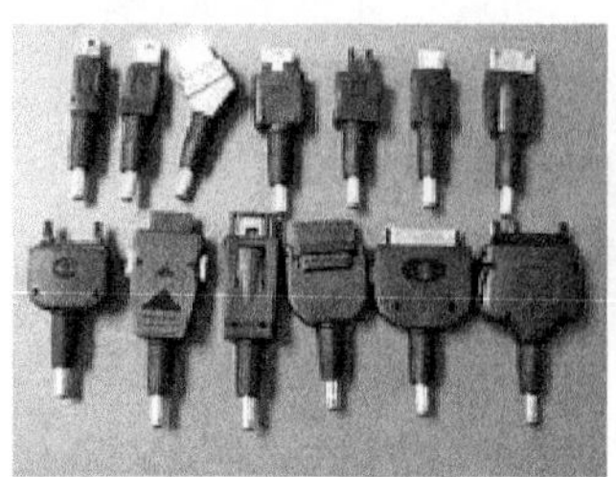

图 11.3　各类电源适配器及接头

电源适配器（Power Adapter），又称外置电源，它可将 220 V 市电转变为低电压，是小型便携式电子设备及电子电器的供电电源转换设备，广泛应用于工业自动化控制、军工设备、科研设备、LED 照明、工控设备、通信设备、电力设备、仪器仪表等领域。其分类按外观的不同，可分为墙插式和桌面式；按接口类型，可分为 USB 接口、串行接口、并行接口等；按输出类型，可分为交流输出型和直流输出型（居多）。电源行业一般将直流输出型适配器分为线性电源和开关电源，其主要参数包括输出电压、输出电流、使用国家地区、外观、接头标准、应用范围、线缆长度等。以下主要讨论直流输出型电源适配器。

电源适配器的插头和插座：

输出直流的电源适配器与电子产品之间的连接头统称为 DC 头。电源适配器 DC 插头和 DC 电源插座广泛应用于影音数码、安防监控、玩具、家电、通信、计算机外设、医疗健康等类型产品上。

电源适配器 DC 头种类很多，常见的有音叉 DC 公头、直插 DC 公头，还有广泛用于通信和 IT 类产品的 micro USB 头、mini USB 头、USB 头，以及点烟器头、冰箱头、鳄鱼夹、DC 直插母头、航空头（3/4/5/6/8/12 芯等规格）、防水头、F 头、RF 头、T 头，音频头、S 端子、香蕉头等。后 7 种为音视频接头，在第 6、7 章中已进行介绍，其他相关情况和接法分别如表 11-1、图 11.4 所示。

表 11-1　各类直流插头

设备名称	功能	图示
点烟器头	12 V 输出，车载设备供电电源，可通过逆变器提供 220 V 交流电源	
车载冰箱头	12 V，用于车载冰箱	

续表

设备名称	功能	图示
鳄鱼夹	又称弹簧夹、电夹,用于临时性电路连接	
航空头	航空级插头,简称航插,源于军工行业,不易因误操作而造成断电,安全性能高,广泛用于重要机柜、专业音响设备连接	
防水头	具有防水性能的电、信号插头,最高防水等级为IP68	—

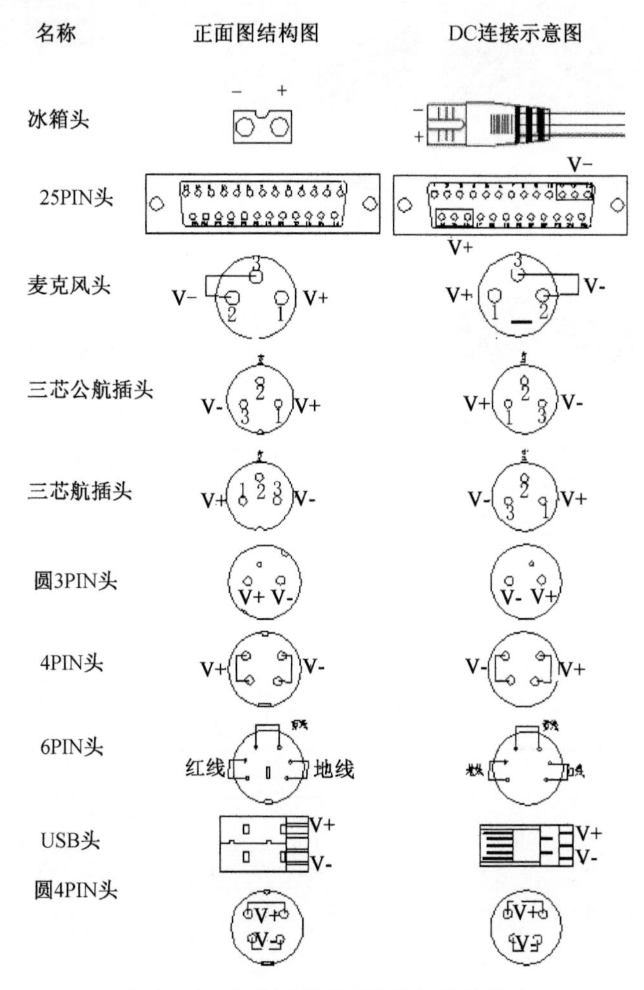

图11.4　部分不常见DC头及其接线法

不同插头对应的插座(母座)可根据需要制成不同形式,如图11.5所示。其中:

DC音叉公头简称DC音叉头,DC直插公头简称为DC直插头,两者外径相同,外露金属连接部分没有差别,同为一个空心金属圆柱体,内壁部分存在区别。音叉DC头的内壁上有两片对应的金属弹片,用于与DC座金属内针连接,可根据实际需要调整选用,部分尺寸接近的产品可通用，但在弹簧片弹力不足的情况下会导致接触不良；直插 DC 头的内壁无弹片，整个内壁为一个光滑的金属圆柱体，与之相匹配的 DC 座内针接触连接，相对于音叉插头其稳固性较差，但在大电流的情况下使用比较稳定，因为直插 DC 头内壁与 DC 座金属内针接触面积大于音叉 DC 头，它对 DC 座金属内针尺寸要求比较严格，基本不能通用。

图 11.5　各类直流插座

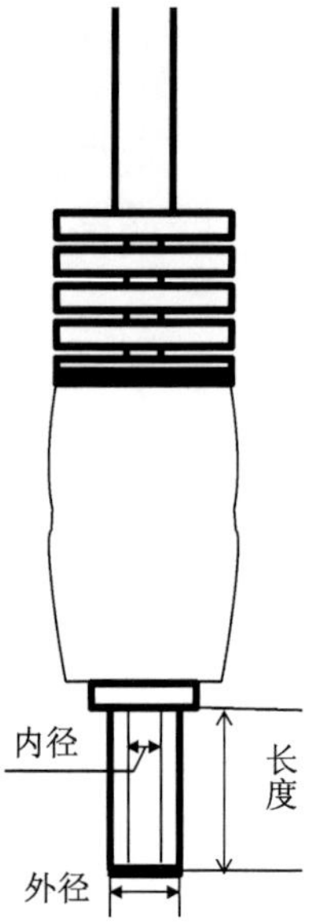

图 11.6　DC 插头基本结构

两者基本结构均由绝缘基座，横向插口，纵向插口，定向键槽等组成。如图 11.6 所示。其中：

外径-内径规格有 5.5－2.5、5.5－2.1、4.75－1.7、4.0－1.7、3.5－1.35、3.5－1.1、3.2－0.9、3.0－1.1、2.5－0.7、2.35－0.7、2.0－0.6 mm 等。

长度规格有 8、10、12 mm 等。

常见电压电流规格如表 11-2 所示。

表 11-2　部分规格一览

额定电压	额定电流											
5 V－	0.4 A	0.5 A	0.6 A	0.8 A	1 A	1.5 A	2 A	2.5 A	3 A	3.5 A	4 A	4.5 A
6 V－	0.3 A	0.5 A	1 A	1.2 A	1.5 A	2 A	2.5 A	3 A	4 A	5 A	—	—
9 V－	0.3 A	0.5 A	1 A	1.5 A	2 A	2.5 A	3 A	3.5 A	—	—	—	—
10 V－	0.3 A	0.5 A	1 A	1.5 A	2 A	—	—	—	—	—	—	—
12 V－	1 A	1.5 A	2 A	2.5 A	3 A	4 A	5 A	6 A	7 A	8 A	10 A	16.5 A
16 V－	3 A	4 A	—	—	—	—	—	—	—	—	—	—
19 V－	2 A	3 A	4 A	4.7 A	5 A	6.3 A	8 A	9 A	10 A	—	—	—
24 V－	2 A	3 A	7 A	8 A	—	—	—	—	—	—	—	—

电源适配器 DC 插头外形一般有直头和弯头之分，而与之匹配的 DC 插座分为两种封

装，即 SMT 贴片封装和 DIP 插件封装。

（2）电源线插头及插座

电源插头和插座需要配套使用，且一一对应。其中，交直流插头形式较为固定，插座根据不同的需要，分为零件式、墙插式、地插式、盒式、插线板式，如图 11.7 所示。

图 11.7　各种形式交流插座

由于历史原因和地区差异，其制式有多种多样，如图 11.8 所示。主要制式有 4 种，分别适用于不同国家和地区，相关说明如表 11-3 所示。

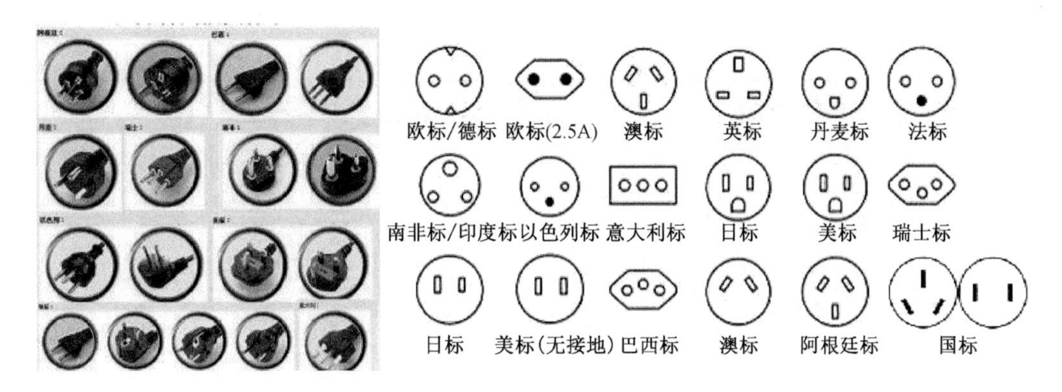

图 11.8　各种制式的交流插头和插座

表 11-3　代表性插头说明

标准名称	图示	适用范围
国标	—	中国，三孔插座用的是澳标，两孔用的是美标
欧标		法国、德国、意大利、荷兰、丹麦、挪威、波兰、葡萄牙、奥地利、比利时、匈牙利、西班牙、俄罗斯、韩国等国家，插头又称烟斗插
英标		英国、中国香港、中国澳门、马尔代夫、印度、马来西亚、新加坡、阿联酋、迪拜、斯里兰卡、不丹、肯尼亚等国家及地区
美标		美国、加拿大、日本、菲律宾、泰国、中国台湾、老挝、海地、牙买加、关岛、秘鲁等国家和地区
澳标		澳大利亚、新西兰、阿根廷、斐济、巴基斯坦等国家

两孔插头主要有3种形式,如图11.9所示。

图11.9 两孔插头

11.5 设计选型

11.5.1 机房设备电源线的选择

机房设备电源线选型上,要根据负载大小,选择合适的横截面积,根据施工要求,选择软硬线、单芯或多股。一般软体导线负载电流和横截面积的对应关系见表11-4,使用较多的BV、BVR型导线载流量见表11-5。

表11-4 设备额定电流和软体线横截面积对照表

电流范围(A)	横截面积(mm^2)
0.2<电流≤3	0.5,0.75
3<电流≤6	0.75,1.0
6<电流≤10	1.0,1.5
10<电流≤16	1.5,2.5
16<电流≤25	2.5,4.0
25<电流≤32	4.0,6.0
32<电流≤40	6.0,10.0
40<电流≤63	10.0,16.0

表11-5 BV和BVR导线载流量表

<table>
<tr><td>额定电压(kV)</td><td colspan="15">0.45/0.75</td></tr>
<tr><td>导体工作温度(℃)</td><td colspan="15">70</td></tr>
<tr><td>环境温度(℃)</td><td>30</td><td>35</td><td>40</td><td colspan="4">30</td><td colspan="4">35</td><td colspan="4">40</td></tr>
<tr><td>导线排列</td><td colspan="3">○-S-○-S-○</td><td colspan="12">—</td></tr>
<tr><td>导线根数</td><td colspan="3">—</td><td>2~4</td><td>5~8</td><td>9~12</td><td>12以上</td><td>2~4</td><td>5~8</td><td>9~12</td><td>12以上</td><td>2~4</td><td>5~8</td><td>9~12</td><td>12以上</td></tr>
<tr><td>横截面积(mm^2)</td><td colspan="3">明敷载流量(A)</td><td colspan="12">导线穿管敷设载流量(A)</td></tr>
<tr><td>1.5</td><td>23</td><td>22</td><td>20</td><td>13</td><td>9</td><td>8</td><td>7</td><td>12</td><td>9</td><td>7</td><td>6</td><td>11</td><td>8</td><td>7</td><td>6</td></tr>
</table>

续表

横截面积(mm^2)	明敷载流量(A)			导线穿管敷设载流量(A)											
2.5	31	29	27	17	13	11	10	16	12	10	9	15	11	9	8
4	41	39	36	24	18	15	13	22	17	14	12	21	15	13	11
6	53	50	46	31	23	19	17	29	21	18	16	20	20	16	15
10	74	69	64	44	33	28	25	41	31	26	23	38	29	24	21
16	99	93	86	60	45	38	34	57	42	35	32	52	39	32	29
25	132	124	115	83	62	52	47	77	57	48	43	70	53	44	39
35	161	151	140	103	77	64	58	96	72	60	54	88	66	55	49
50	201	189	175	127	95	79	71	117	88	73	66	108	81	67	60
70	259	243	225	165	123	103	92	152	114	95	85	140	105	87	78
95	316	297	275	207	155	129	116	192	144	120	108	176	132	110	99
120	374	351	325	245	184	153	138	226	170	141	127	208	156	130	117
150	426	400	370	288	216	180	162	265	199	166	149	244	183	152	137
185	495	464	430	335	251	209	188	309	232	193	174	284	213	177	159
240	592	556	515	396	297	247	222	366	275	229	206	336	252	210	189
注:明敷载流量值根据 $S>2De$(电线外径)计算															

设备质量与电源线也有一定对应的关系,其具体对应关系如下:

3 kg 以下电器(器具)应用 H03(德国 VDE 标准,300 V)的电源线;3 kg 以上的电器(器具)应用 H05(500 V)的电源线。

11.5.2　家装家电的电线选择

电源线应根据不同的家用电器来进行选购。不同的家用电器,使用的电源线有所不同。一般来说,照明灯、收录机、电视机所用的一体化插头线,宜选择 RVB-70、RVZ-70 型平行或双绞线,其截面积为 0.75 ~ 1.0 mm^2;电饭煲、空调器、换气扇、电风扇、电冰箱、洗衣机等的电源线宜用 RVZ-70 型 3 芯带护套的导线,其截面积为 0.75 ~ 1.5 mm^2;100 W 左右焊锡电烙铁、手电钻等移动性较强且有热源或电火花的电器及移动插座,宜选用 RHF 型电线,其截面积为 0.75 ~ 1.0 mm^2;家装埋管暗线需用 BV-70 型聚氯乙烯绝缘铜芯硬线,以确保足够长的安全使用年限,其截面积为 1.0 ~ 2.0 mm^2;厨房、卫生间等潮湿环境中应用的移动型插座连线,宜选用 RVZ-70 型护套线。

11.5.3　成品线选择

家电和电子产品一般配有成品电源线,如图 11.10 所示。当故障时,可根据型号同型更换。无依据时,可参考设备额定功率、输入电压、电流、电源接口类型以及其他参数要求。

图 11.10　成品电源线

11.6 制作施工

11.6.1 电源线敷设要求

（1）电源线必须采用整段线料，中间不得有接头。敷设应做到横平竖直，弧度拐弯。

（2）馈电采用铜（铝）排敷设时，铜（铝）排应平直，看不出有明显不平或锤痕。

（3）铜馈电线正极应为红色油漆标志，负极应为蓝色标志，保护地应为黄色标志，涂漆应光滑均匀，无漏涂和流痕。

（4）胶皮绝缘线作直流馈电电线时，每对馈电线应保持平行，正、负线两端应有统一红蓝标志。

（5）电源线末端必须有胶带等绝缘物封头，电缆剖头处必须用胶带和护套封扎。

11.6.2 电源线的剖削

导线连接和线头制作等，都需要把导线端部的绝缘层削掉，并将裸露的导线表面清理干净。剥去绝缘层的长度一般是 50 ~ 100 mm，截面积小的单根导线剥去的长度可以短些，截面积大的多股导线剥去的长度应该长些。切削绝缘层时不应损坏导线线芯。

切削绝缘层可以用电工刀、剥线钳、钢丝钳、尖嘴钳与斜嘴钳等电工工具，电工必须学会使用电工刀或钢丝钳、斜嘴钳等来剖削。

一般情况下，塑料硬线导线芯线横截面积不大于 4 mm^2 时，用钢丝钳剖削；芯线横截面积大于 4 mm^2 的塑料硬线，可以用电工刀剖削；塑料软线只能用剥线钳、钢丝钳、尖嘴钳或斜嘴钳剖削，不能用电工刀剖削，因塑料软线太软，线芯又由多股铜丝组成，用电工刀剖削容易伤及线芯。常用的切削方法有级段切削（多层绝缘）和斜切削（单层绝缘）两种。

（1）塑料硬线绝缘层的剖削

① 用钢丝钳剖削

a. 用左手捏住导线，根据线头所需长度用钢丝钳钳口轻轻切割绝缘层表皮，用力要适中，不可切入芯线；

b. 用右手握住钢丝钳头部用力向外勒去塑料绝缘层，如图 11.11 所示；

c. 剖削出的芯线应保持完整无损，如损伤较大，则应重新剖削。

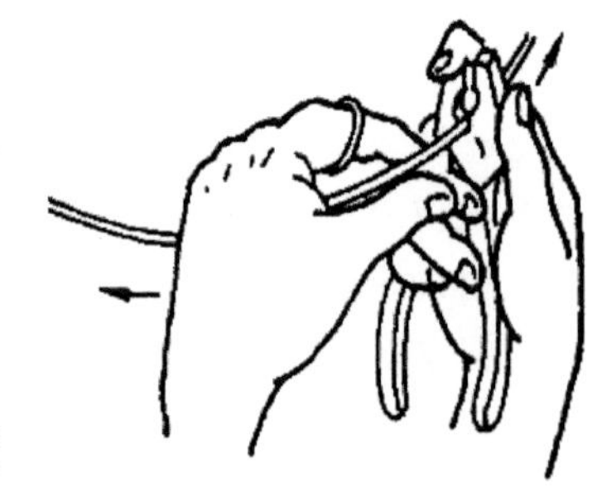

图 11.11　钢丝钳剖削

② 用电工刀剖削

a. 根据所需长度用电工刀以 45°角倾斜切入塑料绝缘层，注意掌握力度，使电工刀口刚好削去绝缘层而不伤及线芯；

b. 电工刀面与芯线角度保持 15°左右，用力向线端推削，不可切入芯线，削去上面一层塑料绝缘；

c. 将下面塑料绝缘层向后扳翻，用电工刀齐根切去，如图 11.12 所示。

③ 塑料软线绝缘层的剖削

塑料软线的绝缘层要用剥线钳和钢丝钳剥离，不可用电工刀剥离，因其容易切断芯

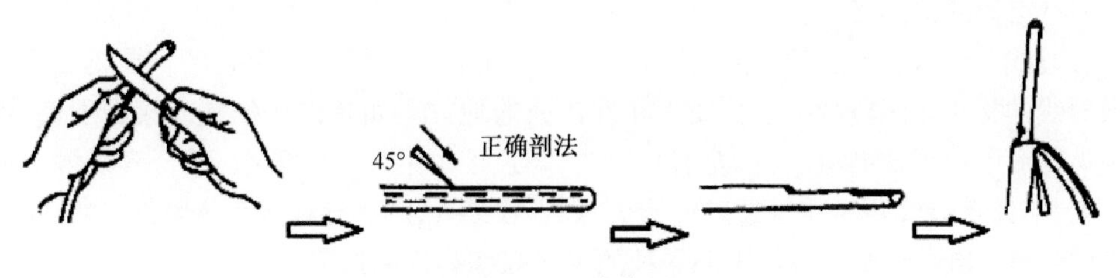

图11.12　导线的剖削

线。截面积为4 mm^2及以下的导线除可用钢丝钳剥离绝缘层外,还可用尖嘴钳和斜嘴钳配合剥离。

其操作方法如下:先定好所需的剖削长度,把导线放入相应的尖嘴钳或斜嘴钳的刀口中(比导线直径稍大),用手将钳柄一握,导线的绝缘层即剥割破自动弹出。

④ 塑料护套线护套层和绝缘层的剖削

塑料护套线绝缘层必须用电工刀剥离。

a. 按所需长度用刀尖在线芯缝隙间划开护套线层;

b. 然后,向后扳翻护套层,用刀口切齐。护套层的剖削方法同塑料硬线的剖削。注意绝缘层的切口与护套层的切口间应留有5~10 mm距离,并用电工刀以45°角倾斜切入绝缘层,如图11.13所示。

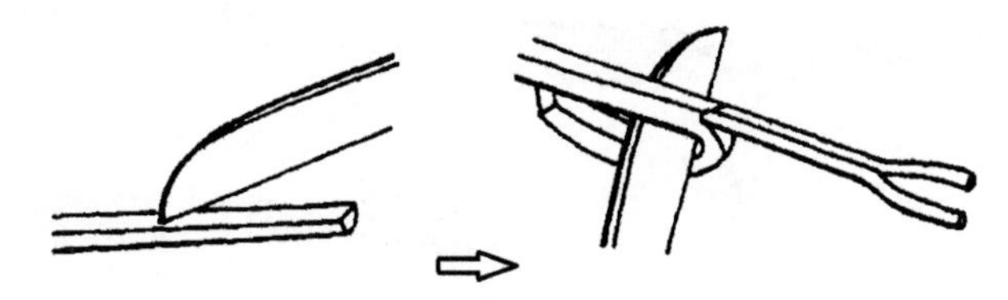
图11.13　护套线的剖削

⑤ 橡皮线绝缘层的剖削

橡皮线绝缘层外有一层柔韧的纤维编织保护层,其剖削方法:

a. 先把编织保护层用电工刀尖划开,将其扳翻后齐根切去;

b. 用剥离塑料线绝缘层相同的方法剥去其绝缘层;

c. 松散棉纱层至根部,用电工刀切去。

⑥ 花线绝缘层的剖削

花线绝缘层可以分内、外两层,因棉纱织物保护层较软,可用电工刀在棉纱织物四周割切一圈后折去,然后,按剖削橡皮线的方法进行剖削,如图11.14所示。

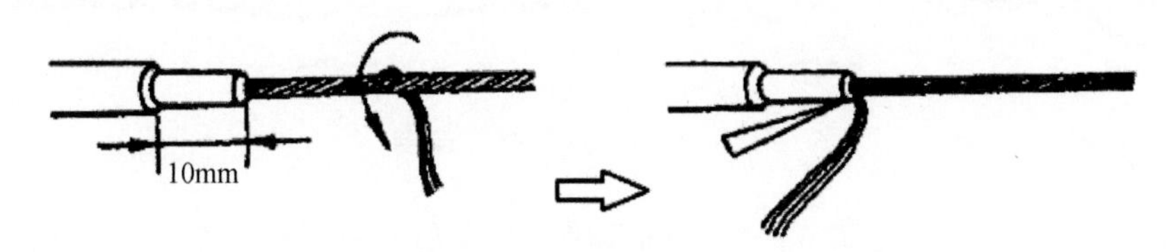

图11.14　花线的剖削和连接

11.6.3 电源线的连接

敷设线路时，由于导线不够长或线路的分支而需要把导线连接起来。导线的连接处叫做导线的接头。线路故障多数发生在有接头的地方。如果接头松脱或接触不良，就会发生火花放电或形成高电阻，从而引起过热，烧毁接头上的绝缘胶布，甚至容易触电或引起火灾，所以敷设线路时应尽量避免接头，如必须接头，那么导线接头应紧密可靠，接头处的机械强度、绝缘强度不应低于原导线的绝缘强度和机械强度。

常用电线的线芯有单股、7 股和 19 股等多种，连接方法随芯线股数不同而异。

（1）单股导线的连接

单股导线的连接有平接头（缠绕、绑接）、“T”字接头、“十”字接头、终端接头等几种，如图 11.15 所示。

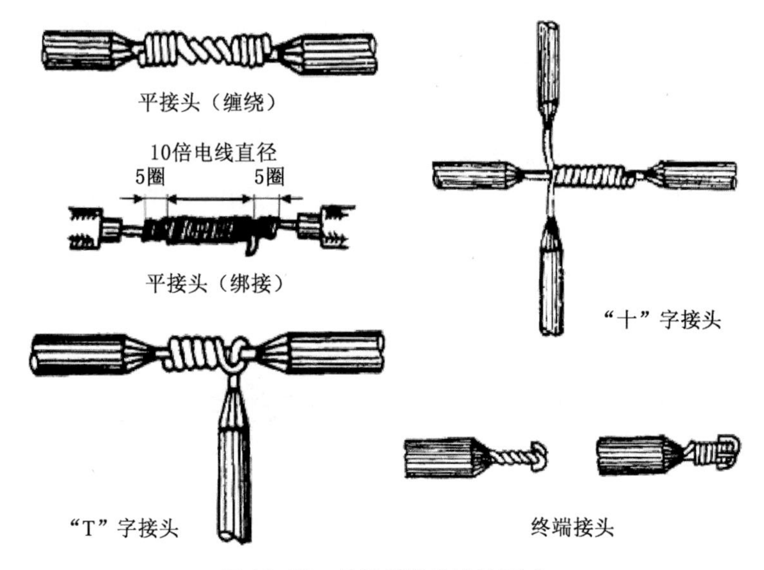

图 11.15　单股导线的连接形式

（2）单股铜芯导线的直接连接

一般采用缠绕法连接。具体步骤如下：

将已剖除绝缘层并去掉氧化层的两根导线线头成 X 形相交，互相绞绕 3～5 圈；扳直两线头，将每根线头在芯线上紧贴并缠绕 5～6 圈，缠绕时，要紧密、整齐；用钢丝钳切去余下的芯线，并钳平芯线的末端切口毛刺，如图 11.16 所示。

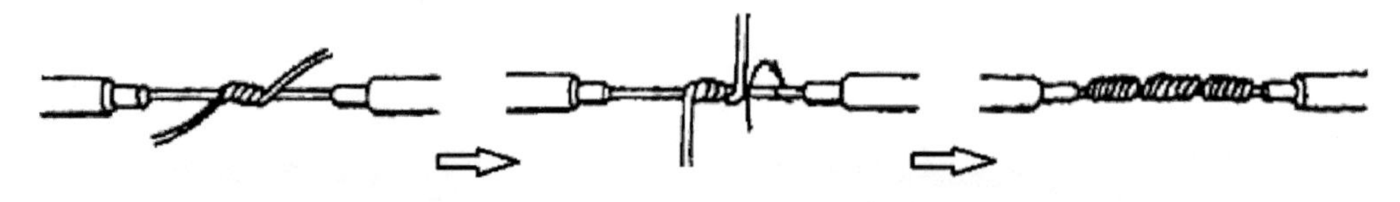

图 11.16　单股导线的连接

缠绕法适用于直径在 2.6 mm 以下的导线。如果导线直径大于 2.6 mm，由于线芯较粗而缠绕不便，一般采用绑接。

(3) 单股铜芯导线的 T 形连接

单股导线的 T 形连接主要用于一根导线与另一根导线中间部位的连接,或 3 根导线的连接。具体步骤如下:

将除去绝缘层和氧化层的支路芯线的线头与干线芯线十字相交,使支路芯线根部留出约 3 ~5 mm 裸线;按顺时针方向将支路线芯在干线上紧密缠绕 3 ~5 圈,用钢丝钳切去余下的芯线,并钳平芯线末端。注意第 1 圈须将线芯本身打个结扣,以防脱落,如图 11.17 所示。

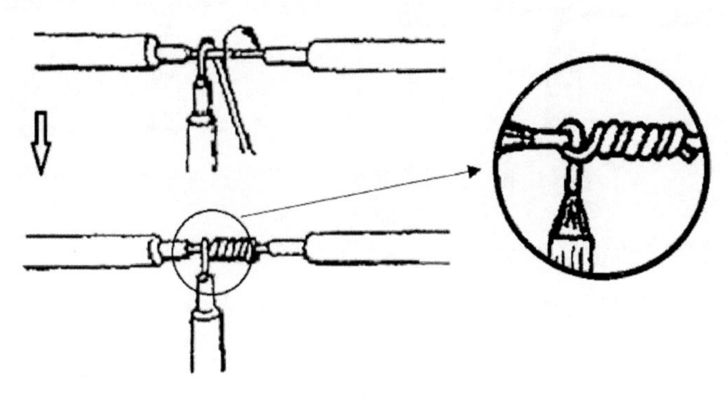

图 11.17　单股导线的 T 字连接

(4) 多股导线的连接

① 7 股铜芯导线的直接连接

a. 先将剖去绝缘层的芯线散开并拉直,再把靠近绝缘层 1/3 线端的芯线顺着原来的扭转方向绞紧,然后,把余下的 2/3 线段芯线分散成伞状,并将每根线头拉直;

b. 将两个伞状芯线头隔根对叉,并拉平两端芯线;

c. 把一端的 7 股芯线按两两 3 根分成 3 组,接着把第 1 组两根芯线扳起线,并按顺时针方向缠绕;

d. 缠绕两圈后,将余下的芯线向右扳直,再将第 2 组的两根芯线扳直,按顺时针方向紧紧压着前两根扳直的芯线缠绕;

e. 缠绕两圈后,将余下的芯线向右扳直,再将第 3 组的 3 根线芯扳于线头垂直方向按顺时针方向紧紧压着前 4 根扳直的芯线向右缠绕;

f. 缠绕 3 圈后,切去每组多余的芯线,钳平线端,如图 11.18 所示;

g. 用同样的方法再缠绕另一边芯线。

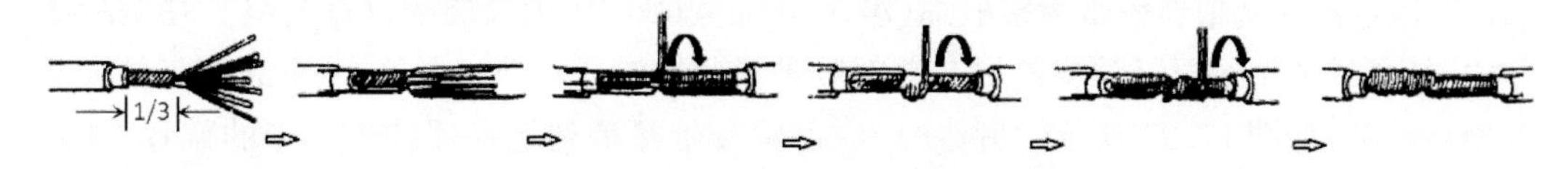

图 11.18　7 股铜芯导线的直接连接

② 7 股铜芯导线的 T 字分支连接

a. 把除去绝缘层和氧化层的支路线段分散拉直,在距离绝缘层 1/8 处将线芯绞紧,把支路线头 7/8 的芯线分成两组,一组 4 根线芯,另一组 3 根线芯,两组排列整齐;

b. 利用旋凿把干线的芯线旋开分成两组,再把支线中 4 根芯线的一组插入干线两组芯线中间,把 3 根芯线的一组支线放在干线芯线的前面;

c. 把右边 3 根芯线的一组在干线右边按顺时针紧紧缠绕 3 ~4 圈,钳平线端,再把左边 4 根芯线的一组芯线按逆时针方向缠绕 4 ~6 圈后,剪去多余的线头,修去毛刺,钳平线端,如图 11. 19 所示。

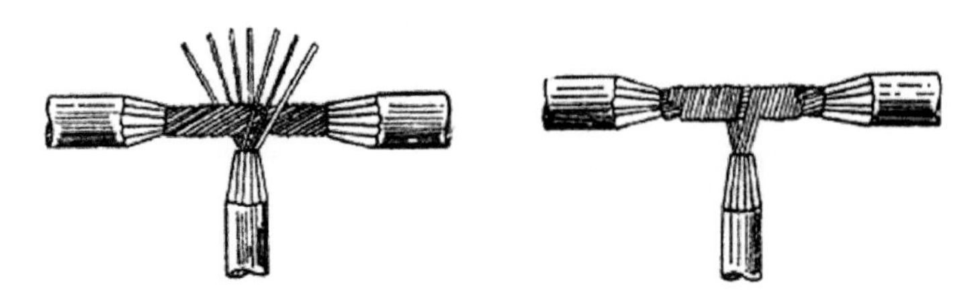

图 11. 19　7 股铜芯导线的 T 字分支连接

③ 19 股铜芯导线的直接连接

19 股铜芯导线的直接连接与 7 股芯线的处理方法基本相同。由于芯线太多,可先剪去中间的几根芯线,然后,按要求将根部绞紧,隔根对叉,分组缠绕,如图 11. 20 所示。为增加其机械强度和改善导电性能,应在连接处进行钎焊[注2]。

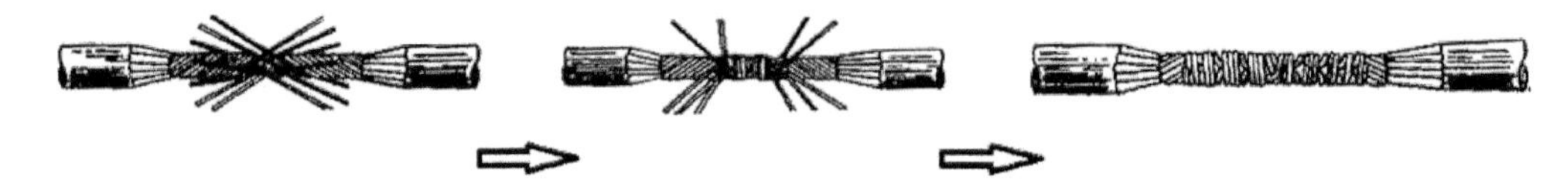

图 11. 20　19 股铜芯导线的直接连接

(4) 软线与单股导线的连接

先将软线线芯往单股导线上缠绕 7、8 圈,再把单股导线的线芯向后弯曲,如图 11. 21 所示。

图 11. 21　软线与单股导线的连接

11. 6. 4　绝缘层的修复

在导线修复的绝缘处理中,处理后的绝缘层应与从导线上去除的绝缘层相同。UL[注3]规定乙烯基塑料胶带为多股缆(叠加电压至 600 V)绝缘层的首选材料。在实际操作中,从导线的绝缘层开始将乙烯基塑料胶带紧紧缠绕在整个结合处,一直缠绕至另一端的绝缘层处,如图 11. 22 所示。缠绕时,应每圈胶带覆盖到上一圈胶带一半的位置,从而提供双层绝缘效果。

热收缩管可以提供简便、高效的绝缘效果,并可以保护接头连接部分免受潮湿、污垢和腐蚀的危害,且其美观度高。当导线需要进行绝缘处理时,将热收缩管套入导线,并滑动至连接处进行短暂加热。加热后,热收缩管可以从原来大小收缩至适合于导线结合处的大小。热收缩管典型作用包括电气绝缘、终端、插接、电缆成束、颜色代号、应变消除、线号标注、固定、机械保护、腐蚀保护、磨损保护以及潮湿和侵蚀保护。

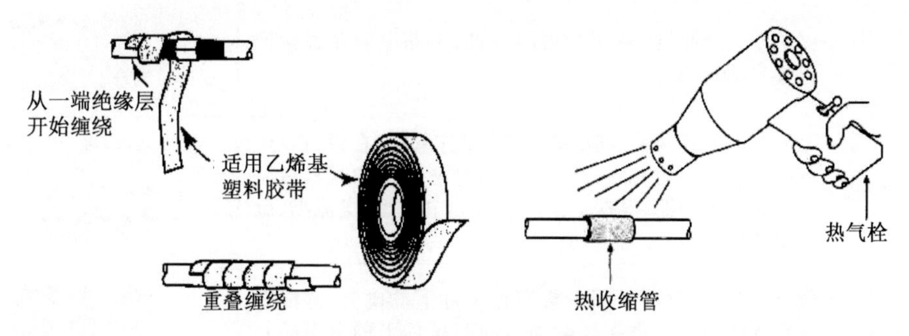

图 11.22　绝缘带缠绕和热缩绝缘

使用时,需要选择恰当型号的热收缩管,应保证套管所标称收缩直径小于需要进行绝缘处理位置的直径,以保证安全、紧密地包覆。同时,套管提供的膨胀直径应能够通过现有的绝缘层或连接器。均匀加热套在导线上的整个套管,直到热收缩管完全收缩成符合连接处的形状。然后,迅速移开加热器,待套管自然冷却后再向其施加物理应力。在对热收缩管加热时,注意不要用过高的温度加热,以防止损坏现有绝缘层。

11.7　电源线拓展

(1) 通达设备

电源线主要通达设备、器件如表 11-6 所示。

表 11-6　电源线通达设备器件

设备名称	功能	图示
用户设备	各类交直流用电设备	—
母线	又称母线排、母排、汇流排(条),用高导电率的铜(铜排)、铝质材料制成,用以传输电能,具有汇集和分配电力的作用	
母线槽	由金属板(钢板或铝板)、保护外壳、导电排、绝缘材料及有关附件组成,可制成标准长度的段节,并且每隔一段距离设有插接分线盒,也可制成中间不带分线盒的馈电型封闭式母线。按绝缘方式可分为空气式插接母线槽、密集绝缘插接母线槽和高强度复合绝缘插接母线槽三代产品	
接线端子	用于实现电气连接的一种配件产品,属于连接器件。可分为欧式接线端子、插拔式接线端子、变压器接线端子、建筑物布线端子、栅栏式接线端子、弹簧式接线端子、轨道式接线端子、穿墙式接线端子、光电耦合型接线端子。常见形式有 PCB 板端子、五金端子、螺帽端子、弹簧端子等	

续表

设备名称	功能	图示
空气开关	又称空气断路器，是断路器的一种，电路电流超过额定值会自动断开的器件	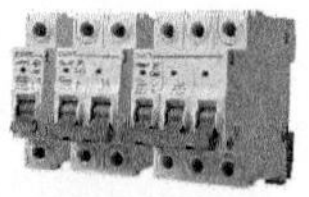
漏电保护器	又称漏电保护开关、漏电断路器，简称漏保，在设备发生漏电故障以及对有致命危险的人身触电保护时具过载和短路保护功能，根据工作原理分为电压型、电流型、脉冲型 3 种	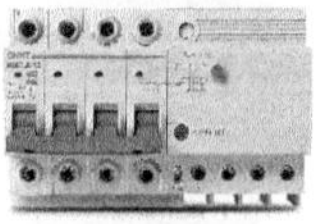
断路器	能够关合、承载和开断正常回路条件下的电流，并能在规定的时间内承载和开断异常回路条件下的电流的开关装置，分为高、低压断路器	

（2）维修检测施工：见电力电缆。

（3）电气基本概念

分线：即配线。

注释

［注 1］电力线缆线径规格通常用横截面积表示。

［注 2］低于焊件熔点的钎料和焊件同时加热到钎料熔化温度后，利用液态钎料填充固态工件的缝隙而使金属连接的焊接方法。

［注 3］美国 UL 认证公司，属于非强制性认证。

第12章　绕组线

12.1　概述

定义1:绕组线(Winding Wire),又称电磁线(Electromagnetic Wire),是一种具有绝缘层的导电金属电线。

定义2:漆包线(Varnished Wire),绕组线的一个主要品种,裸线经退火软化,再经过多次涂漆、烘焙而制成,如图12.1所示。

图12.1　漆包线

用途:用以绕制电机、变压器等电工产品的线圈绕组。

原理:通过电流产生磁场,或切割磁力线产生感应电流,以实现电能和磁能的相互转换。

主要性能参数:电感量(自感系数)、质量要素(总线圈数 Q 为感抗 XL 与其等效的电阻比值,即 $Q = XL/R$)。

生产制作工序流程:放线、退火、涂漆、烘焙、冷却、润滑、收线。

相关国标:

GB/T 24122—2009　耐电晕漆包线用漆
GB/T 11018—2008　丝包铜绕组线
GB/T 23312—2009　漆包铝圆绕组线
GB/T 4074—2000　绕组线试验方法
GB/T 6109—2008　漆包圆绕组线
GB/T 7095—2008　漆包铜扁绕组线
GB/T 7672—2008　玻璃丝包绕组线
GB/T 7673—2008　纸包绕组线

12.2　结构材质

常用绕组线的导电线芯有圆线和扁线两种,多数使用铜线,少数使用铝线。导线外面涂覆绝缘材料,有不同的耐热等级。常用绕组线有漆包线和绕包线两类。漆包线绝缘层为漆膜,绕包线用玻璃丝、绝缘纸或合成树脂薄膜等紧密绕包在导电线芯上而形成绝缘层,也有在漆包线上再绕包绝缘层。

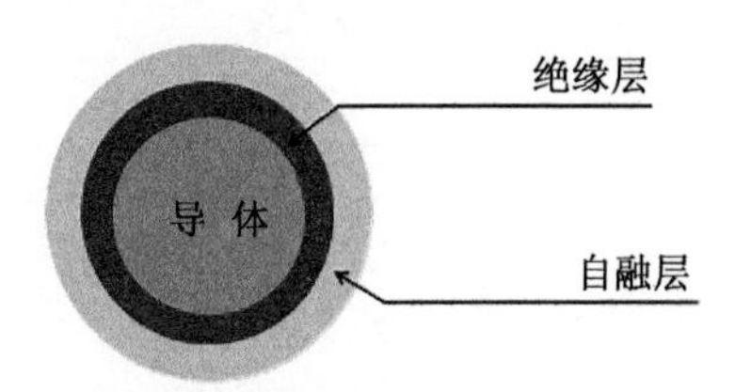

图12.2　漆包线结构

漆包线由导体、绝缘层(PU聚氨酯)、自融层(PA聚酰胺)组成,其结构如图12.2所示。

12.3 分类

（1）绕组线的分类

按导体材料，可分为铜、铝、合金线。

按绝缘材料，可分为漆包线、绕包线、无机绝缘线。

按导体形状，可分为圆线、扁线、异型线。

（2）漆包线的分类

按绝缘材料，可分为缩醛漆包线、聚酯漆包线、聚氨酯漆包线、改性聚酯漆包线、聚酯亚胺漆包线、聚酯亚胺/聚酰胺酰亚胺漆包线、聚酰亚胺漆包线。

按漆包线的用途，可分为一般用途的漆包线（普通线）、耐热漆包线、特殊用途的漆包线，如表 12-1 所示。

表 12-1　不同用途的漆包线

类别	主要用途
一般用途漆包线（普通线）	主要用于一般电机、电器、仪表、变压器等工作场合的绕组线，如聚酯漆包线、改性聚酯漆包线
耐热漆包线	主要用于 180℃ 及以上温度环境工作的电机、电器、仪表、变压器等的绕组线，如聚酯亚胺漆包线、聚酰亚胺漆包线、聚酯漆包线、聚酯亚胺/聚酰胺酰亚胺复合漆包线
特殊用途漆包线	具有某种质量特性要求、用于特定场合的绕组线，如聚氨酯漆包线（直焊性）、自黏性漆包线

按导体材料，可分为铜线、铝线、合金线。

按材料形状，可分为圆线、扁线、空心线。

按绝缘厚度，圆线有薄漆膜-1、厚漆膜-2、加厚漆膜-3（国家标准）3 种规格，扁线有普通漆膜-1、加厚漆膜-2 两种规格。

根据面层漆膜自黏特征，分为酒精线、热风线和双用线，表 12-2 列出了 3 种线不同的自黏特性。

表 12-2　3 种线的自黏特性

绕组线名称	自黏特性
酒精线	在酒精作用下自行黏合
热风线	经过热的作用下自行黏合
双用线	在酒精或热的作用下自行黏合

12.4 型号

（1）漆包线的型号

漆包线产品型号采用汉语拼音字母和阿拉伯数字组合的方法，将以上几个部分按顺序组合到一起，从而构成漆包线产品型号，如表 12-3 所示。

表 12-3　漆包线的型号

符号 + 代号	1. 系列代号	Q-漆包绕组线；Z-纸包绕组线
	2. 导体材料	T（或省略）-铜导体；L-铝导体
	3. 绝缘材料	Y、A-聚酰胺（纯尼龙）；E-缩醛、低温聚氨酯；B-聚氨酯；F-聚氨酯、聚酯；H-聚氨酯、聚酯亚胺、改性聚酯；N-聚酰胺酰亚胺复合聚酯或聚酯亚胺、聚酰胺酰亚胺；R-聚酰胺酰亚胺、聚酰亚胺；C-芳基聚酰亚胺；Y（或省略）-油性类漆；Z-聚酯类漆；Z（G）-改性聚酯类漆；Q-缩醛类漆；A-聚氨酯类漆；X-聚酰胺漆；Y-聚酰亚胺漆；H-环氧漆；ZY-聚酯亚胺漆；XY-聚酰胺酰亚胺
	4. 导体特性	B-扁线；Y（或省略）-圆线；K-空心线
	5. 漆膜厚度	圆线：薄漆膜：-1；厚漆膜：-2；加厚漆膜：-3；扁线：普通漆膜：-1；加厚漆膜：-2
	6. 热级	用/XXX 表示

（2）命名

漆包线的命名：型号 + 规格 + 标准编号。

示例：

聚酯漆包铁圆线，厚漆膜，热级为 130，标称直径 1.000 mm，执行 GB6109.7-90 标准，表示为 QZ-2/130 1.000 GB6109.7-90。

聚酯亚胺漆包铁扁线，普通漆膜，热级 180，a 边为 2.000 mm，b 边为 6.300 mm，执行 GB/T7095.4-1995，表示为 QZYB-1/180 2.000 ×6.300 GB/T7995.4-1995。

无氧圆铜杆，系列代号：电工圆铜杆，按状态特征分：软状态 R、硬状态 Y，按性能特征：1 级-1、2 级-2，直径为 6.7 mm，1 级硬态无氧圆铜杆，表示为 TWY-16.7 GB3952.2-89。

裸铜线：T，按状态特征分：软状态 R、硬状态 Y，按材料的形状：扁线 B、圆线 Y（省略），直径为 3.00 mm 的硬态圆铁裸线，表示为 TY3.00 GB2953-89。

12.5　制作施工

电机绕组的制作主要包括绝缘、绕线、下线、烤漆等工序。各具体步骤如下：

（1）准备工作。制作前期需明确以下参数：一是电机相数、级数、匝数、线径、槽数、绕组形式、线圈跨度、定子铁心的长度、内径、外径等；二是绕数，根据槽数、级数确定线圈个数和每个线圈匝数，根据铁芯长度、内径和外径确定线圈周长；三是绕组形式，包括同心式和交叉式等。

（2）备料及绕线。高压电机按电压等级选用双亚胺、单亚胺、单薄双丝等不同规格丝包扁线，材料齐备后，可在绕线机上绕制成梭型线圈。一般电机最短线圈直线部分为 25 cm，最大线圈直线部分为 1.2 m。绕制可单平绕、单立绕，也可双平换位绕、双平换位立绕，根据具体要求确定。利用圆盘中的万能调节器也可绕制圆漆包线线圈。绕线机内置 1 台调速电机和 1 台涡轮蜗杆减速机，带动绕线机以 0 ~ 120 r/min 的转速可顺逆可制动旋转，并实现正反计数，一般可绕制 1 600 kW 以内的各种电机线圈，采用简易涨紧器控制绕制线圈的松紧度，如遇到特殊大型规格时，需选择特异型绕制设备。

（3）成型前包扎。高压电机梭形线圈绕制后，用收缩带、黄蜡绸带等绝缘材料进行包扎，以保护线圈外绝缘、层间绝缘、匝间绝缘而不受损，在拉型时，应注意免受模具夹具、鼻端销钉等的摩擦，防止松动变形，也可使用电动包带机。

（4）成型。成型机、涨型机、拉型机的作用是把绕线机绕制的立绕梭型线圈或平绕梭型线圈拉成框行线圈，框型线圈以电机定子铁芯的内外圆为标准，组成向心式、有角度的线圈，绕制梭形线圈和拉（涨）型机一般需配合操作。可使用计算机制作模板，或以旧线圈为模板调整拉型机。

（5）整形。高压电机因增加层数不等的云母绝缘材料后导致厚度增加，线圈端部被绝缘层挤占，造成嵌线困难，需进行冷整型。传统冷整型模具（正型模具）以木制居多，每种型号的电机需要制作 1 套模具。整型期间敲打时应避免破坏层间绝缘。低压电机拉型后，一般不再进行冷整型，直接进入嵌线工序。

（6）包扎云母带和热压线圈。高压电机维修时，上述几个步骤一般同时进行，包括绕线、拉型、冷整型、包云母带、包高低阻带，均需 2 ~ 3 人配合操作。定子线圈经过冷整形后进入云母带、包高低阻带包扎工序。下道热压线圈的工序应同时开始，热压的主要目的是方便定形后嵌线、线圈固化可防潮，防水浸、电晕放电到槽口以外、完成对外界的封闭，避免高压击穿。热压机可附加自动控制装置。

（7）耐压测试。热压线圈退模后，应放置一段时间再测试耐压水平，按照 3 000、6 000、10 000 V 等不同的工作电压分别进行测试。

（8）嵌线（定子、转子）。嵌线决定线圈包扎层数、直线长度和端部包扎时间。将电机定子、转子经除尘（一般经高压水枪冲洗）后放入烘箱内烘烤。在镶嵌之前准备合适的绝缘纸，根据线圈的跨度镶嵌接线，考虑电机级数、并联路数、相数；烤漆前，先上相间绝缘，将定子两端用白布带捆绑好。定子嵌线时，一般每 3 只线圈打 1 次耐压，防止线圈对两端槽口放电、对两端端环放电以及因下线失误而造成的线圈损坏放电。整台线圈全部嵌下后的接线、分距、分组、连线、包扎、接星点、出电机引线等操作均按照各等级电机的操作规程进行。一般的电机在接星点前打 1 次耐压后即封在一起、外引 3 根引接线即可。也有特殊引接 6 根引线外封三角或外接星线。嵌线接线完毕，整台电机再打耐压 1 次。

（9）浸漆。利用电加热棒加热定子至一定温度后翻转，将定子口朝上进行双面灌漆。灌漆时，底部有盛漆装置。灌完漆需待 2 h 以上再放入烘箱，先低温烘 3 h，再高温烘 18 h，累计 24 h 后出炉，目的是固化线棒与槽内外导线的绝缘，以防振动破坏绝缘结构。最后，清除定子内腔中的残漆即可装配。

（10）测地。测试对地阻值，一般要求≤0. 5 Ω。使用兆欧表分别测试 A、B、C 三相绕组线头对机壳阻值。

（11）整机安装。常用的绕法有链式、交叉式、同心式、双叠式。电机绕组嵌线，每个线圈绕 35 圈，拆除电机旧线时，需记录每槽线的匝数和线径，清理槽口，垫绝缘纸，打线下槽,再用竹签封口完成,如新下线,可根据定子的数据按资料查询线径和匝数。无资料条件的电机下线,需根据矽钢片[注1]的质量计算磁通量高斯,根据定子磁极的长宽度、线槽深度、电压计算出所需匝数,根据槽口的面积计算出线径。依照上述方法下线,预烘干、浸漆、再烘干而完成工序。然后,根据线径所容许的电流,确定电机的功率。

(12) 其他要求。绕法无特别的要求。计算线号、要绕的匝数后,测量线圈在定子中的跨度(宽度)、线槽的长度,依据长和宽制作 1 个椭圆的绕线模,椭圆的圆弧部分无特别的要求,可根据肉眼判断。

(13) 绕组接线图说明。电机绕组常用简化接线图或展开平面图两种画法。前者仅能表达绕组的接线而无法表示线圈的分布、节距和层次;后者虽能表达绕组的布线情况,但直观性较差,层次也不够分明,且绘制繁难,极少使用。第 3 种画法是电机绕组端面模拟画法,可使绕组布线接线图更接近电机实物。

常见接线图的类型为三相交流电动机绕组布线、三相交流电动机(转子)波绕组、单相交流电动机绕组布线、交/直流两用串励电动机绕组布线、三相电动机布线、直流电机电枢绕组布线。如图 12.3 所示。

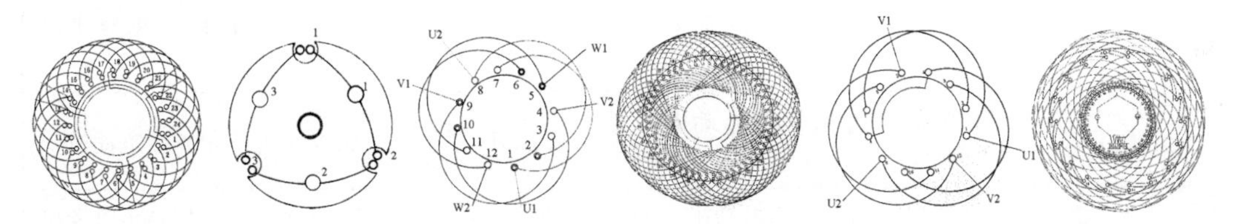

图 12.3　不同绕组布线接线示意图

由于三相交流绕组的应用最为广泛,故以三相交流电动机绕组布线接线图为例,根据绕组在槽内的分布分为单层、双层和单、双混合绕组;根据布线和连接形式,单层绕组又可分为单叠式、单链式、交叉式、同心交叉式以及其他特殊形式。

主要参数包括定子槽数 Z、每组圈数 S、并联路数 a、电机极数 p、极相槽数 q、线圈节距 Y、总线圈数 Q、绕组极距 τ、绕组系数 Kdp、线圈组数 u、每槽电角 α 等。嵌线法一般使用整嵌法和交叠法两种。

其命名表示为:

X 槽 X 极 X 层 X 式绕组,($y=\square$,$a=\square$),其中 y 为线圈节距,a 为并联路数。

例如,12 槽 2 极单层链式绕组($y=5$, $a=1$)。表 12-4 列出了电动机系列型号及含义。

表 12-4　电动机系列型号及含义

电动机系列	代号含义	电动机系列	代号含义
A、A1、AO、AO2	三相小功率异步电动机	J、J2	防护式三相异步电动机
AJO2	增安型三相异步电动机	AJ	通风机用三相异步电动机
AOB	电泵用三相小功率异步电动机	JB、JBS	防爆型三相异步电动机

续表

电动机系列	代号含义	电动机系列	代号含义
$AO_{л}$	(苏制)三相小功率异步电动机	JCB、JCL、JCLD	电泵用三相小功率电动机
$AO_{лб}$、$AO_{лбо}$	(苏制)单相电阻起动电动机	JD、JDO、JDO2、JDO3	三相变极多速异步电动机
$AO_{лг}$、$AO_{лго}$	(苏制)单相电容起动电动机	JF、JFO2	排风用三相异步电动机
$AO_{лд}$、$AO_{кдо}$	(苏制)单相电容电动机	JG2	辊道用三相异步电动机
B	平板式振动器用三相电动机	JH、JHO、JHO2	高转差率三相小功率异步电动机
BJF	阀门用防爆式三相电动机	JK、JK2	三相中型高速异步电动机
BJO、BJO2	隔爆型三相异步电动机	JLB2	深井泵用三相异步电动机
BTX	吸尘器用单相串励电动机	JO、JO2、JO3、JO4	一般用途三相异步电动机
BO、BO2	一般用途单相电阻起动电动机	JOSF、JOST	台式砂轮机用三相异步电动机
CO、CO2	一般用途单相电容起动电动机	JO3L	铝线绕组三相异步电动机
DB、DBC	电泵用三相小功率电动机	JQ、JQO	高起动转矩三相异步电动机
DT、DT2	电动工具用单相串励电动机	JR、JR2、JRQ	防护式绕线转子三相异步电动机
DO、DO2	一般用途单相电容电动机	JS	双笼型三相异步电动机
F	汽车、拖拉机用直流电动机	JTB2	深井泵用三相异步电动机
FA、FA3、FTA	排风扇用三相异步电动机	JTD	电梯用三相异步电动机
G	一般用途单相串励电动机	JW	三相小功率异步电动机
HQ	电冰箱压缩机用单相电动机	JWF	通风用三相双速异步电动机
JWYB、JYB	油泵用三相小功率异步电动机	U	交直流两用串励电动机
JX	单相小功率电容运转异步电动机	XD、XDC、XDL、XDS	洗衣机用单相电容电动机
JXX	洗衣机用单相电容异步电动机	Y	一般用途三相异步电动机
JY	单相小功率电容起动异步电动机	YD-01	牵引机车辅机用直流电动机
JZ	单相小功率分相起动电动机	YD	三相变极多速电动机

续表

电动机系列	代号含义	电动机系列	代号含义
JZ、JZ2、JZR、JZR2	冶金起重用三相异步电动机	YLB	深井电泵用三相异步电动机
JZO2	杠杆制动用三相异步电动机	YQS、YQS2、YQSY	充水式潜水泵用三相电动机
J1Z	电钻用单相串励异步电动机	YR	绕线式转子三相异步电动机
LD	电冰箱压缩机用单相电动机	YH、YHO2	高转差率三相异步电动机
KL	电冰箱压缩机用单相电动机	YX	高效率三相异步电动机
KWD	电车辅机用直流电动机	YZ、YZR	冶金起重用三相异步电动机
ND	空调器压缩机用单相异步电动机	Z2、Z3、Z4	一般用途直流电动机
P3Z	胀管机用三相异步电动机	Z2-MD	磨床用直流电动机
QF	电冰箱压缩机用单相电动机	ZBD、ZBF	龙门刨床用直流电动机
QX	污水电泵用三相异步电动机	ZD、ZDY	锥型转子三相异步电动机
RRMB	空调器风扇用单相异步电动机	ZD2	有补偿直流变速电动机
SU	交/直流两用串励异步电动机	ZK	控制用直流电动机
S1MJ2	电动工具用单相串励异步电动机	ZQ、ZQD	电车用直流电动机
S2MJ	磨光机用中频电动机	ZQDR	内燃机车用直流电动机
S3S、S3S2	手提砂轮用三相异步电动机	ZQF	电车用直流发电机
S3M	磨管机用三相异步电动机	ZXQ	蓄电池供电式直流电动机
T2	小型三相同步发电机	ZYS	直流测速发电机
TFS	实验用三相同步发电机	ZZJ、ZZJ2、ZZY	冶金起重用直流发动机
TSN、TSWN	小容量三相水轮同步发电机	JJXK	电冰箱压缩机用单相异步电动机

12.6 设计选型

12.6.1 口诀法

绕组的设计应严格按照规范，表 12-5 列出了通用直流电机绕组线端标志方法。各类绕组形式如图 12.4 所示。

表 12-5 口诀表

口诀	说明
直流绕组有多种，线端标志要记清。	和交流电机相比，电磁式直流电机的绕组是较多的，有电枢绕组、换向绕组、补偿绕组、励磁绕组、辅助绕组共 5 种之多，励磁绕组又分为他励、并励、串励、复励等类型，辅助绕组也有直轴和交轴之分
A、B、C、D、E、F，六个字母较常用。	为了加以区别，国标规定了各绕组的线端标志符号，共有 A、B、C、D、E、F、H、J 等 8 个，依次分别为：A-电枢绕组；B-换向绕组；C-补偿绕组；D-串励绕组；E-并励绕组；F-他励绕组；H-直轴辅助绕组；J-交轴辅助绕组。前 6 种较为常用
电枢为 A 换向 B；补偿为 C 串励 D；他励绕组用 F；并励绕组使用 E。	前四个绕组（电枢绕组、换向绕组、补偿绕组和串励绕组）在电机中是成串联关系的，并且在很多情况下是按电枢绕组（A）→换向绕组（B）→补偿绕组（C）→串励绕组（D）的顺序进行串联
l 端接正 2 接负	用在符号后加 1 和 2 的方式表示绕组的两个端点，1 表示“头”，应与电源（对电动机）或输出电压（对发电机）的正极相连，2 表示“尾”，应与电源（对电动机）或输出电压（对发电机）的负极相连。当一种绕组由两个绕组组成时，第二个绕组用 3 和 4
一般不出 B、C、D	在有换向绕组、补偿绕组、串励绕组与电枢绕组相串联的情况下，引出电机的两个端点规定用电枢绕组的两个标志表示，即 A1 表示正极，A2 表示负极。中间的绕组线端标志不出现在引出线端

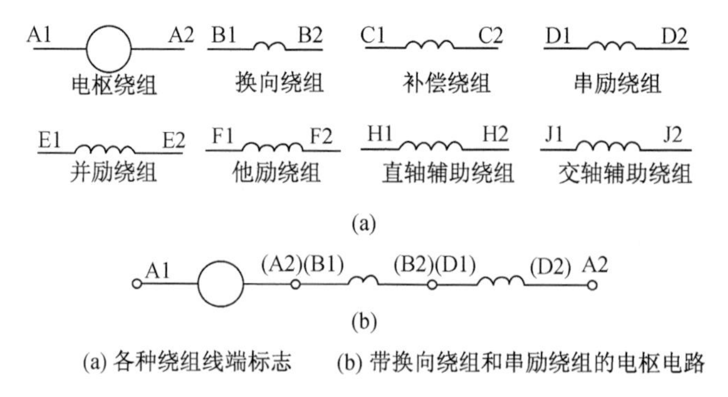

(a) 各种绕组线端标志　(b) 带换向绕组和串励绕组的电枢电路

图 12.4 各类绕组

12.6.2 电机的选择

绕组线主要应用于电机。电机俗称马达，是依据电磁感应定律来实现电能转换或传递的一种电磁装置，其实际选型过程可根据功能和使用场合进行。电机主要分类如下：

（1）按工作电源种类分为直流、交流两大类，如图 12.5 所示。

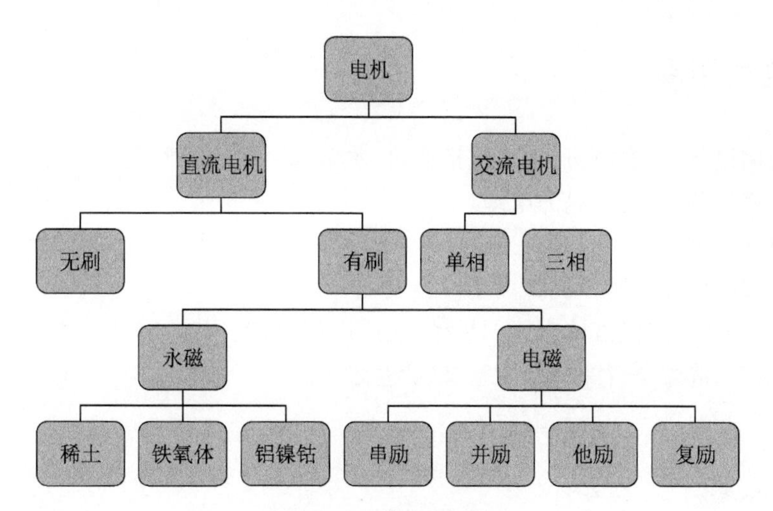

图 12.5　按电源分类

（2）按结构和工作原理可分为直流电动机、异步电动机、同步电动机，如图 12.6 所示。

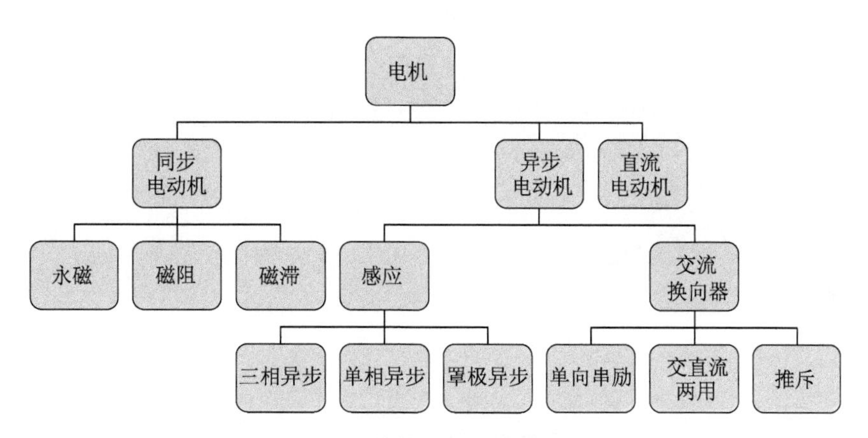

图 12.6　按结构和工作原理分类

（3）按起动与运行方式划分为电容起动式单相异步电动机、电容运转式单相异步电动机、电容起动运转式单相异步电动机和分相式单相异步电动机。

（4）按用途划分为驱动用电动机和控制用电动机。

其中，驱动用电动机划分为电动工具（包括钻孔、抛光、磨光、开槽、切割、扩孔等工具）、家电（包括洗衣机、电风扇、电冰箱、空调器、录音机、录像机、影碟机、吸尘器、照相机、电吹风、电动剃须刀等）及其他通用小型机械设备（包括各种小型机床、小型机械、医疗器械、电子仪器等）用电动机。控制用电动机又划分为步进[注2]电动机和伺服[注3]电动机等。

（5）按转子的结构划分为笼型感应电动机（鼠笼型异步电动机）和绕线转子感应电动机（绕线型异步电动机）。

（6）按运转速度划分为高速电动机、低速电动机、恒速电动机、调速电动机。

12.7 电气拓展

(1) 使用设备:各类电机,主要包括风机、水泵、柴、汽油发电机、电机驱动类电器等。

(2) 维修检测施工:见电力电缆。

(3) 电气原理

风机:一般分为进、排风机。

水泵:输送液体或使液体增压的机械,应用广泛,可按用途、行业分类,按原理可分为离心泵、轴流泵、混流泵、往复泵、柱塞泵、活塞泵等。

注释

[注1]硅钢薄板。

[注2]将电脉冲信号转变为角位移或线位移。

[注3]信号来到前不动,信号来到后立即转动,信号消失后立即停止。

第 13 章　其他线缆

13.1　概述

本章主要讨论信息通信行业广泛使用的各类其他线缆，涉及其他专业的线缆，本章的分类方法不同于以上章节，以上章节各类线缆可能包含本章所讨论线缆。

相关国标：

GB/T 9330—2008　　塑料绝缘控制电缆

GB 13836—2000　　电视和声音信号电缆分配系统

13.2　弱电线缆

弱电线缆是指用于安防通信、电气装备及相关弱电信号传输用途的电缆。弱电线缆包括同轴电缆、双绞线（网线）、市话电缆、屏蔽线等，如图 13.1 所示。

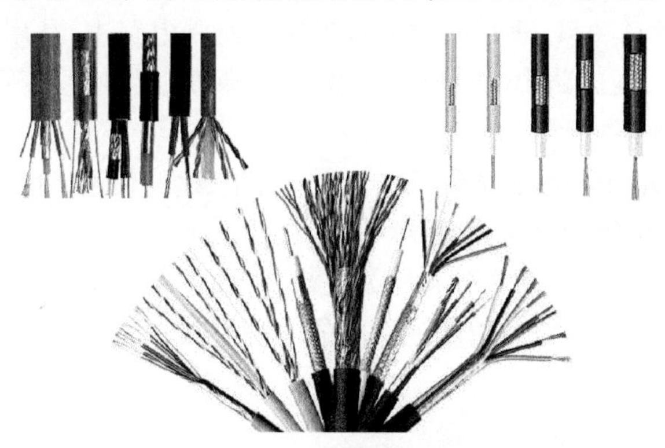

图 13.1　各类弱电线缆

弱电的处理对象主要是信息，即信息的传输和控制，其特点是电压低、电流小、功率小、频率高，其主要指标包括信息传送的保真度、速率、广度、可靠性等。弱电线缆的应用范围十分广泛，涉及各行各业。

★弱电线缆和电力电缆的区别（以控制电缆为例说明）：控制电缆属于电器装备用电缆，和电力电缆同属于电缆 5 大类之中。

电力电缆在电力系统主干线中用以传输和分配大功率电能，控制电缆主要传送弱电信号，两者执行标准不同，电力电缆的额定电压一般为 0.6/1 kV 及以上，控制电缆的额定电压主要为 450/750 V。同样规格的电力电缆和控制电缆在生产时，电力电缆的绝缘和护套厚度比控制电缆厚。控制电缆的绝缘线芯的颜色一般是黑色印白字，电力电缆的低压一般是分色的。控制电缆的截面都不会超过 10 mm^2，电力电缆一般为大截面，最大至 500 mm^2（常规厂家能生产的范围）。电力电缆芯数最多为 5 芯，控制电缆芯数较多，根据标准,可达 61 芯,还可以根据用户实际需求生产。

(1) 控制线

控制线(Control Cable)是供交流额定电压 450/750 V 以下控制、保护线路等场合使用的聚氯乙烯绝缘、聚氯乙烯护套控制电缆,如图 13.2 所示。典型型号主要有 KVV、KYJV 等。

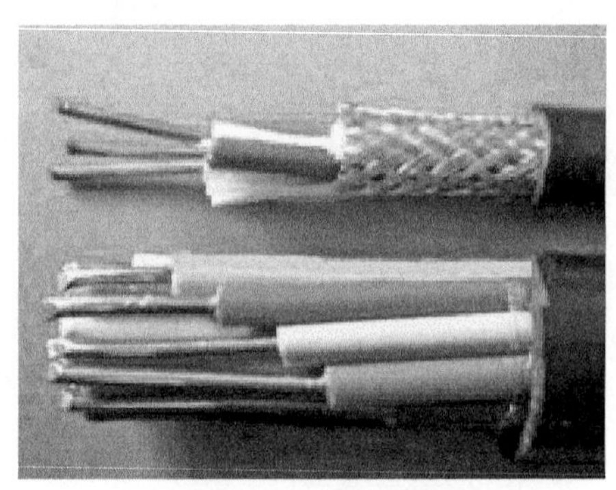

图 13.2 控制线

主要参数:额定电压、直流电阻、绝缘电气强度、绝缘电阻、工作电容、远端串音防卫度。

① 传感器(Transducer,Sensor):一种检测装置,能感受到被测量的信息,并能将信息按一定规律变换成为电信号或其他所需形式的信息输出,以满足信息的传输、处理、存储、显示、记录和控制等要求,具有微型化、数字化、智能化、多功能化、系统化、网络化等特征,是实现自动检测和自动控制的首要环节。根据其基本感知功能可分为热敏元件、光敏元件、气敏元件、力敏元件、磁敏元件、湿敏元件、声敏元件、放射线敏感元件、色敏元件和味敏元件等 10 类。

② 继电器(Relay):一种电控制器件,当输入量(激励量)的变化达到规定要求时,在电气输出电路中可使被控量发生预定阶跃变化,具有控制系统(输入回路)和被控制系统(输出回路)之间的互动关系,通常应用于自动化的控制电路中,是用小电流控制大电流运作的一种自动开关,在电路中起着自动调节、安全保护、转换电路等作用。分为热继电器和中间继电器、时间继电器等。

③ 接触器(Contactor):利用线圈流过电流来产生磁场,使触头闭合,以达到控制负载的电器。分为交流接触器和直流接触器。

④ 二次电路:又称二次回路,不与一次电路直接连接,而是由位于设备内的变压器、变换器或等效的隔离装置供电或由电池供电的一种电路,可对主电路进行控制、保护、监视、测量。

(2) 信号线

信号线是在电气控制电路中用于传递传感信息与控制信息等信号传输的线路,主要用于各种传感器、仪器仪表的信号传输。其中,应用较广的信号线有双绞线和同轴电缆。信号线可以多条电缆线构成为一束或多束传输线,也可以是排列在印制板电路中的印制线。随着科技与应用的不断进步,信号线已由金属载体发展为其他载体,如光缆等。

一般信号电缆传输的信号很小,为了避免信号受到干扰,信号电缆外层设有屏蔽层,材质一般为导电布、编织铜网或铜箔(铝),如图 13.3 所示。屏蔽层需接地,以防止外来的干扰

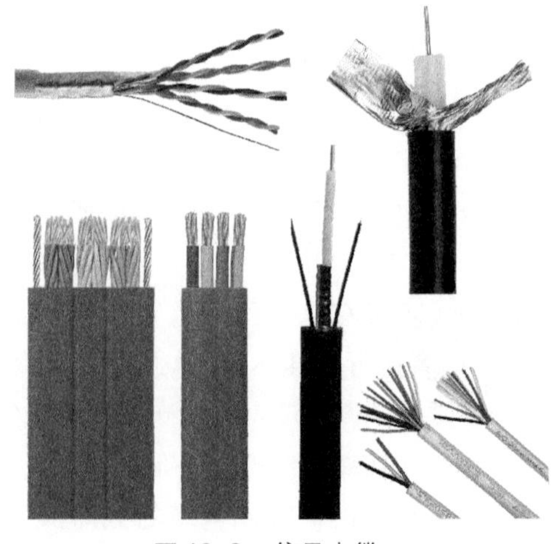

图 13.3 信号电缆

信号进入内层,从而有效降低传输损耗。导体一般采用镀锡或镀银导体。以典型的传感器信号电缆为例,采用镀银导体,多芯结构,使每芯之间电阻保持高度一致,可将微弱的电量信号准确传输到数百米外。

传感器信号电缆有 4 层保护,分别为绝缘层、屏蔽层、缠绕层、护套层,如图 13.4 所示,其规格如表 13-1 所示。

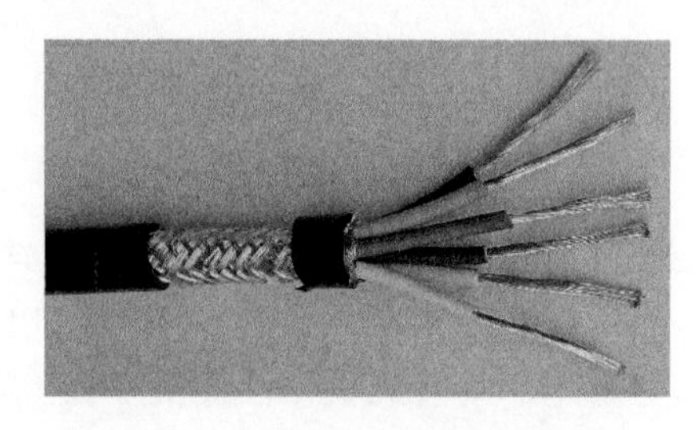

图 13.4　传感器信号电缆结构

① 绝缘层:其物理、化学性能和护套层相当,在狭小的环境中可以剔除护套、屏蔽网和缠绕层,单独作为导线使用。

② 缠绕层:缠绕层采用聚合物材料,以防止屏蔽网伤及绝缘层,同时增强电缆整体的机械性能。

③ 屏蔽层:采用金属材料(采用铜或镀锡铜),既要求能够顺利导出干扰信号,又要求极细的金属丝具备足够的抗弯折能力,避免金属碎屑影响其他电气设备。

④ 护套层:具有优良的机械性能,能够耐受较高强度的金属撞击、切割,具有较高抗拉强度,也可耐受长期的重复弯折。

表 13-1　常见传感器信号电缆规格

截面面积(mm^2)	芯线数	每芯导体股数
0.20	3	7
0.35	3	19
0.50	3	16
0.60	3	19
0.75	3	19
0.12	6	7
0.20	6	7
0.35	6	19
0.50	6	16

(3) 数据线

数据线(Data Cable),连接移动设备和计算机,以实现数据通信。数据线按照接口分为 COM 接口和 USB 接口。20 世纪初,以手机为代表的电子设备数据线和充电电源线分别独立,目前,多数电子设备数据线同时具备数据传输和电源充电功能。

① 1394:IEEE1394,又称火线(FireWire,Sony 公司)、iLink(Apple 公司),Lynx(德州仪器公司)开发主要用于视频采集的数据线,常用于 Intel 高端主板和数码摄像机(DV),分为 1394A 和 1394B 两种类型。

② USB 直联线:通过专用芯片,连接计算机 USB 接口,可实现 PC 间文件传输、设备或打印共享、Internet 接入共享、联机游戏等功能。可分为两类,一种是用于复制文件的对拷线,另一种是可以组建网络的联网线(相当于广泛使用的网卡),两种线材在外形上差

异不大,但控制芯片不同。

13.3 功能型线缆

(1) 计算机线缆

计算机领域用各类线缆的统称,适用于额定电压 500 V 及以下,以及防干扰性要求较高的电子计算机和自动化连接用电缆。电缆地线芯的绝缘采用具有抗氧化性能的 K 型 B 类低密度聚乙烯。聚乙烯的绝缘电阻高、耐电压性好、介电系数小、介质损耗温度和变频率的影响较小,不仅能满足传输性能的要求,而且能确保电缆的使用寿命。

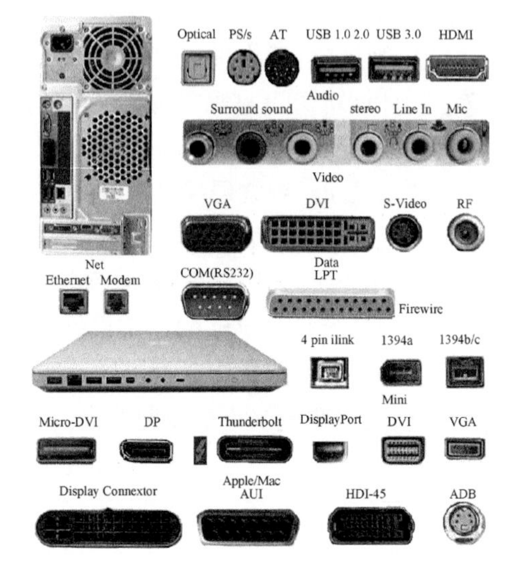

图 13.5 主流计算机接口主流

为了减少回路间的相互串扰和外部干扰,电缆采用屏蔽结构。电缆的屏蔽要求根据不同场合分别采用对绞组合屏蔽、对绞组成电缆的总屏蔽、对绞组合屏蔽后总屏蔽等方法。屏蔽材料有圆铜线、铜带、铝带/塑料复合带 3 种。屏蔽层间具有较好的绝缘性能,即使电缆在使用中在屏蔽层间出现电位差,也不会影响信号的传输质量。主流计算机接口如图 13.5 所示。

(2) 电视线缆

电视领域使用的各类线缆的统称,主要包括各类音视频线缆。主流液晶电视接口如图 13.6 所示。

(3) 监控线缆

监控线缆是安防监控领域传输电信号或光信号的各种导线的总称,主要有视频线、射频线、屏蔽与非屏蔽网线、信号线、控制线等。

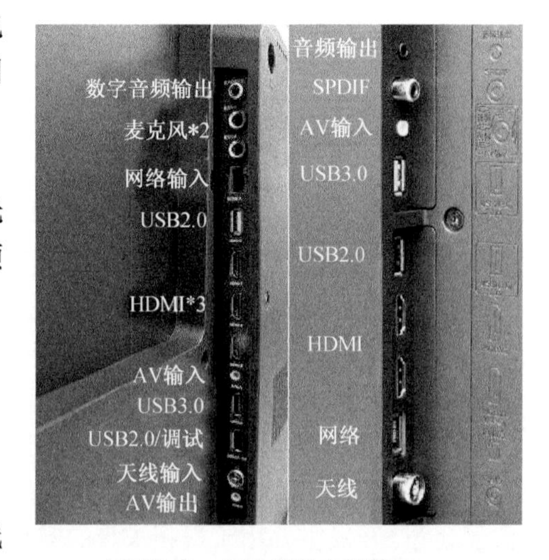

图 13.6 主流液晶电视接口

13.4 结构型线缆

(1) 屏蔽线缆

使用金属网状编织层把导体包裹起来的线缆。编织层一般是红铜或者镀锡铜。

由于屏蔽层不同接地点存在电位差,在多点接地时,屏蔽层将形成电流,感应形成导线电流,所以对传输信号产生干扰,不但起不到屏蔽作用,反而引进干扰,尤其是在变频器使用的场合,干扰中含有各种高次谐波分量,造成更大影响。因此,屏蔽线的屏蔽层不允许多点接地。

（2）螺旋电缆

具有弹性并可回弹复位的电缆，又称弹簧电缆、弹弓线、弹簧线、卷线或伸缩电线，如图 13.7 所示。用于电力、通信及相关传输用途，主要包括机械设备螺旋电缆、电力螺旋电缆、通信设备螺旋电缆和螺旋光缆等。其特点是使可移动设备的使用变得更加便捷，收放整齐美观。根据材质可分为 PUR 型和 PVC 型。

图 13.7　螺旋电缆

（3）编织电缆

编织电缆是铠装电缆的一种形式，铠装形式主要包括金属带绕包和金属丝编织，铠装主要起到增大电缆机械强度的作用。常见的有镀锌钢丝编织电缆，由于钢丝（带）是高导磁率材料，对抑制低频干扰有一定效果，虽然没有钢带铠装覆盖率高，但其弯曲性能较好。另外，镀锡铜丝、裸铜丝编织不属铠装，因为铜丝的机械强度远不如钢丝，但其导电率远高于钢丝（带），有利于抑制高频干扰、静电释放。此外，还有其他材料制成的编织电缆，包括使用硅胶、橡胶绝缘材料制作，如图 13.8 所示。

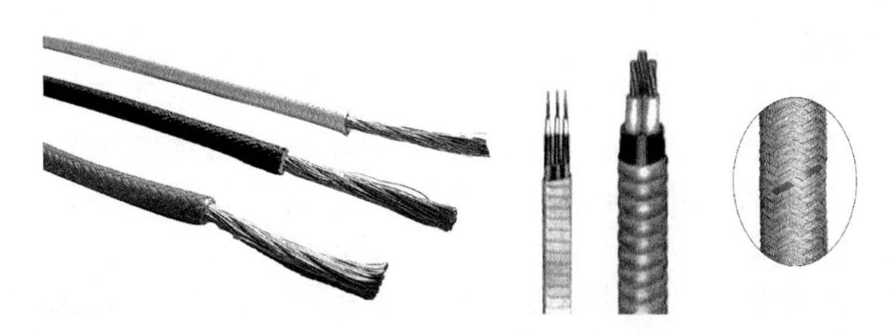

图 13.8　编织电缆

（4）对称电缆

对称电缆是由若干对双导线在一根保护套内制造而成的，由两根线质、线径及对地绝缘电阻相同且相互绝缘的导线组成一对基本传输回路，并由多对这样的导线绞合而成的通信电缆。

13.5　特种电缆

特种电缆是具有特殊用途、可在特定场合使用的电缆，例如耐高温、耐酸碱、防白蚁以及在轮船、飞机、核电站等特殊场合使用的电线电缆。特种电缆是具有独特性能和特殊结构的产品，相对于量大面广的普通电线电缆而言，它具有较高技术含量、较严格使用条件、较小批量、较高附加值等特点，采用新材料、新结构、新工艺和新的设计计算。一般特种电缆需要制定企业内控标准。

(1) 光电复合缆

适用于宽带接入网作传输线，集光纤、输电铜线于一体，可同时解决宽带接入、设备用电、信号传输问题。

(2) 耐高温电缆

耐高温电线电缆用于航空航天、机车车辆、能源、钢铁、有色金属冶炼、石油开采、电机、建设等领域，一般指长期连续工作温度100℃以上的耐高温电线电缆，常见的有辐照交联聚烯烃、硅橡胶、氟树脂、聚酰亚胺、云母、氧化镁等电线电缆。

(3) 低电感电缆

有强电与弱电之分。以强电用低感电缆为例，电缆自带热耗散装置，用于各类接触焊机、电弧焊机与气动焊钳间相连接的新型水冷式低感电缆。其特点：结构简单合理、冷却水流通量大、不会形成堵塞阻断和限流现象、散热效果好、使用寿命长等。

(4) 低噪声电缆

电缆中产生噪声的原因：介质内部分子摩擦、电缆电容的改变、电缆介质的压电效应、导体和绝缘间接触破坏所导致导体和介质摩擦产生电荷等。在弯曲、振动、冲击、温度变化等外界因素作用下，电缆本身产生的脉冲信号小于5 mV的电缆称为低噪声电缆，又称防振仪表电缆，可用于工业、医学、国防等多领域微小信号测量。常见的有聚乙烯绝缘低噪声电缆、F46绝缘低噪声电缆、耐辐照低噪声电缆、低电容低噪声电缆、水听器电缆、水密低噪声电缆等。

(5) 加热电缆

加热电缆主要用于生活取暖、植物栽培、管道保温等的电线电缆，它采用单根或多根合金电热丝作为发热源，高纯度、高温、电熔结晶氧化镁作为导热绝缘体，无缝连续不锈钢或铜管作为护套，在有强腐蚀作用的场所可外加PE或低烟无卤的外套，以特殊生产工艺制造。

(6) 电致发光电线

电致发光电线外形与普通电线电缆相仿，表层为彩色荧光塑料套管，其工作时发光连续、无任何热辐射，耗电量只为LED灯的50%～60%、串灯的20%～30%、霓虹灯的1%～5%，其应用极为广泛。

(7) CMP电缆和低烟无卤绿色环保电缆

在UL标准组织定义CMP、CMR、CM、CMG、CMX等标准中，CMP级别最为严格，它是能通过UL最高阻燃等级标准的电缆，是通过大量燃烧试验研究的成果，主要在普通电缆外面加一层FEP(F46)薄的护层。一般来说，低烟无卤的基材是聚烯烃，具有较高的燃料热量，是高度可燃的，需与金属水合物填料混合，以抑制其可燃性，但当水合作用的水耗尽后，会引起猛烈燃烧。而FEP的燃烧热很小，遇火不燃烧。

低烟、无卤、绿色、环保电缆的抗拉强度比一般PVC电缆大，具有良好的耐候性、柔软度、弹性和黏性，由于制作时无须添加可塑剂，故具有非移形性。燃烧时，不会产生有毒黑烟，具有较高的体积电阻率和良好的耐高压特性。

第14章　转换接头

14.1　概述

虽然各类线缆材质、结构、外形差异较大，但从本质上看，弱电线缆传输的信号不外乎光/电信号，电信号又可分为数/模信号，强电线缆传输各电压等级的交、直流电源。当传输的信号没有区别时，如果线缆、接口等[注1]有限制，则可通过转换接头而实现转换适配。

14.1.1　相同接口的转换

（1）当一路输出需转换成多路相同或不同输出时，可使用一分二（多）或一转二（多）来实现。为确保功率足额，必要时需增加功率放大电路来实现。常见的固定式外形有一型、十型、T型、Y型等，如图14.1所示。

图14.1　一分多转换头

（2）公、母头间可互相转换，如图14.2所示。

图14.2　公母头转换

（3）当原配线缆过短时，可对线缆进行延长；当原配线缆或接头处阻断时，可进行重新对接（焊接、绑扎等），需注意延长处、对接处屏蔽和衰耗的控制处理。另外，也可使用转接延长头来实现延长，如图14.3所示。

图14.3　转接延长头　　　　图14.4　形状转换

（4）为适应不同的安装环境（例如电视背面靠近墙，空间小），可将接头改装为直角式（F型）、排线式等不同型式。为便于收纳，线缆可设计成伸缩式等，如图14.4所示。

（5）为满足多种条件下应用，还可以设计“万能”接头，如图14.5，以实现多功能接口。

图 14.5　万能接口

图 14.6　支持协议转换的两种转换头

14.1.2　线、直插、转换器转换

不涉及光电、模数转换而仅接口协议需互转时，使用转换接头来实现接口类型转换，如图 14.6 所示。

14.1.3　涉及光电、模数转换

需使用专用转换器来实现转换。必要时，需芯片和电源支持。

14.2　接头转换

当 A、B 两端接口不同时，需要通过接头转换来实现正常通信或供电，图 14.7 示出了部分供电接头的转换。

图 14.7　各类转换头

14.2.1　跳线转换

（1）光纤跳线转接

设备间、设备至配线架接头不同时，可通过跳线接头来实现转换。一根光纤跳线的两头可以根据实际需要进行选择，如 SC/LC、FC/SC、ST/FC 等。

（2）网线转接

网络设备间、设备与配线架需要交叉转接时，一根网线跳线的两头可以根据实际需要选择 EIA/TIA 568A 或 568B 接法。

（3）E1 转接（同轴转接）

一根 E1 跳线的两头可以根据实际需要进行选择。相同线径条件下，3 种常见 2M 头间（L9、ZZC、Q9）可互转。一般情况下，DDF 端使用 L9 头，设备端 2M 头形式多样，除常规集成接头外，还有分立式针阵列、直接焊接式等。

14.2.2　音频转接

以下 5 种音频头之间根据需要可以互相转换。在转换过程，需注意平衡和非平衡接法的互转，如图 14.8 所示。数字音频头转换模拟信号需专用设备。

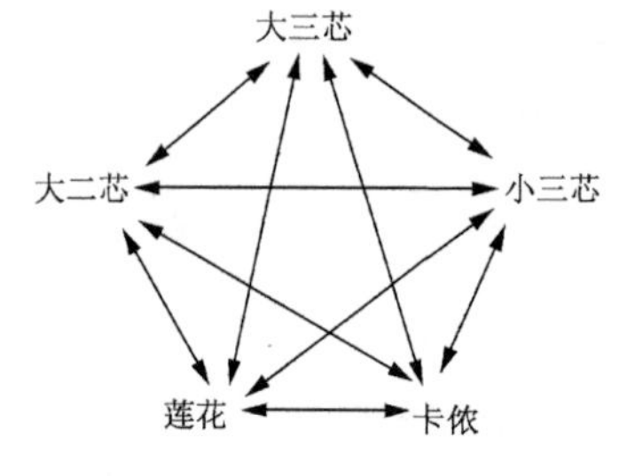

图 14.8　模拟音频头互转

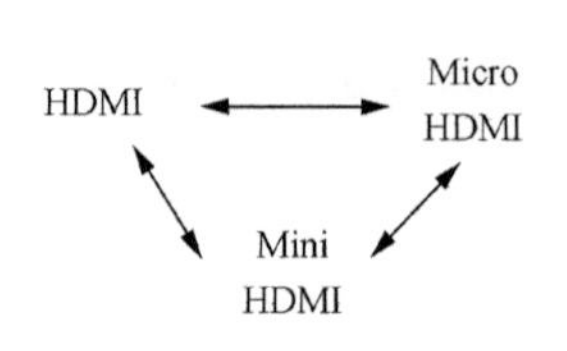

图 14.9　同类视频接头互转

14.2.3 视频转接

视频接口转换较为复杂,以下介绍部分常用类型。其中,同类接口可互转,如图 14.9 所示,不同类型的转换较为复杂,表 14-1 所列为部分常见不同视频接头的转换情况。

表 14-1　不同视频接口互转

A 端	B 端	能否互转	转换器、电源
4 针 S-Video	RCA	互转	无须
VGA	5BNC(距离较远)	互转	无须
	DVI-D	互转	需转换器或芯片,无源
	HDMI	单向	需内置转换芯片,有源
DVI-I	VGA	互转	数字需有源转换芯片,模拟需有源转接头
	DVI-D	互转	无须
	HDMI	互转	需无源转接头
DVI-A	5BNC	互转	类似于 VGA,无须
HDMI	DVI-D	互转	无须
	VGA	单向	需转换器,有源
	RCA	单向	需转换器,有源
BNC	RCA	互转	无须
BNC(SDI)	HDMI	互转	需转换器,有源
DP	HDMI	互转	无须
DP	VGA	单向	需芯片或转换器,无源
DP	DVI	单向	需芯片或转换器,无源

当视频信号需要通过网络延长传输距离时,转换方式如表 14-2 所示。

表 14-2　视频信号双绞线远传方式

A 端	B 端	备注
VGA	网络	通过转换器实现 VGA 信号长距传送,需芯片及电源,收发一对
HDMI	网络	通过转换器实现 HDMI 信号长距传送,需芯片及电源,收发一对
DVI	网络	通过转换器实现 DVI 信号长距传送,需芯片及电源,收发一对

14.2.4 射频同轴转换

对于射频同轴连接头,在满足频率要求的前提下,可通过转接头来实现转换,表 14-3 给出了不同类型接头的转换条件。

表 14-3　不同尺寸的射频同轴接头转换

转接头类型（外导体直径 mm）	频率范围（最高频率 GHz）	兼容匹配接头（外导体直径 mm）	介质	备注
1.00	1.0	1.0	空气	无法与其他接头匹配
1.85	70	2.4	空气	可互转
2.4	50	1.85	空气	
2.92	40	3.5/ SMA	空气	
3.50	34	2.92/ SMA	空气	
SMA	247	2.92/3.5	特氟纶	

14.2.5　USB 转接头

USB 接口应用十分广泛，既可传送数据，又可供电，其转换方式灵活，表 14-4 列出了几种主要转换方式。

表 14-4　USB 头互转

A 端	B 端	用途	图示
USB	Mirco USB	接口互转	
USB	Mini USB	接口互转	
USB	USB3.0	接口互转	
USB(母)	Type-C	OTG 转接线、手机外接 U 盘、读卡器及鼠标、键盘	
USB	USB-B 型接口	连接打印机(传真、复印、扫描)	
USB	Apple 30pin dock，9pin lighting(闪电接口)	苹果专用，数据传输、充电、音频、视频输出	
USB	音频	识别 U 盘音乐	
USB	网络	通过 USB 口实现有线网络连接，需转换芯片	
USB	其他直流接头	供电、通信	—

14.2.6　一个接口的多种用途

一般而言,一个接口具有多种用途,通过不同的转换头来实现直观的功能区分,如表 14-5 所示。以手机和笔记本 Type-C 接口为例,同时支持数据、音频、视频和供电,可实现高速数据、数字音频、高清视频、快速充电、多设备共用等功能,一根线可代替多根线。

表 14-5　一个接口的多种用途

A 端	B 端	用途
Type-C	HDMI	手机连接电视、投影仪
Type-C	网络	设备连接有线网络
Type-C	音频	设备音频输出

14.2.7　集成接头

一般情况下,单个设备需要多种接口来实现其正常功能,但需要配套众多独立的线缆和接头,采用集成式接头能省去很多麻烦。以视频监控系统为例,通过同轴头采集摄像机视频信号,音频头采集摄像机音频信号,电源头为摄像机供电,最后通过传输器,以网线连接 DVR 设备,省去了多根线缆的麻烦,如图 14.10 所示。

图 14.10　集成接头

14.2.8　计算机线缆转接头

计算机内外有许多接口,部分相关的转接如表 14-6 所示。

表 14-6　计算机线缆接头转换

A 端	B 端	备注
RS232	RS485	协议转换,计算机连接 RS-485 设备
RS232	以太网	计算机串口数据通过网络发送
串口	TTL	计算机与单片机、手机等串口通信
IDE、SATA 互转,或分别转 USB		两种硬盘,其中电源线可以直接转换,数据线需通过转换卡实现,如转 USB 可将硬盘当移动硬盘使用
USB	PS2	键盘、鼠标使用,1 个 UPS 接口也可同时或分别控制 PS/2 键鼠
	声卡耳麦二合一	UPS 设备双向至音箱、耳机、音频设备
	串口	实现计算机与门禁、收银机、打印机连接
	并口	连接老式 36 针打印机

14.2.9 电源转接头

表 14-7 列出了电源接头转换。

表 14-7 电源接头转换

A 端	B 端	功能
10 A	16 A	互转,功率变换
万能插头		英美、欧、澳日韩等国家插头互转
点烟器	USB	提供车载电源
	220AC	
	其他接头	

14.2.10 其他转接头

除上述转接头外,还有各式各样的转接头,如一种无线转接头可将有线音箱输出转换成无线蓝牙输出。

14.2.11 易混淆的几种接口说明

雷电 3 和 Type-C 区别,Type-C 属于接口规格,雷电 3 属于物理层上采用 Type-C 接口,雷电 3 具有 Type-C 的绝大多数功能,且传输速率更高、内容更丰富。

雷电接口和 mini DP 的区别,苹果前期采用的雷电接口形状为 mini DP,和一般 DP 接口不同。苹果雷电接口支持 PCI-E 即插即用,但新版苹果笔记本中 mini DP 接口的雷电标志已消失(雷电接口一般会印上一个闪电标志)

雷电接口和闪电接口的区别,英特尔公司的“雷电”技术(Thunderbolt)和 AMD 的“闪电”技术(Lighting Bolt)相比,雷电接口在技术方面存在优势。

14.3 转换设备

通过简单线缆头转换无法实现时,需要使用转换设备,如表 14-8 所示。

表 14-8 各类转换设备

设备名称	功能	图示
光电转换器	接入光纤和快速以太网或 E1,光电信号互转,实现电信号远程传输。分为全双工流控和半双工背压控制。	
ET/E1 转换器	远程以太网桥,E1 信号 RJ45 网络信号互转,实现网络信号的远程传输。	
E1 切换器	实现 E1 多路无损伤切换。	
OLP	光纤切换。	
KVM 切换器	多电脑控制器,实现一组键盘、鼠标和显示器控制多台计算机。	

续表

设备名称	功能	图示
画面分割器	一个监视器显示多个画面。	
AV 转换器	多个设备输出的音/视频信号转换成射频信号输出。	
HDMI 切换器	多路 HDMI 信号输出。	
DVI 切换器	多路 DVI 信号输出。	
VGA 切换器	多路 VGA 信号输出。	
RGB 矩阵切换器	有独立的 RGBHV 分量输入、输出端子,每路分量信号单独传输、单独切换,实现逻辑矩阵功能,任意选择搭配输出切换。	
数字矩阵	各类视频信号混合矩阵输出。	
光纤分路器	实现光网络系统中将光信号进行耦合、分支、分配的光纤汇接器件。	

(1) 光电转换器、光纤收发器、光端机和 ET-E1转换器的区别:光电转换器的作用是光信号转换为电信号,电信号又分为 E1(2M)信号、以太网信号。光纤收发器(光猫)则是将光信号转换为以太网信号,是一种光电转换设备;而将光信号转换为 E1 信号的设备称为光端机。另外,ET-E1 协议转换器可实现对 E1 和以太网信号转换。

图 14.11　磁环

(2) 磁环:特定线缆上,为抑制外部各频段信号干扰而设,根据传输距离远近设置单、双磁环,如图 14.11 所示。

注释

[注 1]接头与接口、模块对应,插头与插孔、插座对应。

第 15 章　配线(电)和布线设备设施

15.1　音频配线架

音频配线架(Vidio Distribution Frame,VDF),用于固定音频电缆、完成音频线缆走线和电路分配,如图 15.1 所示。

总配线架按接线方式分为焊接式、绕接式和卡接式 3 类,其中卡接式应用最为便携广泛。

VDF 架基本结构分为卡线模块、垂直线缆管理环、水平线缆管理环、机架接地端子、背板支架和报警器,如果所固定音频线接至室外,则应接入防雷安保器。

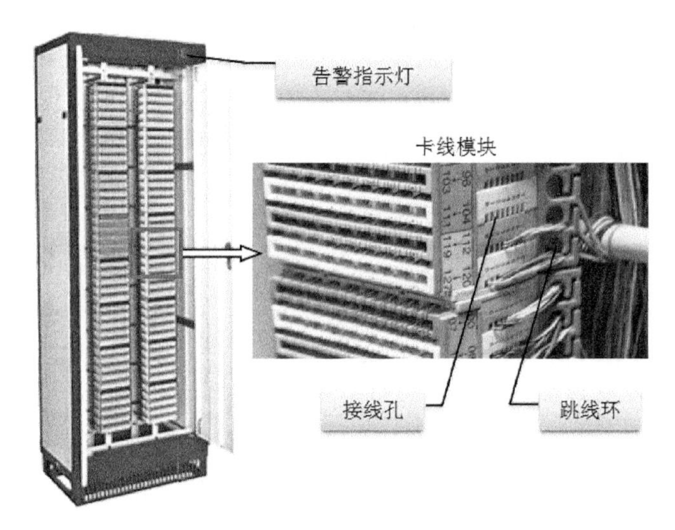

图 15.1　音频配线架

卡线模块:用来固定音频线,完成音频线的跳接,如图 15.2 所示。一般一个模块有 8 个回路。

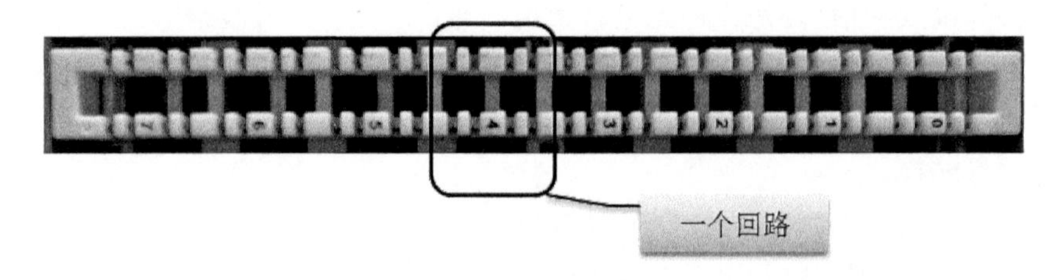

图 15.2　卡线模块

音频配线架的结构如图 15.3 所示。其中,每个回路分为上下两层,卡线模块将卡在上层和下层的线对相连。当断开连接(如日常业务处理中甩开用户)时,只要把隔片插入

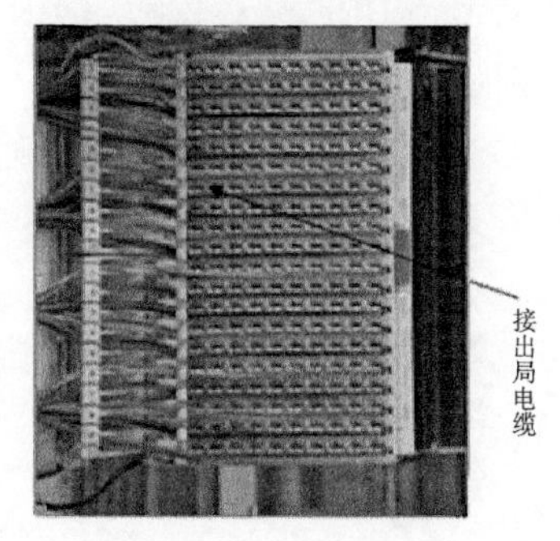

图 15.3　配线模块

上下层之间的插孔就可实现。临时走线时,可将音频线直接卡入卡线槽;永久走线时,音频线必须从侧面跳线环和接线孔引入后卡在卡线槽内。

垂直线缆管理环和水平线缆管理环分别用于垂直和水平线缆的走线。机架接地端子用于整个 VDF 架的接地。报警器用于在 VDF 架遇强电经过时,发出声光告警。

配线架上的转接分 2 线、4 线两种方式。

(1) 2 线转接

利用两根音频线将卡在配线架不同位置的两个线对相连来完成调度连接,连接示意图如图 15.4,2 线电路没有收发的分别。

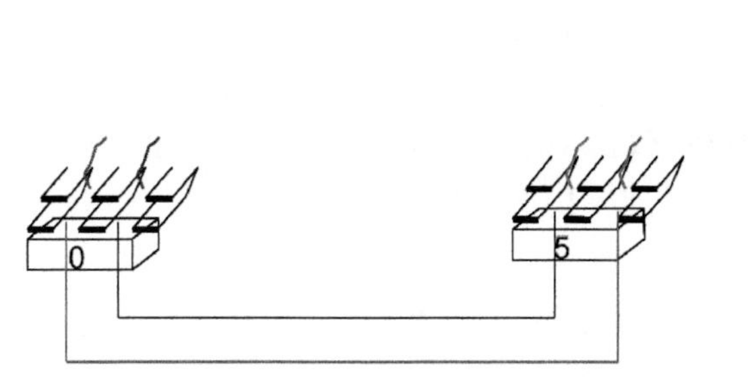

图 15.4　2 线转接示意图

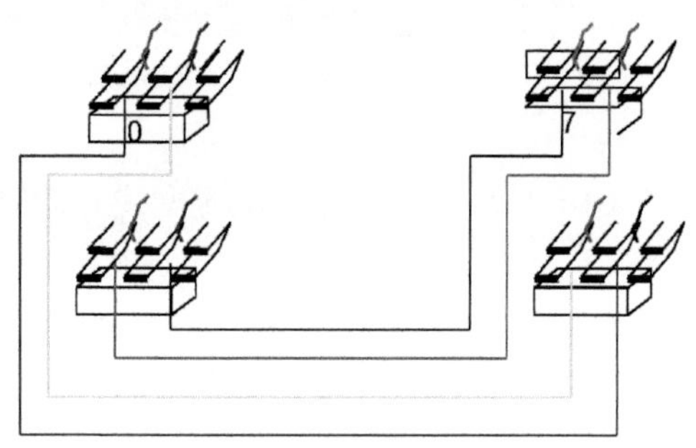

图 15.5　4 线转接示意图

(2) 4 线转接

在 VDF 架上一般由两个模块共同完成 4 线电路的配线,其中上模块的回路为 4 线发,下模块的回路为 4 线收,上下模块的 2 个回路组成一个 4 线电路。4 线调度利用 4 根音频线来完成调度连接,一对线完成 4 线发,另一对线完成 4 线收。假设将回路 0 调度至回路 7,则用一对线将回路 0 的上模块(发)接至回路 7 的下模块(收),用另一对线将回路 0 的下模块(收)接至回路 7 的上模块(发),其连接示意图如图 15.5 所示。

15.2　数字配线架

数字配线架(Digital Distribution Frame ,DDF),是数字复用设备之间、数字复用设备与程控交换设备或数据业务设备等其他专业设备之间的配线连接设备。

由机柜和多个 DDF 模块构成,DDF 模块通过螺钉固定在机柜上。DDF 模块前视图和背视图分别如图 15.6、15.7 所示。

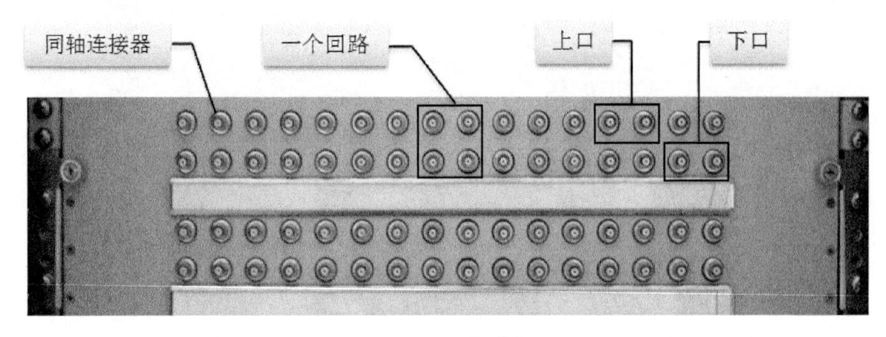

图 15.6　DDF 模块前视图

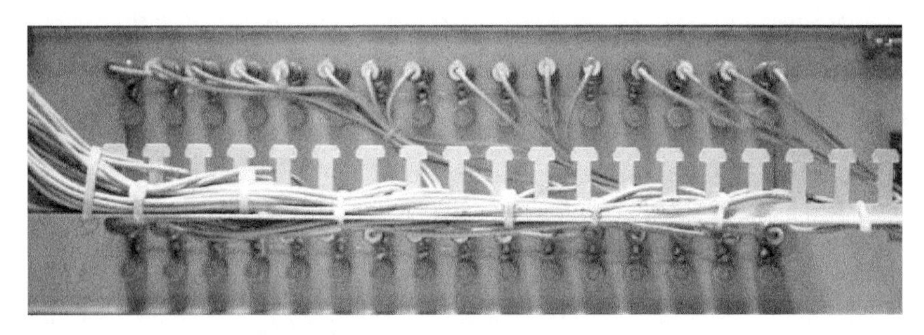

图 15.7　DDF 模块背视图

DDF 模块的背面用于固定配线和调线,确保机房整洁美观。如图 15.7 所示,设备上下线缆(即从光端机落下的 2 M 或 155 M 电口)接在 DDF 背面的上口,下口用于接用户设备或转接,部分机房的 DDF 下口接设备,上口用于调线。

DDF 正面和背面的同轴电缆通过同轴连接器(俗称公头)相连,如图 15.8 所示。

图 15.8　同轴连接器

图 15.9　U 型插栓

U 型插栓用于连通 DDF 正面相邻端口,U 型插栓如图 15.9 所示。

数字配线架上的信号流向区分落地和转接两种情况。

(1) 落地使用的 2 M

从光端机上落下的 2 M 用于本站(局)用户设备,直接从 DDF 的下口接至用户设备,如图 15.10 所示。

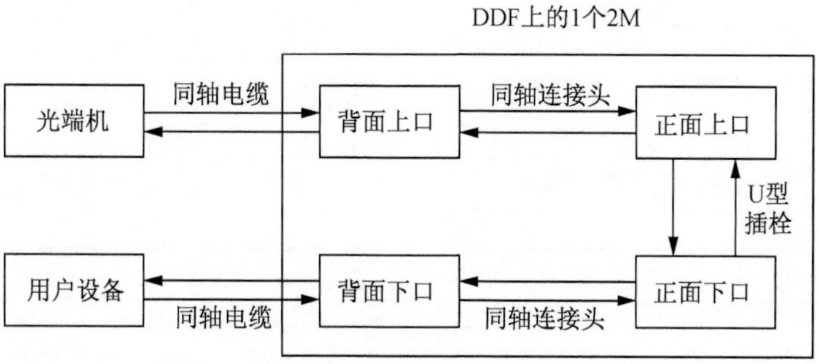

图 15.10　2 M 信号在 DDF 中的流程图

由图 15.10 可以看出,只有通过 U 型插栓将上口与下口连通,光端机的信号才能传至用户设备。通常把 U 型插栓的这种状态称为拉直。在日常业务的处理中,还经常用到 U 型插栓的另外两种状态,即拉断和环回,如图 15.11 所示。

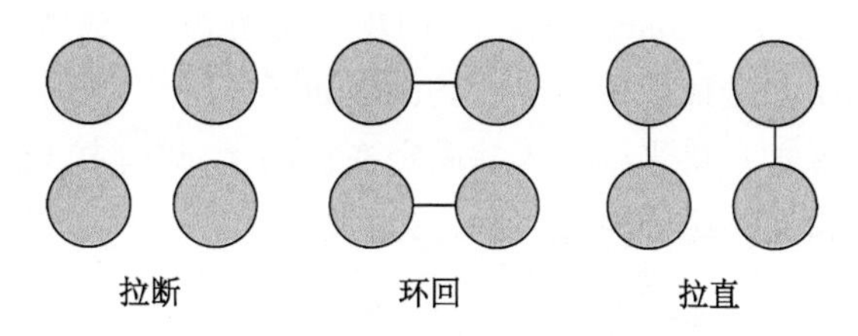

图 15.11　拉断、环回、拉直示意图

(2) 站(局)内转接的 2 M

当一个 2 M 业务由不同系统上的信道连接组成时,必须在两个系统交汇的传输站(局)进行转接。两个系统在站(局)内落地的 2 M 位于不同的 DDF 架上。要完成转接,只需将落在不同 DDF 架上的 2 M 信号连接即可。

如遇紧急调度的转接,直接在正面的上口进行,即把 DDF 架上口背面的信号直接从上口正面引出,而不使用下口和 U 型插栓, DDF 上的信号流程如图 15.12 所示。

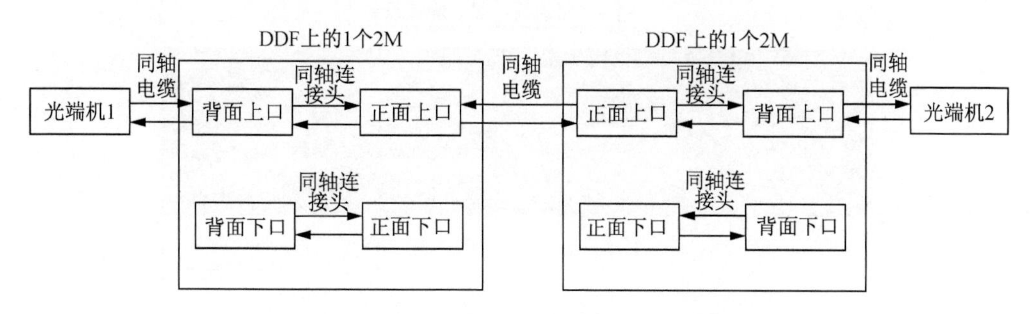

图 15.12　紧急调度的 DDF 信号流程图

长期信道的转接,必须把转接线接至下口,然后把 U 型插栓拉直,DDF 的信号流程如图 15.13 所示。

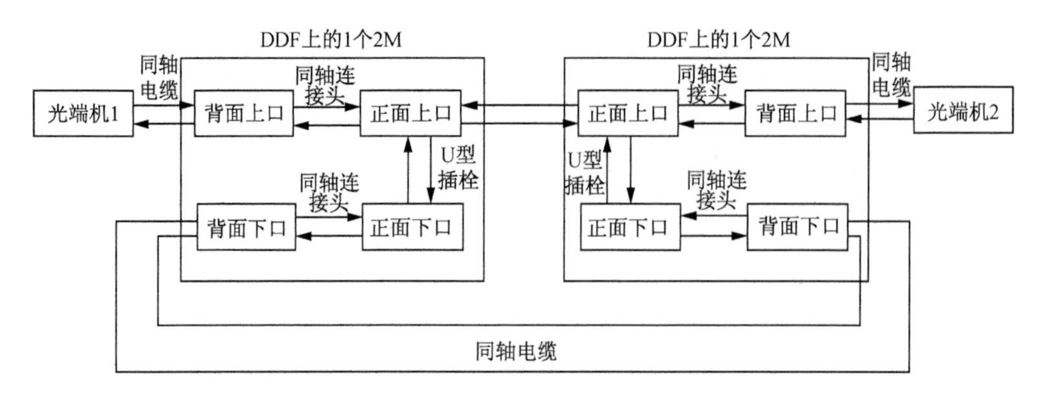

图 15.13　长期信道 DDF 信号流程图

15.3　光纤配线架

光纤配线架(Optical Distribution Frame,ODF),由机柜、光纤终接盒、尾纤盘线装置、光缆固定装置和高压防护接地装置组成。其作用如下:

(1) 光缆固定与保护。将光缆引入并固定在机架上,以保护光缆及缆中纤芯不受损伤。光缆金属部分与机架绝缘,并将固定后的光缆金属护套及加强芯可靠连接到高压防护接地装置。

(2) 光纤终接。光缆从外部引入机房 ODF 架,经过固定,成端后盘绕在光纤终接单元内,以使盘绕的光缆纤芯、尾纤不受损伤。

(3) 调线。光纤终接单元的外侧用于连接设备,通过光纤跳线连接器能迅速方便地调度光信道和倒换纤芯。

(4) 光缆纤芯和尾纤的保护。光缆开剥后纤芯有保护装置,固定后引入光纤有终接装置。

ODF 模块如图 15.14 所示。

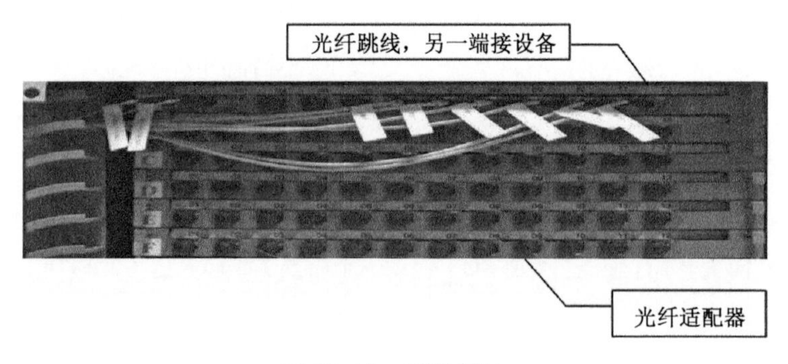

图 15.14　ODF 模块

ODF 架的信号流向:ODF 架下的光路。一种是在站(局)内使用的直接通过尾纤连至光端机用,另一种是在站(局)内跳纤转接,其流向示意图如图 15.15 所示。

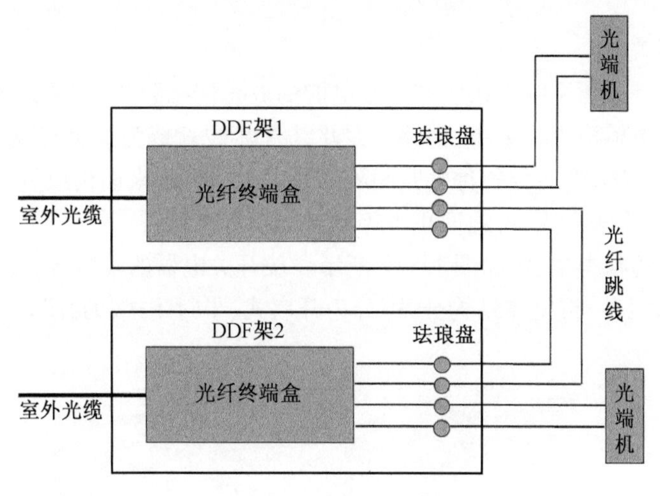

图 15.15　光纤终接装置

15.4　网络配线架

网络配线架(Network Distribution Frame),用于局端对前端信息点进行管理的模块化设备,如图 15.16 所示。通过跳线来实现配线管理。前端的信息点网线进入设备间后首先进入配线架,再将线打在配线架模块上,使用网络跳线连接配线架与交换机等设备,以解决故障重新布线或重复插拔头的问题。

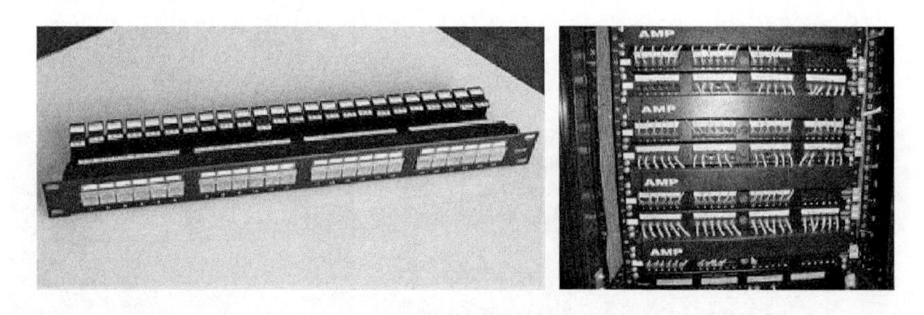

图 15.16　网络配线架

15.5　综合配线架

综合配线架(Main Distribution Frame,MDF),又称总配线架、主配线架、用户配线架,用于接续内、外线路,还具有配线、测试和保护局内设备及人身安全的作用。在小型综合机房中,综合配线架可集成音频、数字、光纤、网络配线模块。

15.6 配电柜

（1）高压开关柜

高压开关柜是高压系统中接收和分配电能的成套配电装置，主要用于 3 ~ 35 kV高压系统中。通常 1 个柜构成 1 个单元回路，因此，1 个柜也就成为 1 个间隔[注1]。使用时，可按设计的主电路方案，将适合各种电路间隔的开关柜组合起来而构成整个高压配电装置，它具有安全可靠、检修方便、占地面积小等特点，应用广泛。

高压开关柜的种类很多，如图 15.17 所示。按开关电器的安装方式，可分为固定式和手车式（较先进）两种；按柜体结构分，可分为开启式、半封闭式和封闭式 3 种。

图 15.17　高压开关柜

高压成套设备包括进、出线柜、环网柜、开关柜、计量柜等。

（2）低压配电柜

低压配电设备根据规模大小可分为盒、箱、盘、屏、柜，主要用于 220 V 交流和 −48 V 直流配电。

其中：低压交流配电柜按其安装的方式不同，可分为固定式和抽屉式两种；按装置的外壳不同，可分为开启式和保护式两种，如图 15.18 所示。

图 15.18　低压配电柜

低压成套设备包括低压开关柜、配电盘、控制箱、开关箱、计量柜、无功功率补偿柜等。

15.7 通信管道

通信管道按照其在通信管网中所处位置及用途，可分为进出局管道、主干管道、中继管道、分支管道5类。常用管材有水泥管、钢管、塑料管(包括波纹管、栅格管、梅花管、硅芯管、ABS管等)。管道施工工序一般分为划线定位、开凿路面、开挖管道沟槽、制作管道基础、管道敷设、管道包封、制作人(手)孔及管道沟槽回填等。

管材分为金属管、水泥管、塑料管和复合材料管等。

管材的连接方式有粘接、承插连接、丝扣连接(套丝、螺纹旋接)、熔接(热熔、电熔)、焊接(多种焊接方法)、法兰连接、卡接(卡凸式、卡压式)、卡箍连接(抱箍)等。

15.8 线槽

线槽又称走线槽、配线槽、行线槽,如图15.19所示,用于规范排列承载各类强、弱电线材,可内置机架或固定在外部的配线用具。根据材质不同,可分为金属材质和塑料材质,常见的有环保PVC型、无卤PPO型、无卤PC/ABS型、钢、铝等金属型等。

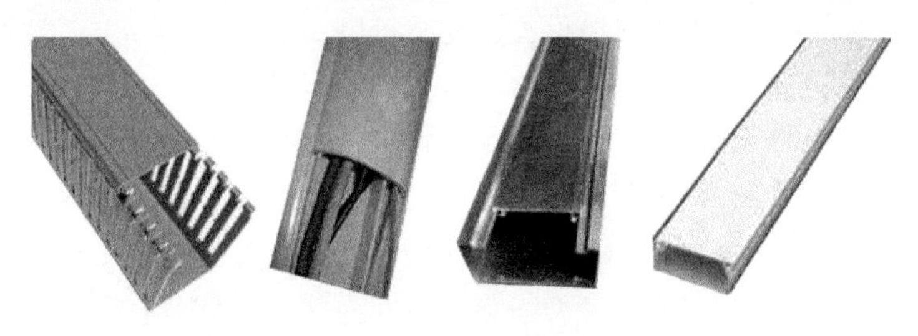

图15.19 不同类型线槽

15.9 桥架

桥架又称线架、龙门架、支架、吊架,如图15.20所示,用于室内、室外电压10 kV以下的电力电缆以及各类强、弱电线缆等敷设。

桥架具有种类全、使用广、强度高、构造轻、造价低、施工简单、配线灵活、装置规范、外形美观、维护检修便利等优点。

图15.20 不同类型桥架

15.9.1 分类

(1) 按材料,可分为钢质(不锈钢)电缆桥架、铝合金电缆桥架、玻璃钢电缆桥架(手糊和机压两种)、防火阻燃桥架(阻燃板(无机)、阻燃板加钢质外壳、钢质加防火涂料)。

(2) 按结构方式,可分为槽式、托盘式、梯级式、组合式。

(3) 按外表处置方式,可分为冷镀锌及锌镍合金、喷塑、喷漆、热镀锌、热喷锌。

15.9.2 型号

电缆桥架型号表示方法:XQJ-形式-类别-规格。

其中:XQJ 表示汇线桥架系列;形式表示结构形式(T 为梯级式,P 为托盘式,C 为槽式,ZH 为组合式);类别表示类别种类序号(用阿拉伯数字加英语字母表示);规格表示规格或规格序号(用阿拉伯数字表示)。

15.9.3 设计计算

桥架的设计和管道类似。桥架截面积 = 线缆截面积 ÷ 0.4。0.4 为填充率,线缆在桥架内横断面的填充率选取原则:电力电缆不应大于 40%;控制电缆不应大于 50%。按样本选择大于等于该截面积的桥架高宽尺寸。

电缆桥架的总载荷为

$$G = n_1q_1 + n_2q_2 + n_3q_3 + \cdots$$

式中:$q_1, q_2, q_3, \cdots$ 为各电缆每单位长度的质量(kg/m);$n_1, n_2, n_3, \cdots$ 为相应的电缆根数;G 应小于电缆桥架的允许载荷(以其载荷曲线图表为参照)。

当电缆桥架在室外或带护罩时,应考虑水载和风载等因素。

电力电缆平放于桥架,桥架宽度

$$b = n_1(d_1 + k_1) + n_2(d_2 + k_2) + n_3(d_3 + k_3) + \cdots$$

式中:$d_1, d_2, d_3, \cdots$ 为各电缆直径;$n_1, n_2, n_3, \cdots$ 为相应电缆直径的根数;$k_1, k_2, k_3, \cdots$ 为电缆间距(k 值最小不应小于 $d/4$)。

控制电缆可平放或堆放于桥架内,一般电缆桥架的填充率取 40% 左右。控制电缆桥架宽度 $b = 2.5\ S/h$。

式中:h 为电缆桥架净高,S 为电缆占用面积,S 计算如下:

$$S = S_1 + S_2 + S_3 + \cdots = n_1\pi(d_1/2)^2 + n_2\pi(d_2/2)^2 + n_3\pi(d_3/2)^2\cdots$$

15.9.4 施工和布线

(1) 电缆桥架布线适用于电缆数量较多或较集中的场所。电缆桥架不宜敷设在腐蚀性气体管道和热力管道的上方及腐蚀性液体管道的下方。当不能满足上述要求时,应采取防腐、隔热措施。在有腐蚀或特别潮湿的场所采用电缆桥架布线时,应根据腐蚀介质的不同采取相应的防护措施,宜选用塑料护套电缆。电缆桥架装置除需屏蔽安装保护罩外,在室外安装时应在其顶层加装保护罩,以防止日晒雨淋。如需焊接安装,则焊件四周的焊缝厚度不得小于母材的厚度,焊口必须防腐处理。

(2) 电缆桥架装置的最大载荷及支撑间距应小于允许载荷和支撑跨距。电缆桥架与各种管道平行或交叉时,其最小净距离应符合规定。电缆桥架不得在穿过楼板或墙壁处进行连接。当两组或两组以上电缆桥架在同一高度平行或上下平行敷设时,各相邻电缆桥架间应预留维护、检修距离。

(3) 下列不同电压、不同用途的电缆,不宜敷设在同一层桥架上:① 包括 1 kV 以上和1 kV以下的电缆;② 向同一载荷供电的两回路电源电缆;③ 应急照明和其他照明的电缆;④ 电力和电信电缆。当受条件限制或电力电缆和控制电缆较少时,可同一电缆桥架安装,但中间要用隔板将电力电缆和控制电缆隔开敷设。选择电缆桥架宽度时,应留有一定的备用空位,以便后期增加线缆。

(4) 电缆桥架水平敷设时的距地高度不宜低于2.5 m,垂直敷设时距地高度不宜低于1.8 m。除敷设在电气专用房间外,当不能满足要求时,应加金属盖板保护。电缆桥架水平敷设时,宜按荷载曲线选取最佳跨距进行支撑,跨距宜为1.5~3 m。垂直敷设时,其固定点间距不宜大于2 m。电缆桥架水平敷设时,桥架之间的连接头应尽量设置在跨距的1/4左右处,水平走向的电缆每隔2 m左右固定,垂直走向的电缆每隔1.5 m左右固定。

(5) 电缆桥架多层敷设时,其层间距离应符合下列规定:电力电缆桥架间不应小于0.3 m;电信电缆与电力电缆桥架间不宜小于0.5 m,当有屏蔽板时可减少到0.3 m;控制电缆桥架间不应小于0.2 m;桥架上部距顶棚、楼板或梁等障碍物不宜小于0.3 m。

(6) 在电缆托盘上可无间距敷设电缆。电缆总截面积与托盘内横断面积的比值应符合如下规定:电力电缆不应大于40%;控制电缆不应大于50%。电缆桥架转弯处的弯曲半径不应小于桥架内电缆最小允许弯曲半径的最大值。各种电缆最小允许弯曲半径不应小于相关规定。当钢制电缆桥架直线段长度超过30 m、铝合金或玻璃钢制电缆桥架长度超过15 m时,宜设置伸缩节。电缆桥架跨越建筑物变形缝处应设置补偿装置。

(7) 电缆桥架及其支架和引入或引出电缆的金属导管应可靠接地,全长不应少于2处与接地保护导体(PE)相连。如利用桥架作为接地干线,则应将每层桥架的端部用16 mm^2软铜线连接(并联)起来,与总接地干线相通,长距离的电缆桥架每隔30~50 m接地1次。

15.10　地沟

又称缆沟、电缆沟,是机房设备下走线通道或敷设电缆的地下专用通道、沟道,如图15.21所示。按设计要求开挖并砌筑,将地沟的侧壁焊接承力角钢架并按要求接地(小型沟无钢架),上面盖以盖板。无地沟条件进行地面线缆敷设时,不受外力可用线槽,如需受力应采用压线板,如图15.22所示。

图15.21　地沟

图15.22　压线板

15.11 转换井

转换井是各种线缆进局前的汇接点。根据走线的不同,分为强电井和弱电井两种。其中:强电井一般为市电 220 V 及高压电等交流电通道;弱电井是用来敷设弱电线路(缆)的通道。弱电井在指定的楼层应设置检查口,以方便专业工作人员检查弱电线路(缆)。弱电井所走的线主要有网络线、电话线、监控线、射频电缆、电视线等,一般弱电井走的均为信号线。

15.12 人(手)孔和通道

人孔(井)、手孔和通道是通信管道的配套设施,人孔净高不小于 1.75 m ± 2 cm。人孔盖一般为直径 76 cm 的圆形盖。人孔按容量分为大号、中号、小号 3 类,按用途分为直通、三通、四通和特殊角度人孔。手孔的规格型号较多;通道一般建设在线缆的数量较多的位置。人(手)孔、通道结构分为基础、墙体和上覆三部分,如图 15.23 所示。

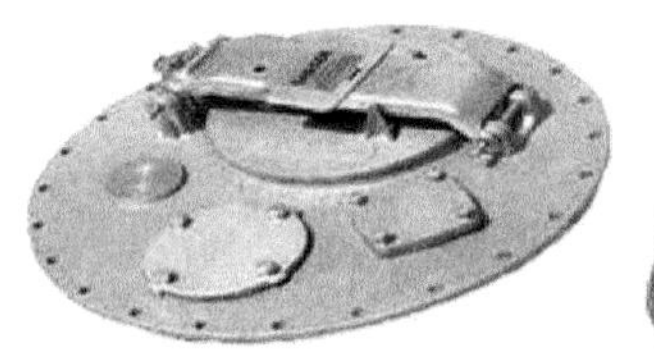

图 15.23 人孔和手孔盖

15.13 地下综合管廊

建设在城市地下并用于集中敷设电力、通信、广播电视、给水、供气、供暖等市政管线的公共通道,可避免反复开挖路面,以实现直接对各类管线进行抢修、维护、扩容改造等,经济效益高,如图 15.24 所示。

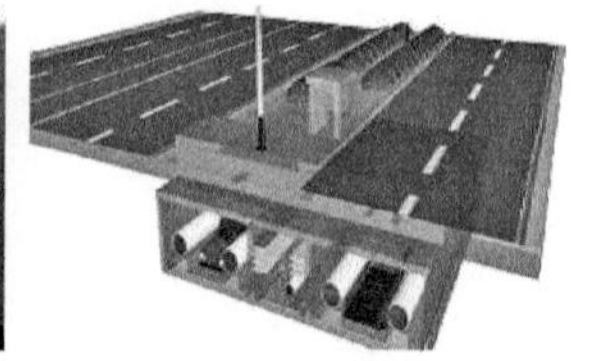

图 15.24 地下综合管廊

注释

[注 1]电气间隔定义中,把一个开关柜称为 1 个间隔。

第16章　综合布线

16.1　定义

定义:综合布线系统 GCS(Generic Cabling System)指按标准、统一和简单的结构化方式编制和布置各种建筑物(或建筑群)内各种系统的通信线路,包括网络系统、电话系统、监控系统、电源系统和照明系统等,是一种标准通用的信息传输系统,是智能化办公室建设数字化信息系统基础设施,是将所有语音、数据等系统进行统一规划设计的结构化布线系统,为办公提供信息化、智能化的物质介质,支持语音、数据、图文、多媒体等综合应用。

综合布线系统由通信电缆、光缆、各种软电缆及有关连接硬件等组成,常见器材如图16.1所示,其中不包括应用的各种设备。可连接建筑内部设备,也可连接外部通信网络。作为预布线,它能够适应较长一段时间的需求,是一种模块化、灵活度极高的建筑物内或建筑群之间的信息传输通道。

优点(相对传统布线):兼容性、开放性、灵活性、可靠性、先进性、经济性、便利性。

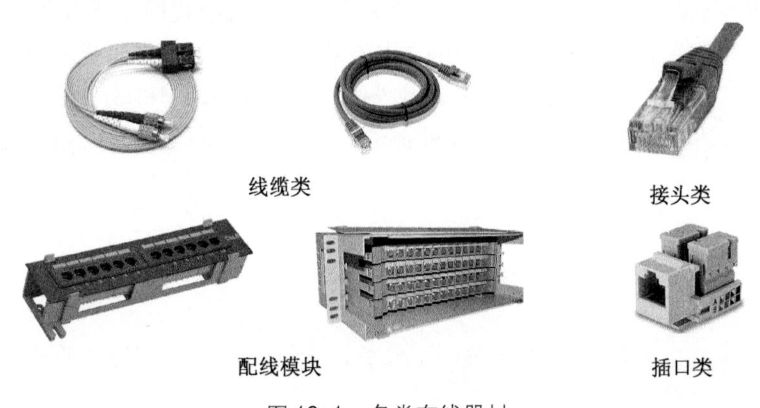

图16.1　各类布线器材

相关标准:

国外标准主要包括:

ANSI/ EIA / TIA—569	商业大楼通信通路与空间标准
ANSI/ EIA / TIA—568-A	商业大楼通信布线标准
ANSI/ EIA / TIA—606	商业大楼通信基础设施管理标准
ANSI/ EIA / TIA—607	商业大楼通信布线接地与地线连接需求
ANSI/TIA TSB—67	非屏蔽双绞线端到端系统性能测试
EIA/ TIA—570	住宅和N型商业电信布线标准
ANSI/TIA TSB—72	集中式光纤布线指导原则

ANSI/TIA TSB—75	开放型办公室新增水平布线应用方法
ANSI/TIA/EIA— TSB-95	4 对 100 Ω5 类线缆新增水平布线应用方法

国内标准主要包括：

GB 50174—2017	数据中心设计规范
GB 50462—2015	数据中心基础设施施工及验收规范
GB 50343—2012	建筑物电子信息系统防雷技术规范
GB/T 13993.3—2014	通信光缆 第 3 部分:综合布线用室内光缆
GB 50311—2016	综合布线系统工程设计规范
GB/T 50312—2016	综合布线系统工程验收规范

16.2　历史事记

综合布线的发展与建筑物自动化系统密切相关。由于传统布线如电话、计算机局域网等各自独立,各系统分别由不同的厂商设计和安装,传统布线采用不同的线缆和终端插座,连接不同布线的插头、插座及配线架均无法互相兼容,场地布局及环境改变的情况经常发生,故需要调整设备。随着新技术的发展,需要更换设备时必须更换布线,因增加新电缆而留下不用的旧电缆长期积累,从而导致建筑物内产生大量杂乱的线缆,造成很大的隐患,使得维护不便,改造也十分困难。随着全球社会信息化与经济国际化的深入发展,人们对信息共享的需求日趋迫切,因此,需要一个适合信息时代的布线方案。

美国电话电报公司(AT&T)贝尔(Bell)实验室的专家们经过多年研究,在办公楼和工厂试验的基础上,于 20 世纪 80 年代末期率先推出 SYSTIMATMPDS(建筑与建筑群综合布线系统),后又推出结构化布线系统(Structure Cabling System,SCS)。我国国家标准命名为综合布线。

16.3　组成

综合布线系统由工作区子系统、配线(水平)、干线(垂直)、设备间、管理、建筑群 6 个子系统组成,其功能如下:

(1) 建筑群子系统(CAMPUS SUBSYSTEM)。由两个(含)以上建筑物的电话、数据、电视系统组成一个建筑群子系统,是室外设备与室内网络设备的接口,它终结进入建筑物的铜缆、光缆,具有避雷及电源超荷保护等功能。

(2) 设备子系统(Equipment Subsystem)。由综合布线系统的建筑物进线设备,电话、数据、计算机等各种主机设备及其保安配线设备等组成。

(3) 垂直干线子系统 (Riser Backbone Subsystem)。由设备间的配线设备和跳线,以及设备间至各楼层配线间的连接电缆组成。

(4) 管理子系统 (Administration Subsystem)。设置在每层配线设备的房间内、由交接间的配线设备、输入/输出设备等组成。

(5) 水平布线子系统 (Horizontal Cabling Subsystem)。由工作区用的信息插座、每层配线设备至信息插座的配线电缆、楼层配线设备和跳线等组成。

(6) 工作区子系统 (Work Area Subsystem)。由配线(水平)布线系统的信息插座延伸到工作站终端设备处的连接电缆及适配器组成,根据用户要求,每个工作区设置一个电话机接口和 1 ~2 个计算机终端接口。

16.4　分类

家用、办公、建筑、机房、工程设计中,根据实际需要,可选择以下 3 种类型的综合布线系统:

(1) 基本型。适用于综合布线系统中配置标准较低的场合,用铜芯双绞线电缆组网。基本型综合布线系统配置如下:每个工作区有 1 个信息插座;每个工作区的配线电缆为 1 条 4 对双绞线电缆;采用夹接式交接硬件;每个工作区的干线电缆至少有 1 对双绞线。

(2) 增强型。适用于综合布线系统中中等配置标准的场合,用铜芯双绞线电缆组网。增强型综合布线系统配置如下:每个工作区有 2 个或以上信息插座;每个工作区的配线电缆为 2 条 4 对双绞电缆;采用夹接式或插接交接硬件;每个工作区的干线电缆至少有 2 对双绞线。

(3) 综合型。适用于综合布线系统中配置标准较高的场合,用光缆和铜芯双绞线电缆混合组网。综合型综合布线系统配置应在基本型和增强型综合布线系统的基础上增设光缆系统。

16.5　相关要求

16.5.1　机房布线

较好的综合布线美观舒适、易于维护管理,凌乱的布线丑陋难看,对维护管理造成极大不便。正规和凌乱的布线对比如图 16.2 和 16.3 所示。

图 16.2　桥架、设备上的正规布线

图 16.3　凌乱的布线

根据相关标准要求和施工经验总结，综合布线应注意以下几点：

（1）明确要求、方法。施工负责人和技术人员要熟悉网络施工要求、方法、材料使用，不仅能向施工人员说明网络施工要求、施工方法、材料使用，而且要经常在施工现场指挥施工，检查质量，随时解决现场施工人员提出的问题。

（2）掌握环境资料。尽量掌握网络施工场所的环境资料，根据环境资料提出保证网络可靠性的防护措施：

①为保护电缆、防止意外破坏，室外电缆应穿入埋在地下的管道内。如需架空，则应架高 4 m 以上，而且要固定在墙或电线杆上，切勿搭架在电杆、电线、墙头、门框、窗框上。室内电缆应铺设在墙壁顶端的电缆槽内。

②为确保系统可靠性，通信设备和各种电缆线都应加以固定，以防止随意移动。

③为保护室内环境，室内要安装电缆槽，将电缆放在电缆槽内，全部电缆进房间、穿楼层时均需打电缆洞，全部走线都应横平竖直。

（3）兼顾质量和成本。由于线缆厂家极多，质量良莠不齐，故在挑选产品时应货比三家。在满足质量要求的前提下，应考虑经济成本。综合布线不仅要考虑成本，而且要考虑长期的使用，特别是网络基础材料和隐蔽工程使用材料，如跳线、面板、网线等。由于布线时安放在天花板、墙体或地下，故出现问题将难以解决，整改成本巨大。产品安装前，必须用专业工具检测质量。

（4）兼容匹配。综合布线系统应能满足所支持的数据系统的传输速率要求，并选用相应等级的缆线和传输设备，应能满足所支持的全部设备传输标准要求。设备选择要满足接口协议规范，最大限度地减少高端与低端、同等级别不同设备间的不兼容问题。在系统设计时，系统所选缆线、连接硬件、跳线、连接线等必须与选定的类别相一致。若采用屏蔽措施，则系统必须都按屏蔽设计，以保持屏蔽的连续性。

（5）信息管理。综合布线时遵循严格的管理制度，防止普通用户不按规程私接、乱接线材，从而造成布线凌乱，网络故障（如网络广播风暴等），甚至通信中断。综合布线系统应配置计算机信息管理系统。通过人工登录查询来管理综合布线系统相关的硬件设施的工作状态信息。具体包括：设备和缆线的用途及使用部门、组成局域网的拓扑结构、传输信息速率、终端设备配置状况、占用硬件编号和色标、链路的功能和各项主要特征参数、链路的完好状况和故障记录等内容。此外，还应具备设备位置和缆线走向内容以及建筑物名称、位置、区号、楼层号和房间号等内容。

（6）按规格连接线缆。以网线为例，网线种类繁多，制作方式多样，不同的线缆用途差异巨大。如果混淆种类随意使用，就会出现网络不通等情况，因此，在结构化布线过程中需要区分线缆的种类。虽然目前很多网络设备都支持 DIP 跳线功能，即无论正反线均可以正常使用，但部分设备并不具备 DIP 功能，所以要注意接线类型，避免不必要的故障。

（7）预留网络接入点。多数情况下，结构化布线过程中并未考虑未来的升级性，网络接口数量仅满足近期使用需求。当未来布局发生变化时，需重复投资，耗费人力和物力资源。由于网络技术的发展迅速，容量升级和设备更新换代时间很短，所以要高度重视网络的可扩展性，在结构化布线时应预留至少 1 倍的网络接入点，以小投资换取长期使用。

（8）防电磁干扰。强弱电线缆要分开，防止强电线缆对弱电线缆造成电磁干扰。大功率电器等设备产生的电磁波可能干扰电信号线缆传输速度，出现信号减弱或丢失的情况。在结构化布线时要远离大辐射干扰源。

（9）不同线缆的要求。综合布线系统工程设计中，选用的电缆、光缆、各种连接电缆、跳线，以及配线设备等硬件设施均应符合相关标准及各项规定要求，确保系统指标的可靠性。要根据介质性能、材料特点提出不同施工要求，具体要求详见各类线缆施工制作。

（10）主设备及附属设备的安装流程及注意事项。以基于同轴电缆组网的网络设备安装为例进行说明，为保证网络安装的质量，设备的安装应遵循如下步骤：

① 收货及点验。首先，阅读设备手册和安装说明书。设备开箱要按装箱单进行清点，对设备外观进行检查，认真地做好详细记录。

② 设备安装就位。安装工作应从服务器开始，按说明书要求逐一接好电缆。逐台设备分别进行通电，并做好自检；将逐台设备分别连接到服务器上，进行联机检查，出现问题应逐一解决；安装系统软件，进行主系统的联调工作；安装各工作站软件，确保工作站正常上网工作；逐一解决遗留的所有问题。用户按操作规程可任意上机检查，熟悉网络系统的各种功能。

③ 附属设备的安装。

a. Hub 的安装。Hub 应安装在干燥、干净的房间的托架上，固定的托架应距地面 500 mm以上，插入电缆线要固定在托架或墙上，以防止意外脱落。

b. 收发器的安装。选好收发器并安装在粗缆上的位置（两个收发器最短距离应为 25 m）。具体方法：用收发器安装专用工具，在粗缆上钻孔，钻孔应在粗缆中间位置并钻到底；安装收发器联结器，收发器联结器上有 3 根针（中间 1 根信号针，信号针两边各有 1 根接地针），信号针要垂直接入粗缆上的孔中，上好固定螺栓，确保紧固；用万用表测量信号针和接地针间电阻，电阻值约为 25 Ω（确认粗缆两端终端器是否已安装好）。如电阻无穷大，一般是信号针与粗缆芯没接触上，或收发器联结器固定不紧，钻孔时没有钻到底，需要重新钻孔或再用力把收发器联结器固定紧；安装收发器，固定螺钉，收发器要固定在墙上或托架上，不可悬挂在空中；安装收发器电缆，收发器电缆应先与粗缆先平行一段距离后再拐弯，以保证收发器电缆插头与收发器连接可靠。

c. 网卡安装。网卡安装应选择合适的插槽，不要选择最边上的插槽，以避免机器框架影响网络电缆的拔插，给调试带来不便。网卡安装与其他计算机卡安装方法一样，因网卡有外接线，安装时要用螺钉固定在计算机的机架上。

④ 设备试运行。设备安装调试后进入试运行，待系统稳定后转入正式运行。

16.5.2　办公布线

楼宇综合布线设计施工应遵循综合布线的相关要求。园区多个楼宇一般设置 3 级强弱电管理模式，单个楼宇设置 2 级强弱电管理模式。对单独楼宇而言，分为集中式和分布式两种布线设计方式。前者将设备汇集至一楼或地下室独立机房，层次清晰，维护和排障可靠方便，但布线成本高；后者投资成本低，但维护和故障定位难，易出现网络风暴。以下主要讨论单个办公室的布线，即综合布线系统中的工作区子系统。

三相或单相交流电从室外引入至各楼层配电箱，应根据不同区域用电需求进行布线，通达各类电源插座及照明开关的，弱电箱、机柜等信息设备汇集，应引接电源专线。办公区域的强电布线主要根据办公工位数量、位置需求进行设计施工。电源线径根据实际负载配置，并做好扩容预留。

信息弱电从机房引入办公区弱电箱，通过路由器、交换机、电话分线盒等设备分配至各办公工位以及共享打印机、公共储存等设备，需使用服务器的还应设置机柜或机箱。各类线材和设备端口数量由实际用户确定，并预留未来线缆和接口需求。弱电施工主要包括确定点位、开槽、布线、封槽等 4 个工序。

为减少线材，在办公室弱电总接入端可使用无线连接解决方案。

16.5.3 家装布线

家装（居）综合布线较工业综合布线简单，但有其自身特点，最大区别是家居综合布线是一次性隐蔽工程。国内的一般做法如下：水电工在地板施工工序开始前，开始综合布线工作。家居布线主要包括电、水、气等管线，这里只讨论强弱电的布线。

（1）强弱电布线

强电布线即将三相或单相交流电从室外引入至配电箱，应根据不同区域用电需求进行布线，通达至各类电源插座及照明开关，电能最终分配至厨房操作台、消毒柜、冰箱、抽油烟机、排气扇、微波炉、客厅电视墙、客厅茶几、餐厅饭桌、卧室电视柜（墙）、床头柜、卫生间排气扇、浴霸、电吹风、空调、电暖、地暖、风扇、照明设备等，重点考虑厨房电炊具、餐厅、卫生间浴霸、电暖、房间空调等大功率电器，大功率电器的固定插座应使用粗线径电线，其配电方案和现场施工分别如图 16.4 和 16.5 所示。家庭电路的设计，2000 年前的

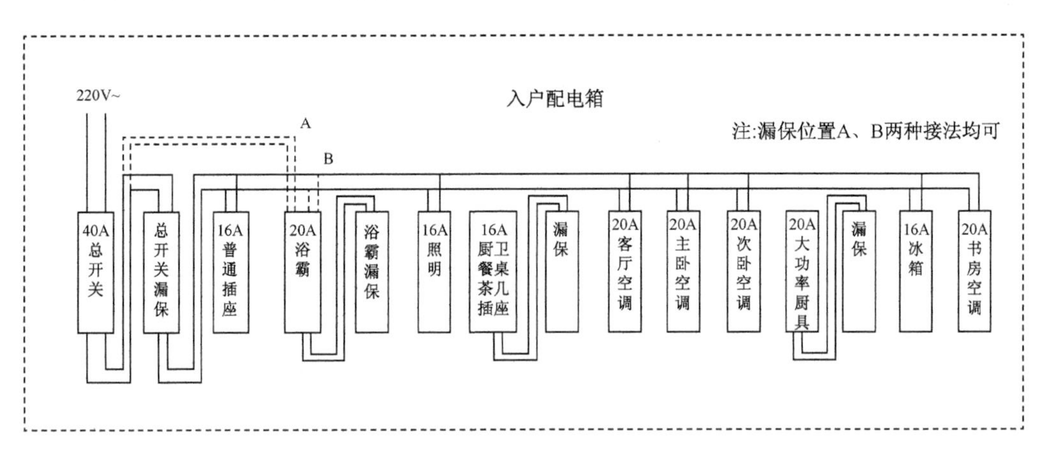

图 16.4　强电家装配电方案

图 16.5　现场布线图

标准一般要求为:进户线4～6 mm^2,照明1.5 mm^2,插座2.5 mm^2,空调4 mm^2专线。随着家用负载功率的不断增加,2000年后的要求变为:进户线6～10 mm^2,照明2.5 mm^2,插座4 mm^2,空调6 mm^2专线。三相交流电分配过程要考虑三相负载平衡。

先将弱电信号从室外引至信息接入箱(多媒体集线箱、配线箱),再分配至信息模块(插座面板),信息模块主要分布于客厅、各卧室及专设家庭影院等位置,如图16.6所示。信息接入箱的基本要求是控制有线电视信号、电话语音信号和网络数字信号等电子信号,高级的信息接入箱还能控制视频、音频信号。如果所在的社区提供相应的服务,还可以实现电子监控、自动报警、远程抄水电煤气表等一系列功能。各种信号在信息接入箱里都有相应的功能接口模块,以管理各自线路的连接,其管理原理与电脑网络的中心机柜类似。传输各种电子信号的信号线包括双绞线(网线)、同轴电缆、电话线、音频线、视频线及各种安防和水电煤气自动抄表的信号线、控制线等。信号端口接驳终端设备,如电视机、电话、电脑、交换机、防盗报警器、自动抄表器等。家居弱电系统主要包括网络、电话、电视、影音4个模块,有条件的家庭还可以增加防盗报警的监控模块。根据用户的实际需求,可以在各个功能模块上接入、分配、转接和维护管理,从而支持电话、上网、有线电视、家庭影院、音/视频点播、安防报警等各种应用。

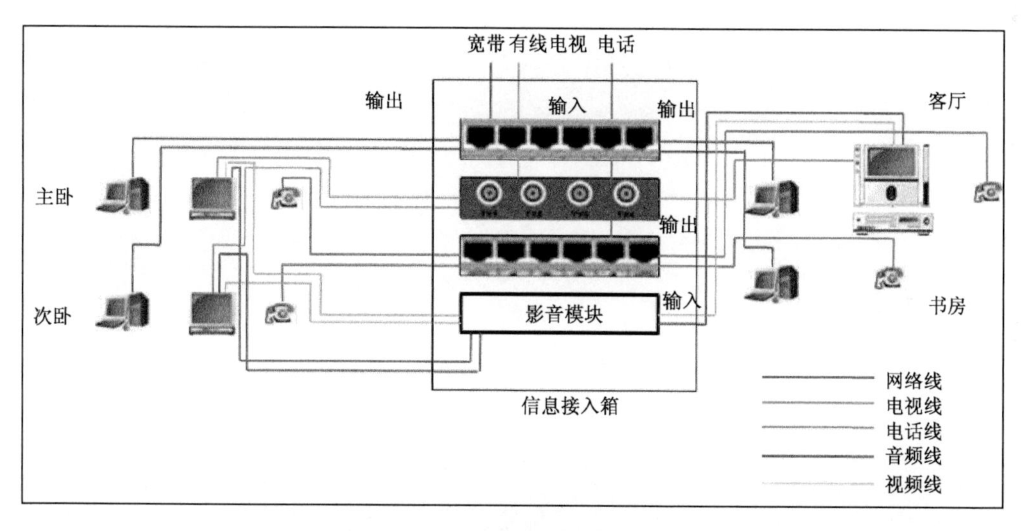

图16.6 弱电家装有线布线方案

家装强弱电具体施工方法步骤参考上文,家装布线还要采取防雷接地和防漏电措施。施工结束后,应形成电子资料,以方便后期维修和改造。

在美国ANSI TIA/EIA-570A——家居电讯布线标准(Residential Telecommunications Cabling Standard)中,按照信息化标准对新一代家居布线提出了相关要求,主要应用支持话音、数据、影像、视频、多媒体、家居自动系统、环境管理、安保、音频、电视、探头、警报及对讲机等服务,其认可界面包括光缆、同轴电缆、3类及5类非屏蔽双绞电缆UTP。线路长度由插座到配线箱不可超出90 m,信道长度不可超出100 m,适用范围包括主干布线、固定装置布线、(对讲机、火警感应器等)。通信插座只适合T568-A接线方法及使用4对UTP电缆端接8位模块或插头,还要求每一家庭必须安装配线架,布线系统必须使用星形拓扑方法，从插座到配线架的电缆必须埋藏于管道，不可使电缆外露。

（2）布线器材

包括强弱电相关器材、各类线材、铜介质信息模块、光纤模块、面板/插座、配线架、布线工具、桌面终端产品、智能布线箱等。

（3）无线布线方案

随着无线技术的发展，家装弱电布线也可采用无线方案，该方案可以大幅减少线材使用量和布线工作量，但传输质量会有一定程度下降，不如有线方案。因此，对高保真音视频要求高的用户建议采用有线方案。

第 17 章　系统组网

17.1　定义

定义 1:信息通信网是包括电信网、计算机网和新一代网络在内的各类网络的总称,是信息系统和通信系统融合而形成的新型系统。

定义 2:通信网是由一定数量的节点(包括终端节点、交换节点)和连接节点的传输系统通过各类通信线缆有机组织在一起、按约定的信令和协议完成任意用户间信息交换的通信体系。通信网上任意用户、设备均可进行信息交换,交换信息包括用户信息(语音、数据、图像等)、控制信息(信令信息、路由信息等)和网络管理信息。同时,通信网也是由软、硬件按特定方式构成的一个通信系统,由软、硬件设施协调配合而实现通信。在硬件构成上,通信网由终端节点、交换节点、业务节点和传输系统构成,完成通信网的接入、交换和传输功能;软件构成包括信令、协议、控制、管理、计费等,主要完成通信网的控制、管理、运营和维护,实现通信网智能化。

17.2　基本结构

完整的现代通信网可分为业务网、传输网和支撑网,以实现通信网信息传输、信息处理、信令机制、网络管理功能。

支撑网:网络的正常运行中若干起支撑作用的网络。支撑网包括智能、安全、信令、同步、营账、网管等。

17.2.1　信令网

信令是指为使通信网络中各种设备协调运作而在设备之间传输的有关控制信息,用于说明各自的运行情况,提出对相关设备的接续要求。信令需要信令网传输,典型信令如表 17-1 所示。

表 17-1　典型信令

信令编号	解释
1 号信令	又称多频互控信令、随路信令,指信令和话音在同一条话路中传送的信令方式。
7 号信令	又称公共信道信令,指以时分方式在一条高速数据链路上传送一群话路信令的信令方式,通常用于局间。

17.2.2　同步网

能够准确地将同步信息从基准时钟源向同步网各同步节点传递,调节时钟保持同步,满足传输业务信息所需传输和交换性能要求,是确保网络定时性能的关键,是开放数据业务和信息业务的基础。

17.2.3 网管网

提供一个有组织的网络结构，取得各类操作系统、操作系统和设备间互联，是对通信业务网的运行进行集中监控、实现高度自动化管理的手段。

17.3 网络类型

按业务类型，可以分为电话通信网（如 PSTN、移动通信网等）、数据通信网（如 X.25、Internet、帧中继网等）、广播电视网等；

按空间距离和覆盖范围，可分为广域网、城域网和局域网；

按信号传输方式，可分为模拟通信网和数字通信网；

按运营方式，可分为公用通信网和专用通信网；

按通信终端，可分为固定网和移动网；

按组网方式，可分为有线网和无线网。

17.4 拓扑结构

拓扑结构是指构成通信网的节点间的互联方式。基本的拓扑结构有网形网、星形网、环形网、总线型网、复合型网等，树型结构是总线型结构的扩展，也可以看作是星形结构的叠加，如图 17.1 所示。

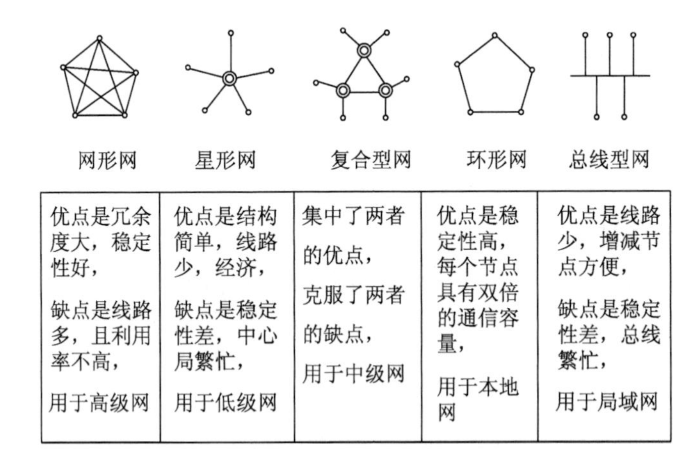

网形网	星形网	复合型网	环形网	总线型网
优点是冗余度大，稳定性好， 缺点是线路多，且利用率不高， 用于高级网	优点是结构简单，线路少，经济， 缺点是稳定性差，中心局繁忙， 用于低级网	集中了两者的优点， 克服了两者的缺点， 用于中级网	优点是稳定性高，每个节点具有双倍的通信容量， 用于本地网	优点是线路少，增减节点方便， 缺点是稳定性差，总线繁忙， 用于局域网

图 17.1 网络基本拓扑结构

17.5 通信组网

以光传输为基础的通信网结构如图 17.2 所示。其中，程控交换、网络交换、人工交换等系统通过传输局站出局。

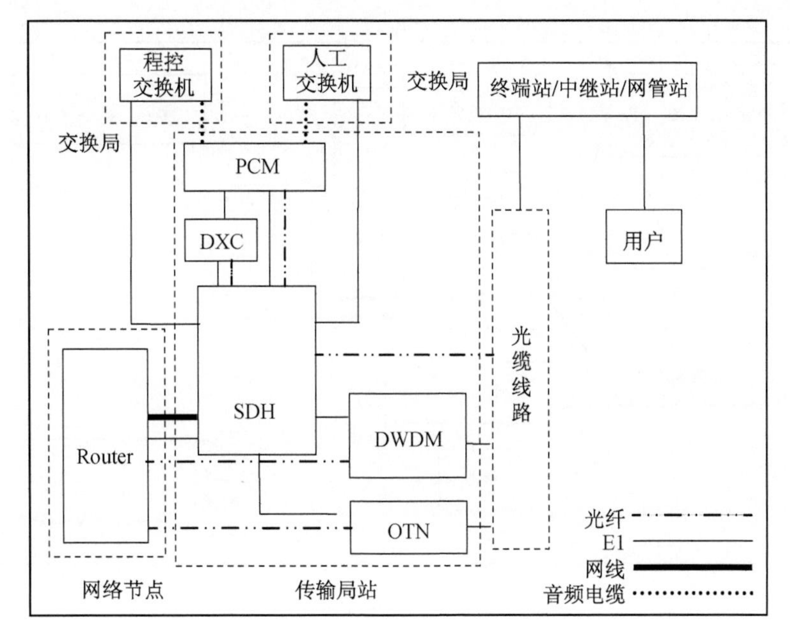

图 17.2　有线通信设备连接和组网

17.5.1　光通信

传输站内 DXC、PCM 等设备通过 SDH 和 DWDM 设备经光缆线路与各类型传输站连接，如图 17.3 所示。

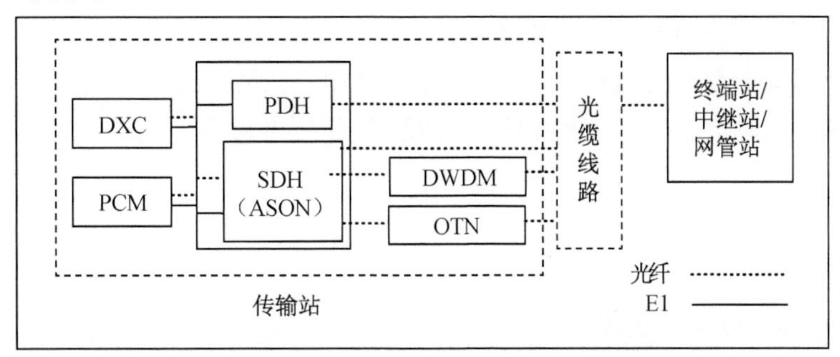

图 17.3　光传输通信设备连接和组网

17.5.2　电话通信(交换)

传统的电话交换模式为磁石、共电、程控等不同类型各类话机，可通过 PCM 来实现电话通信，还可实现远程放号，如图 17.4 所示。

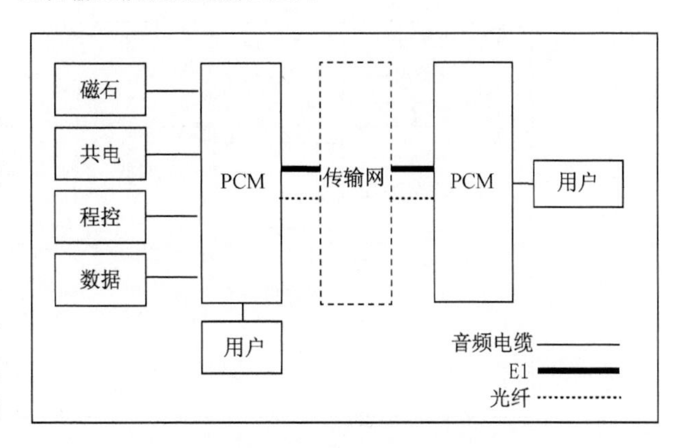

图 17.4　电话通信系统组织图

17.5.3　网络通信(交换)

网络节点包括核心、汇聚、接入节点等。对于核心节点，设备配置应完善，其典型设备组网和连接如图 17.5 所示。

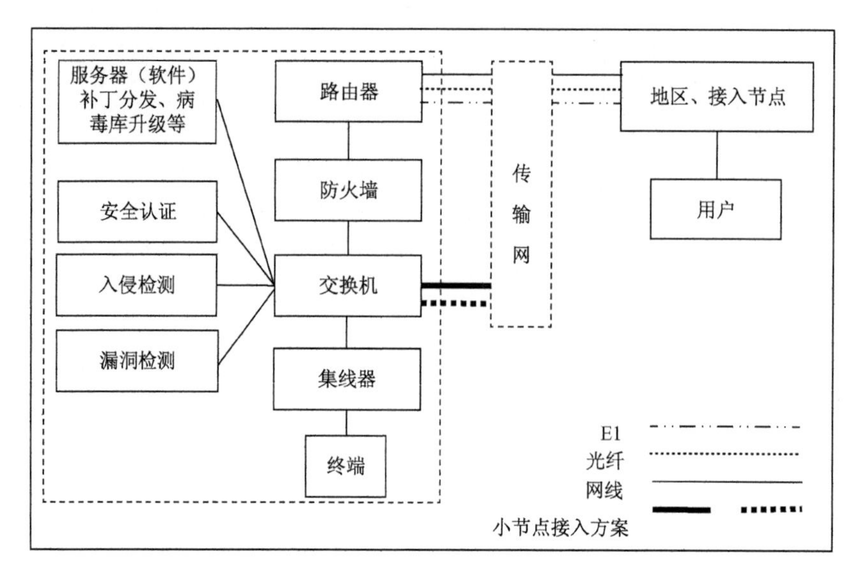

图 17.5　网络交换设备连接和组网

17.5.4　计算机通信

以网络通信为基础，用户终端经交换机、路由器，配置必要服务，经传输网进行远程交换，以实现计算机组网。网络拓扑结构有总线型、星型、环型、树型、网状、混合型等几种，主要利用网线进行连接。使用光纤同轴混合组网时，头端机房到光纤节点间使用光纤，光纤节点到用户终端使用 RG-62 等电缆线。

仅两台计算机互访可通过以下方式实现：① 使用交叉网线连接；② 使用 USB 直连线连接；③ 使用串口或并口连接；④ 使用 HUB 连接；⑤ 使用 WLAN、蓝牙等无线连接。

17.6　应用网组网

17.6.1　程控(自动)交换系统

程控电话用户经程控交换机通过传输网出局，如图 17.6 所示。

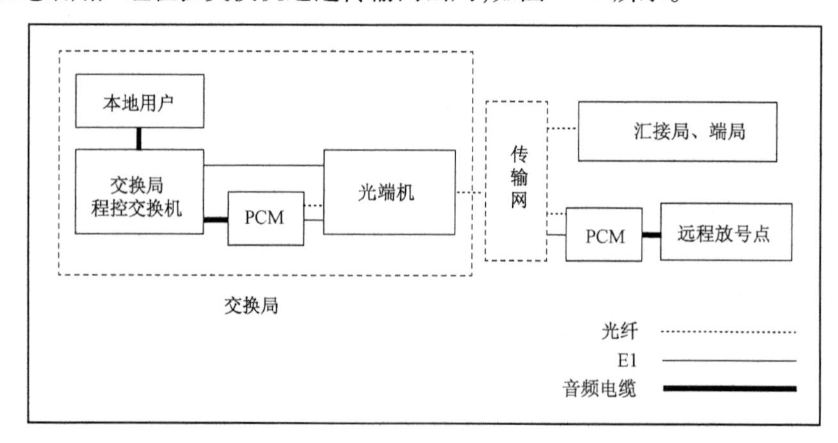

图 17.6　程控交换设备连接和组网

17.6.2　软交换系统

软交换系统通过 IP 网络来实现电话通信,如图 17.7 所示。目前,基于 IP 交换的电话交换模式较为简单(但原理十分复杂),IP 话机通过 IP 电话网来实现交换。

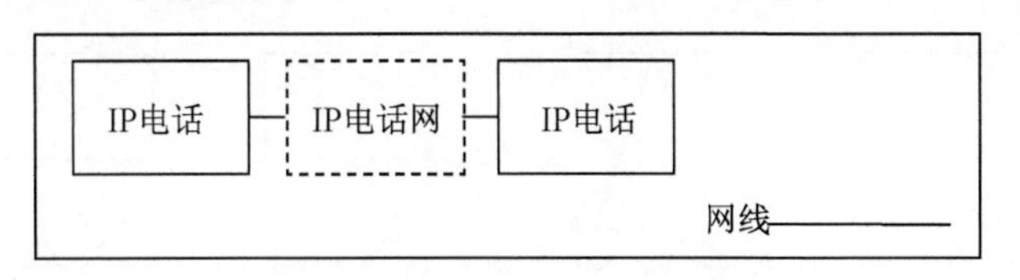

图 17.7　软交换系统组织图

17.6.3　人工交换系统

与自动交换系统相比,人工交换过程采用人工电话转接而实现,对应系统组织图如图 17.8 所示。

17.6.4　指挥调度系统(可视电话)

指挥调度机可认为是程控交换机的局部功能的应用集成,可实现多方通话、一键拨号。基于 IP 网络的指挥调度系统进一步提高了传输带宽,还可实现视频、多媒体等功能,其系统组织图如图 17.9 所示。

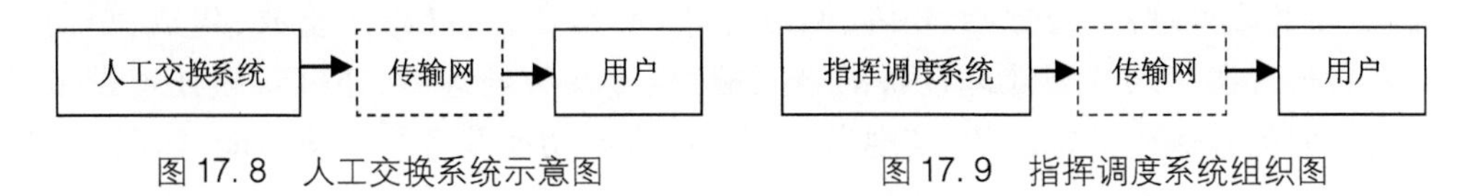

图 17.8　人工交换系统示意图　　图 17.9　指挥调度系统组织图

17.7　支撑组网

17.7.1　时钟同步网

通过提取时钟信号,可为各种网络提供高精度的时间和频率同步信号,如图 17.10 所示时钟的提取方式有:外部提取、线路提取和振荡器提取。

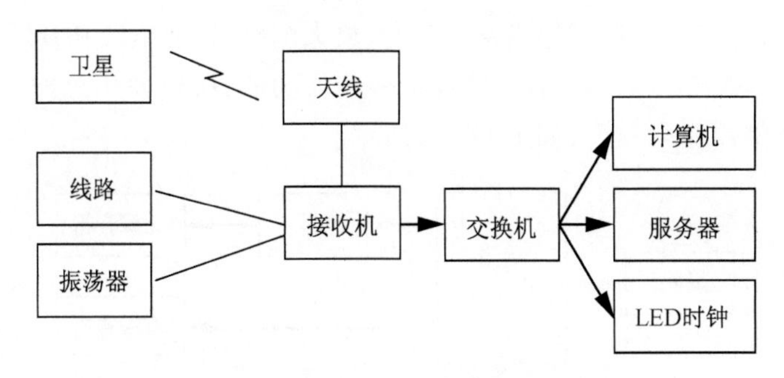

图 17.10　时钟同步系统组织图

17.7.2　信令网

信令网由信令点(SP)、信令转接点(STP)和信令链路组成,按等级可分类为不含 STP 的无级网和含 STP 的分级网。无级网信令点应采用直连方式工作,分级网基本结构有网状结构、A、B 平面结构和星形结构，如图 17.11 所示。

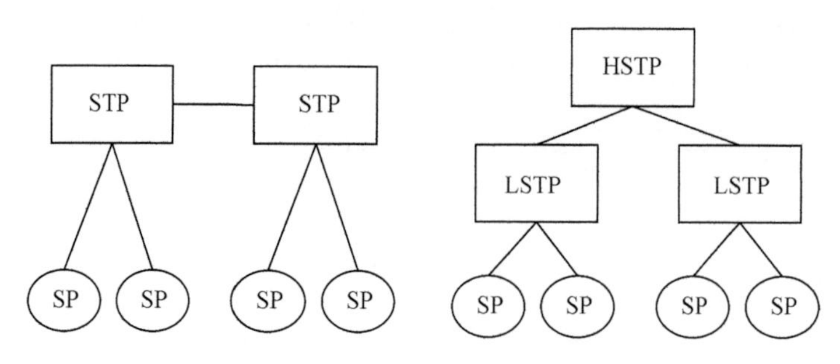

图 17.11　二级、三级分级信令网

17.8　音/视频组网

17.8.1　音频系统

典型音频系统一般由音源设备（麦克、DVD、PC 等）、音频处理设备（均衡、反馈抑制器、数字音频处理器、音分器、矩阵、调音台等）和扩音设备（电声重放）组成，单向连接。将各类音源接入音频处理设备的输入端，经过音频处理后，通过音频处理设备输出端将音源信号送至扩音设备，实现发言、扩音、音频切换等音频系统功能，如图 17.12 所示。

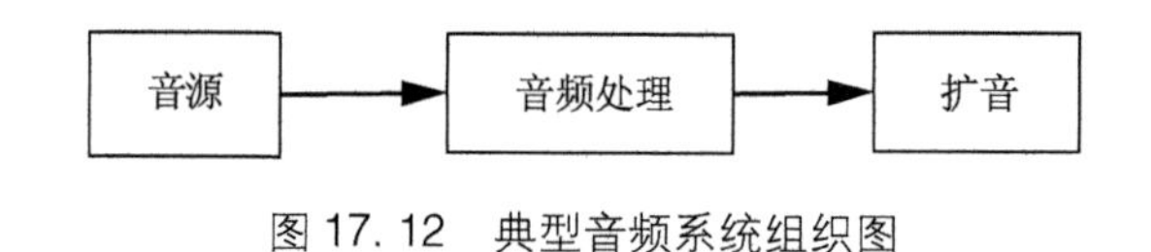

图 17.12　典型音频系统组织图

（1）简单系统

将各类音源信号经功放至音箱或直接连至音箱、耳机。音箱分为两类，一类为有源音箱，另一类为无源音箱。有源音箱内置了分音、放大电路，接通电源和音源输入即可工作。无源音箱又称“被动式音箱”，其本身没有功率放大功能，所以使用这种音箱时需要连接专用的功率放大器以驱动发声，如图 17.13 所示。

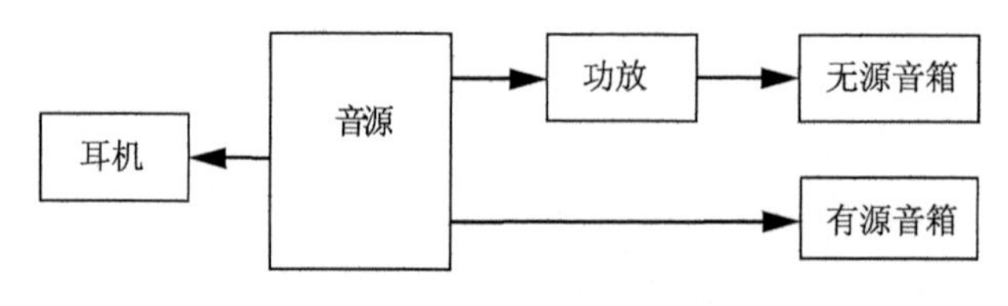

图 17.13　简单音频系统组织图

（2）利用电话系统的远程音频会议系统

旧式音频会议系统利用电话会议机来实现，会议和背景音乐等音源信号经调音台、电话会议机并通过传输网送至远端。如远端需要发言,则需依照本端增设电话会议机和调音台(如只收听,则无须拾音设备)。一般采用 4 线连接,如图 17.14 所示。

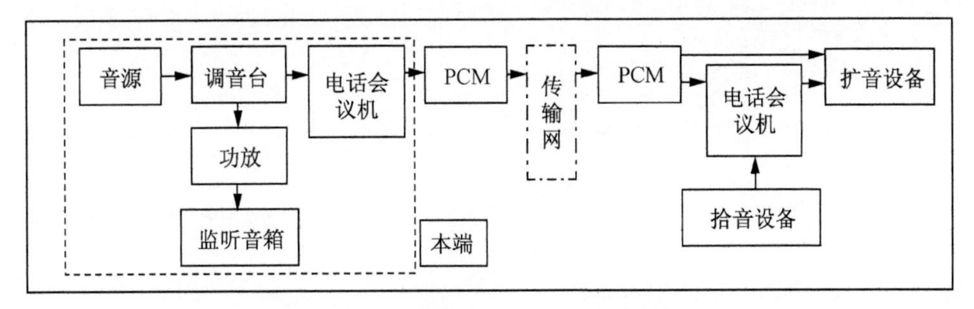

图 17.14　远程音频会议设备连接和组网

(3)远程数字音频会议系统(IP 方案)

将各类音源经数字调音台或数字音频处理器,通过 IP 网络至远端,经过远端的数字调音台或数字音频处理器的处理,输出音频信号至扩声系统,如图 17.15 所示。

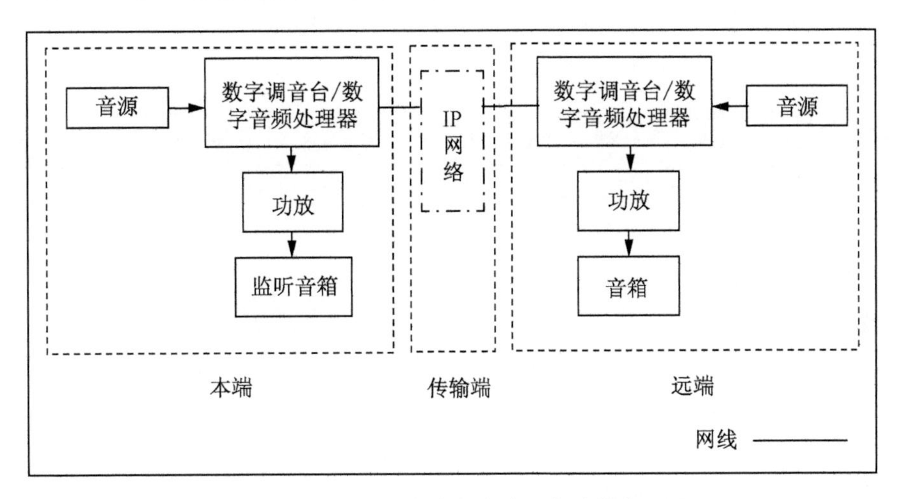

图 17.15　远程数字音频会议设备连接和组网

(4) 广播报警系统(IP 方案)

音源端分为模拟音源和数字音源。

模拟音源先通过网络广播控制中心来完成音源的数模转换,再经过 IP 网络传输至播放输出端,通过播放输出端的解码终端把数字音频信号转变为模拟音频信号输出给功放设备,由功放设备放大音频信号至扬声器发音。数字音源可直接经过 IP 网络传输至播放输出端,通过播放输出端的解码终端把数字音频信号转变为模拟音频信号输出给功放设备,由功放设备放大音频信号至扬声器发音,如图 17.16 所示。

17.8.2　视频系统和视音频系统

典型视频系统一般由视频源设备(计算机、DVD、摄像机等)、视频切换设备(矩阵)、信号传输和显示设备(显示器、大屏、电视等)组成,单向连接,如图 17.17 所示。

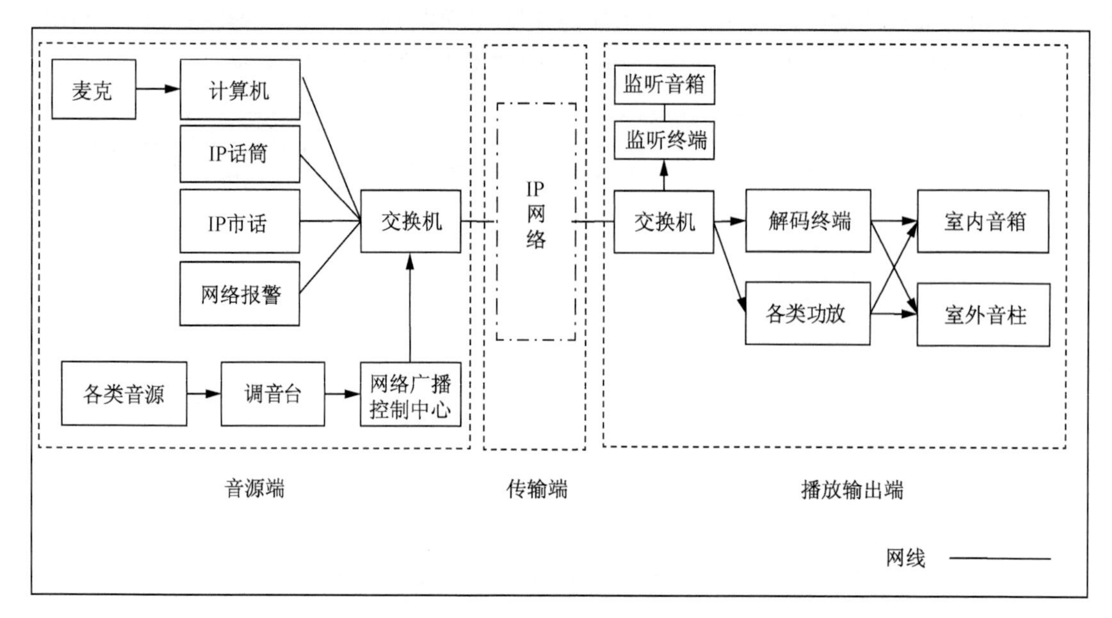

图 17.16　广播报警设备系统组织图

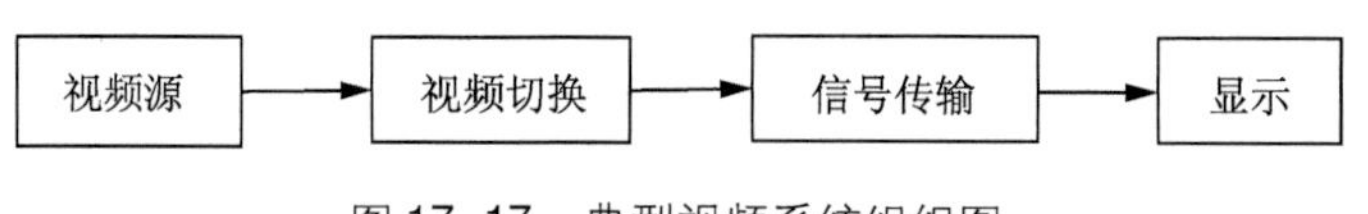

图 17.17　典型视频系统组织图

(1) 视频监控系统

① 数字 IP 方案

将网络摄像机接入交换机,通过 IP 网络传输至远端 NVR,将实时画面通过 NVR 解码送到显示设备。需回放、控制画面或使用其他功能时,可直接控制 NVR(鼠标通过显示设备直接控制),或由同一 IP 网络中的计算机软件远程控制 NVR,所需画面可通过计算机显示设备显示,如图 17.18 所示。

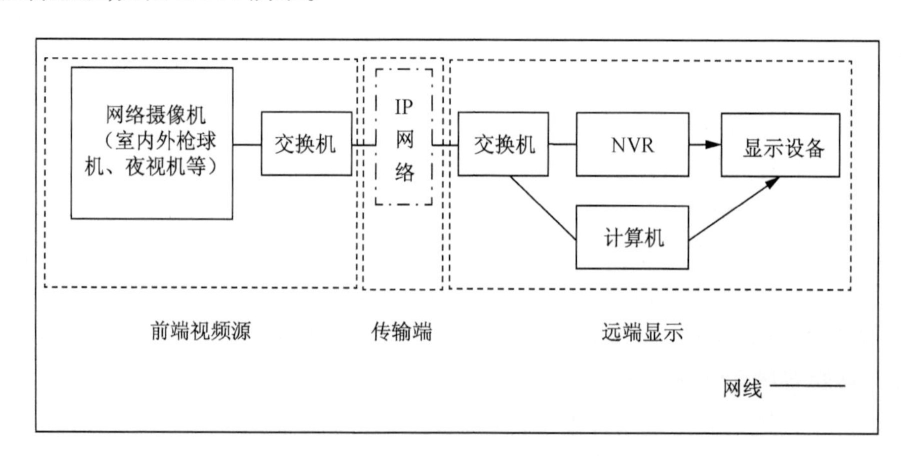

图 17.18　数字视频监控设备连接和组网

NVR 和 DVR 的区别:NVR(Network Video Recorder)为网络硬盘录像机;DVR(Digital Video Recorder)为数字视频录像机,相对传统的模拟视频录像机,采用硬盘录像,又称为硬盘录像机。

IPC:网络摄像机;

DVS:视频编码器。

② 模拟转 IP 方案

将模拟摄像机视频信号经编码器使模拟信号转换成数字信号,经 IP 网络传输至远端解码器或视频服务器,再通过视频服务器或解码器解码后将视频信号送至显示设备,如图17.19 所示。

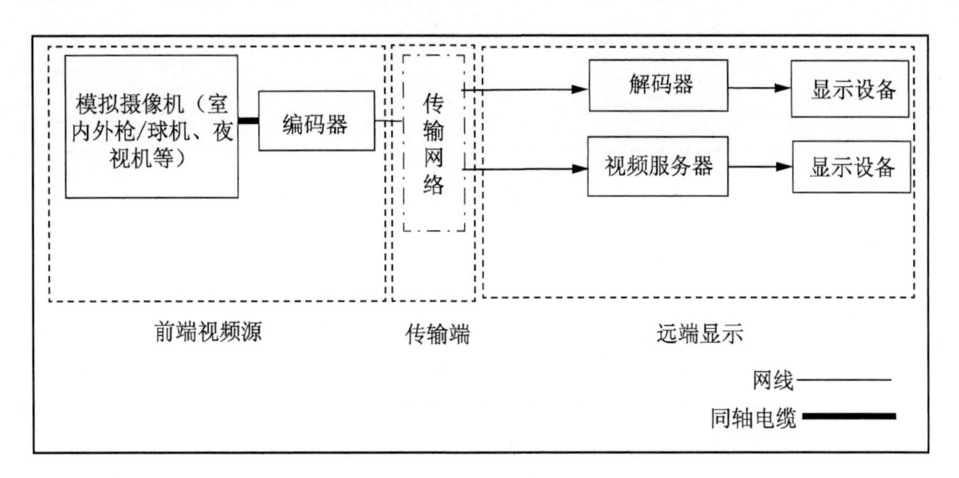

图 17.19　模拟转数字视频监控设备连接和组网

③ 模拟方案

已基本淘汰。模拟摄像机的视频信号直接通过同轴线缆接入硬盘录像机,经过硬盘录像机的编解码后输出信号至显示器,如图 17.20 所示。

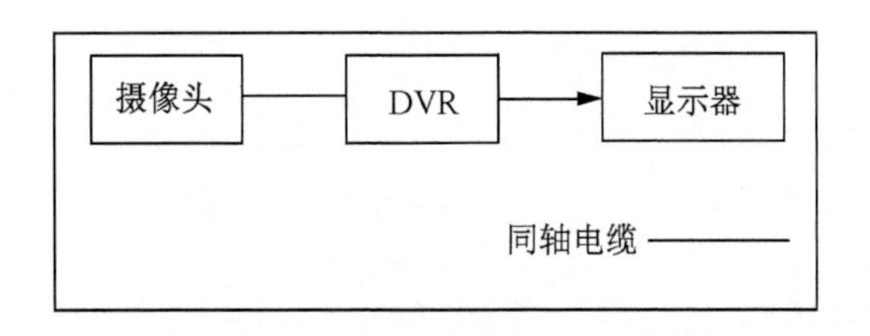

图 17.20　模拟视频监控系统组织图

(2) 电视电话会议系统

将会场音、视频设备采集信号经会议终端编码后,通过 IP 网络传输至远端会场,再通过远端会场会议终端解码后,传送至显示设备和扩音设备,以实现双向音、视频实时对话。MCU 主要实现多点会场多媒体信息的交换,进行多点呼叫和连接,具有视频广播、视频选择、音频混合、数据广播等功能,可完成各终端信号的汇接与切换,如图 17.21 所示。

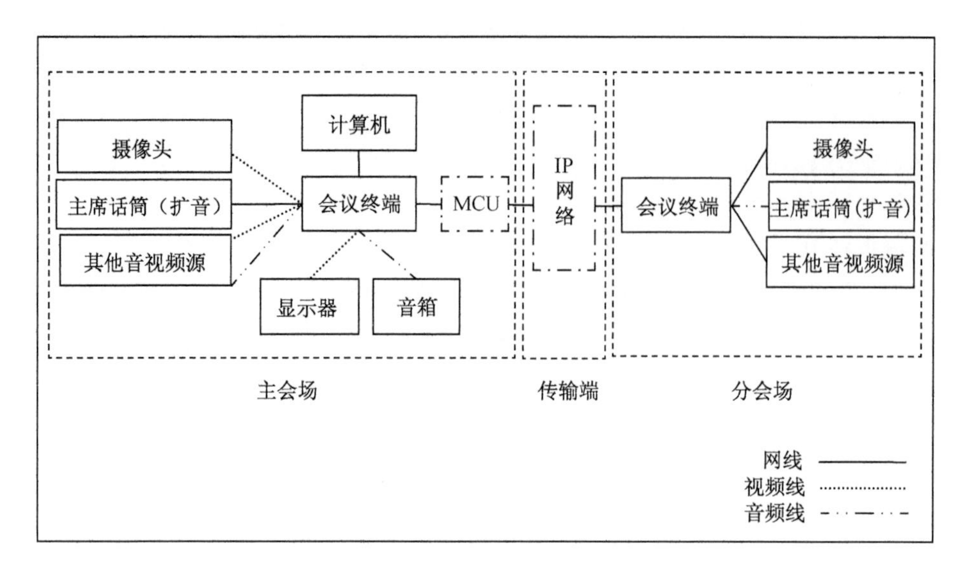

图 17.21　电视电话会议设备连接和组网

(3) 综合视频系统(视联网)

整合传统视频监控系统、会议电视系统、移动视频系统，采用综合视频网技术组网，如图 17.22 所示。

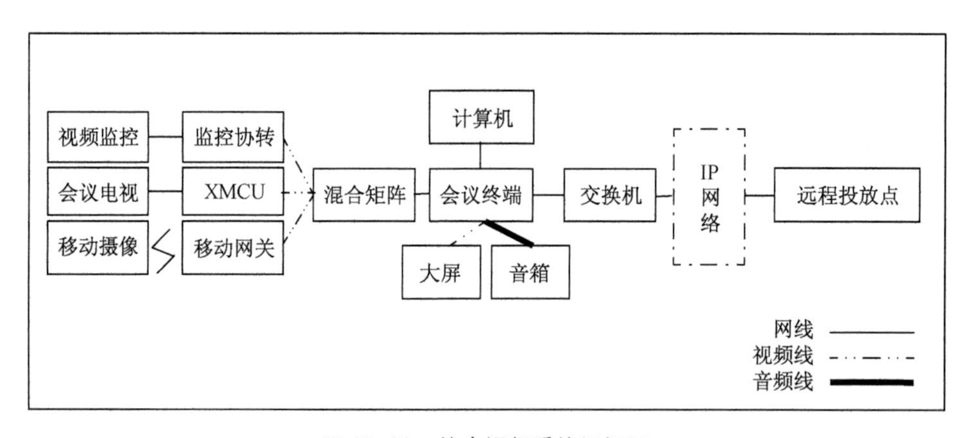

图 17.22　综合视频系统组织图

(4) 典型音、视频系统

将视、音频设备分别经视频混合矩阵和音频切换处理设备至显示、放音设备，系统通过集控和网管来实现操作控制，如图 17.23 所示。

(5) 家庭影音系统

① 有线方案

各类音、视频设备分别通过视频切换器和调音台送至显示设备和放音设备，如图 17.24 所示。

② 无线方案

无线组网方案施工简单，通过无线路由器使得无线连接设备省去了大量布线，但由于

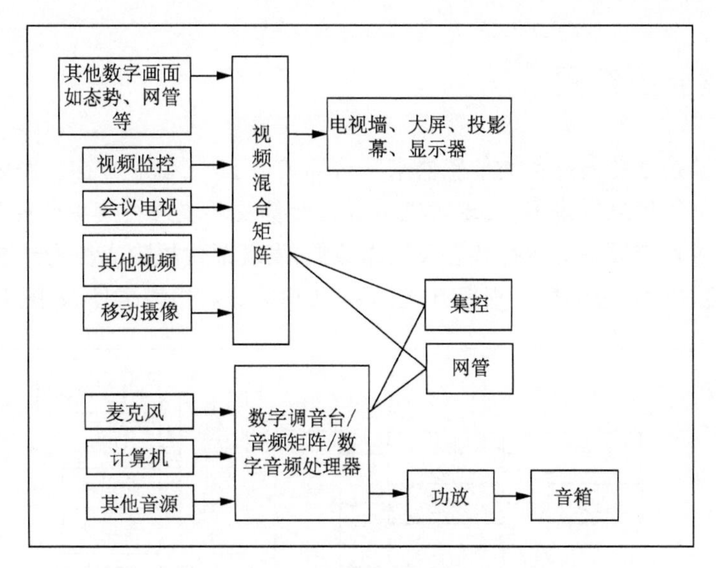

图 17.23　典型音视频系统组织图

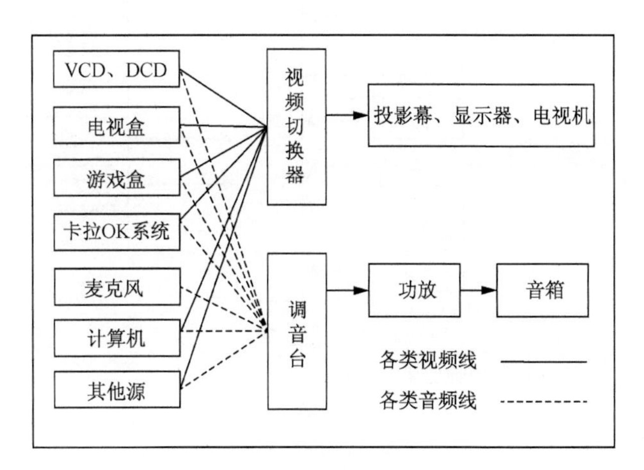

图 17.24　有线家庭影院系统组织图

音、视频保真度要求高,所以无线方案效果不如有线方案,如图 17.25 所示。

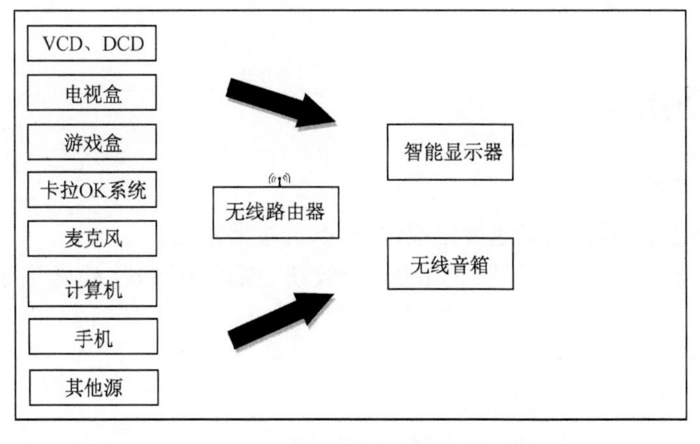

图 17.25　无线家庭影院系统组织图

17.9 环境监控组网

动力环境监控系统通过各类传感器来实现监控、门禁、风机、水泵、水表、水浸、红外、噪声、电磁、振动等信息的采集，实现对机房所有设备及环境进行集中监控和管理。该系统可实时监视各系统设备的运行状态及工作参数，发现部件故障或参数异常，即时采取多媒体动画、语音、电话、短消息等报警方式，记录历史数据和报警事件，如图 17.26 所示。

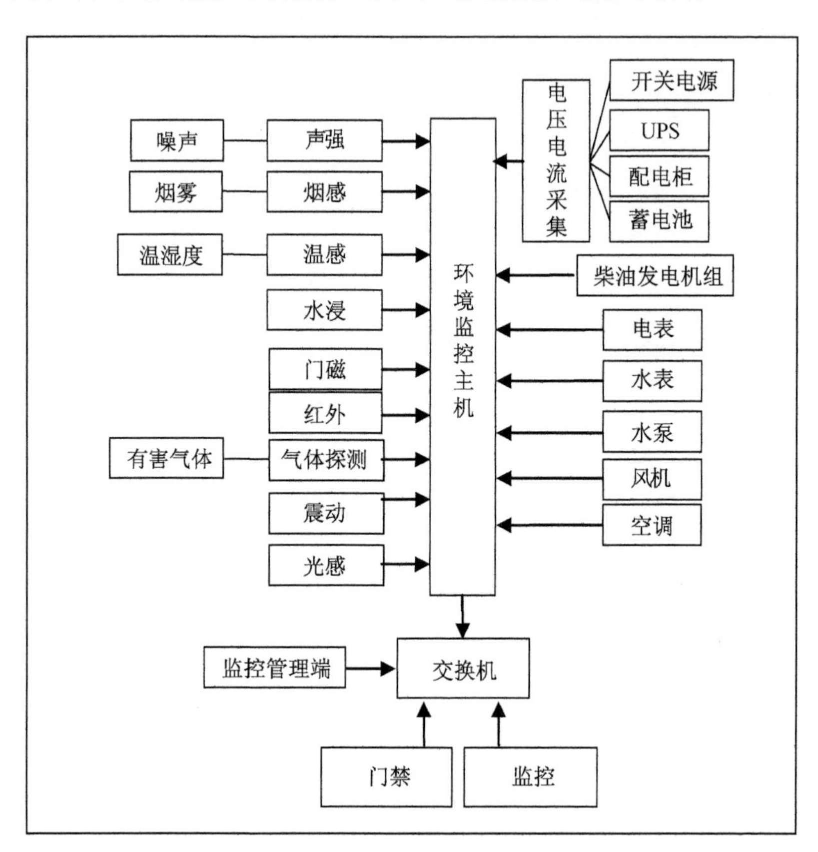

图 17.26 动力环境监控系统示意图

17.10 安防组网

17.10.1 门禁系统

门禁系统是安防系统的最重要组成部分，系统主要组成：

身份识别模块，包括密码器、读卡器、指纹机、面部识别仪、静脉识别仪、虹膜识别仪等；

传感报警模块，包括门磁；

控制处理模块，包括门禁主机；

电锁执行模块，包括磁力锁、灵性锁、电插锁等；

管理中心,包括管理服务器、门禁软件。

系统先通过前端身份识别模块判断识别身份,门禁主机收到身份识别模块许可的信号后,输出给电锁执行模块开门信号,以实现开门功能。通过门禁管理软件可以实现对门禁控制器的管理和控制,以及开门管理策略设置、远程开门、与其他安防系统联动等功能,如图 17.27、图 17.28 所示。

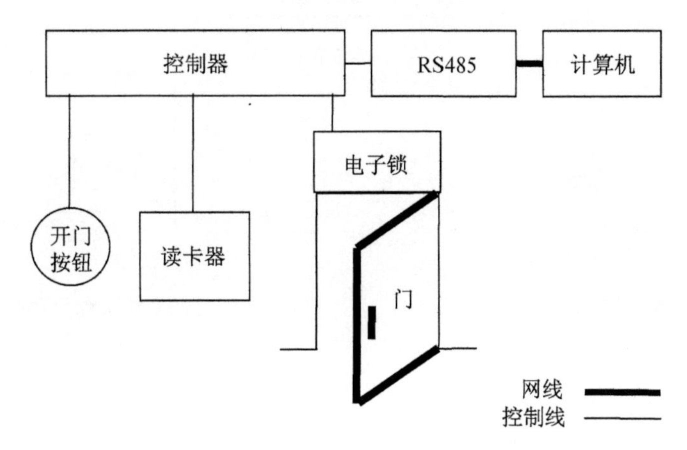

图 17.27　门禁系统示意图(单机型)

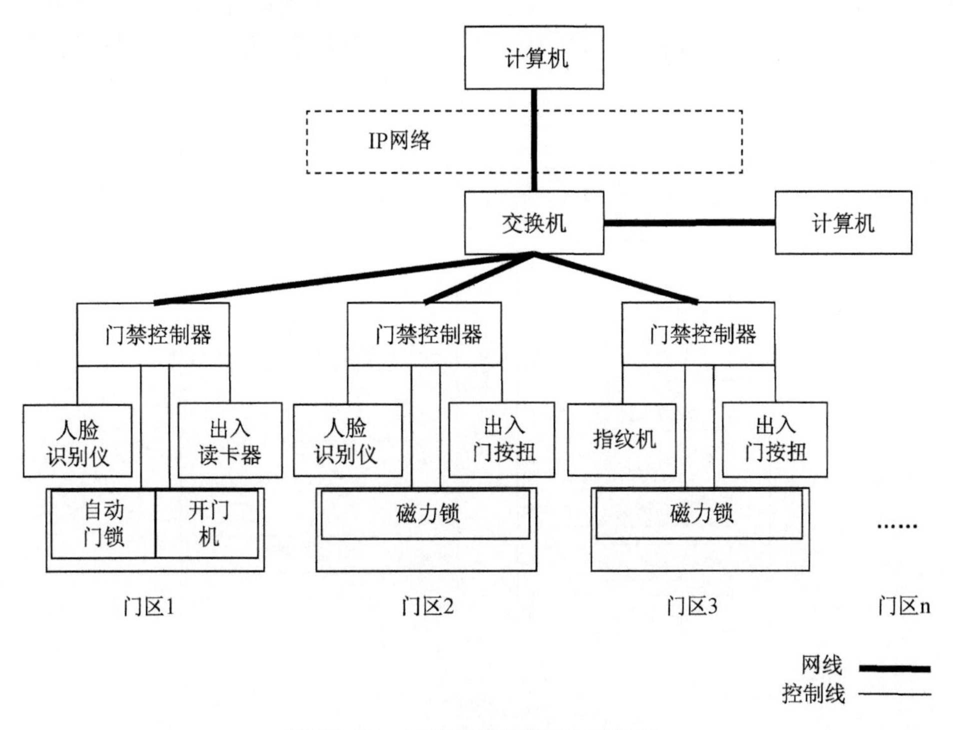

图 17.28　门禁系统示意图(网络型)

17.10.2　安检系统

安检系统是检测违禁物品的重要手段,是一种检测人员有无携带金属物品的探测装置,可以确保违禁物品不进入特定场所。图 17.29 和 17.30 分别展示了过门安检和传送安检两套系统。

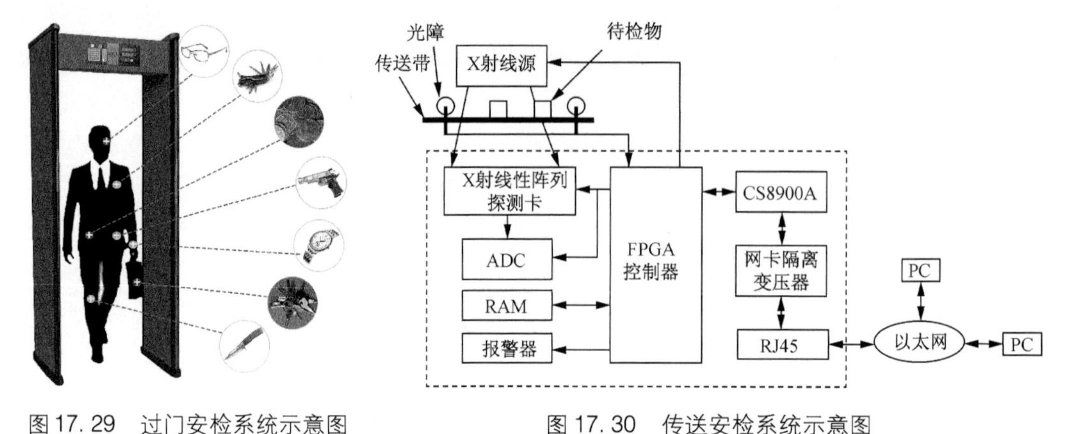

图 17.29　过门安检系统示意图

图 17.30　传送安检系统示意图

17.10.3　入侵报警系统

入侵报警系统通常由前端探测设备、传输设备、处理/控制/管理设备和显示/记录设备部分构成。前端探测器探测到入侵行为后,将输出报警信号至报警主机,报警主机接收到前端探测器报警信号后,立即输出报警信号至警号,以实现报警提醒,同时自动拨打本地公安“110”报警,并通过网络将报警信号上传至报警联网中心。报警主机可输入联动信号,实现联动视频监控图像显示、联动门禁系统的出入控制,如图 17.31 所示。

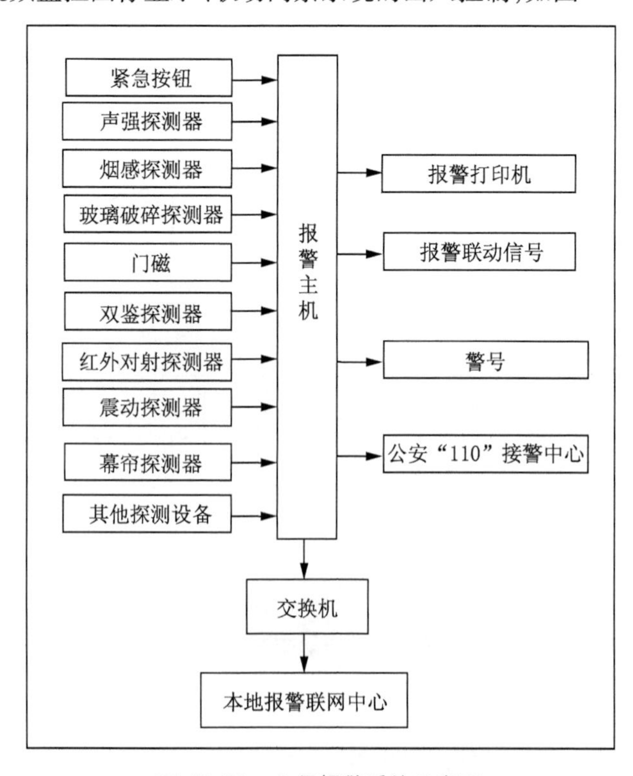

图 17.31　入侵报警系统示意图

17.11　消防报警系统

消防报警系统由触发装置、火灾报警装置、联动输出装置以及具有其他辅助功能装置组成。前端触发装置探测到火灾后,将输出报警信号至火灾报警控制器;然后,联动控制器联动报警设备,启动消防广播/电话、声光报警、排烟设备、防火设备、灭火设备,并联动门禁系统自动打开所有锁具,如图 17.32 所示。

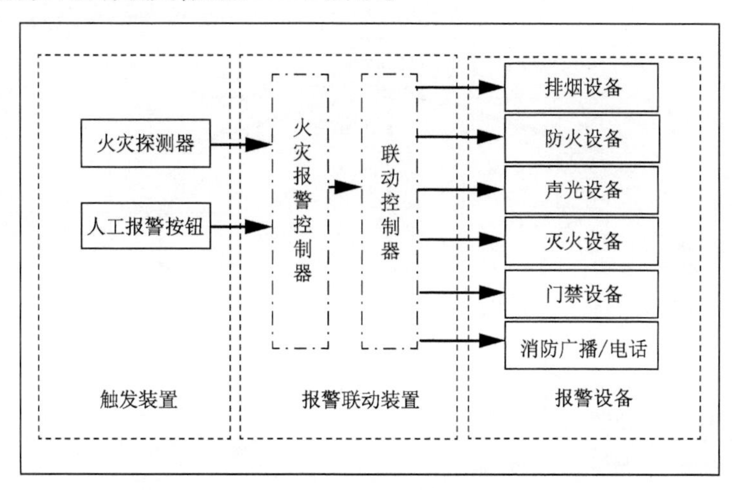

图 17.32　消防系统示意图

17.12　办公自动化

办公自动化系统采用 Internet/Intranet 技术,以计算机为中心,采用现代化的办公设备和先进的通信技术,全面、快速地收集、整理、加工、发布、存储和使用信息,使系统内部人员方便快捷地共享信息,高效地协同工作,如图 17.33 所示。

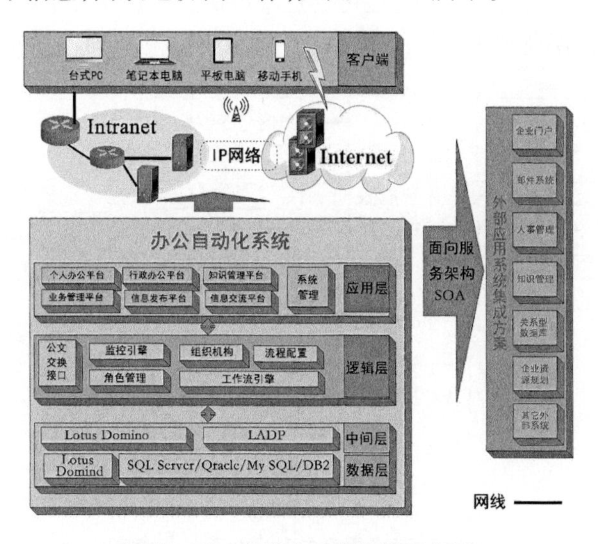

图 17.33　办公自动化系统示意图

17.13 智能组网

17.13.1 智能照明系统

智能照明系统主要利用无线通信数据传输、扩频电力载波通信技术、计算机智能化信息处理及节能型电器控制等技术，系统通过总控制器接入灯组，可实现远程开关灯、调光、定时控制、场景设置等功能，如图 17.34 所示。

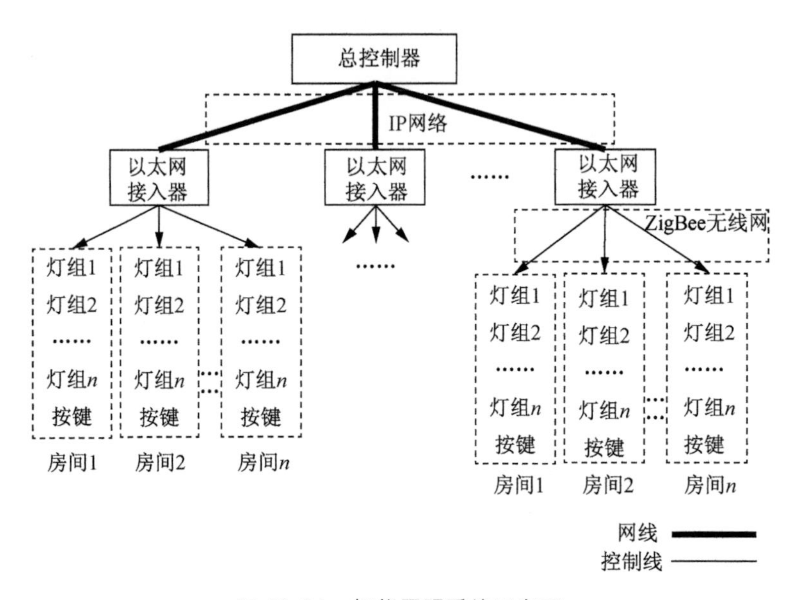

图 17.34 智能照明系统示意图

17.13.2 语音自动播报系统

语音自动播报系统利用物联网技术、通信技术、数字网络广播技术等，通过智能播控主机来实现定时播报、呼叫播报等功能，也可通过幕帘探测器触发智能播控主机来播放定义好的音源。幕帘探测器探测到人员经过时，联动智能播控主机将自动播放，如图 17.35 所示。

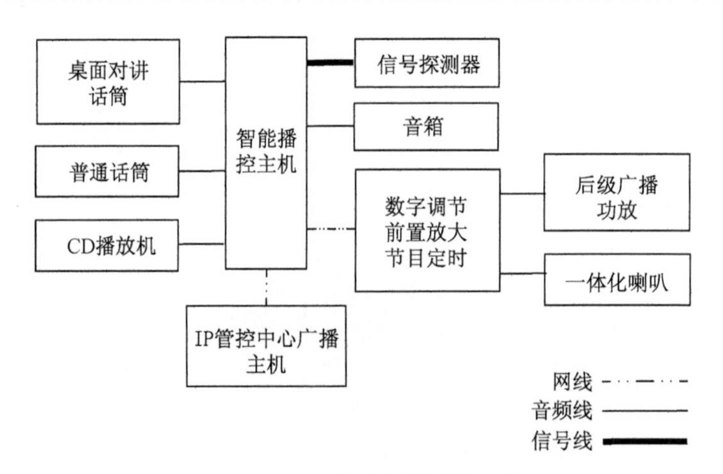

图 17.35 语音自动播报系统示意图

17.14　无线通信组网

17.14.1　卫星通信

由通信卫星、地面站、跟踪遥测、指令分系统、监控管理系统组成。手持式用户(传输语音等小信号)直接通过对星来实现通信,其他大数据通信用户则需要通过地面站来实现通信,非卫星用户如需通信接入,则必须通过地面站内设备转接来实现,如图 17.36 所示。

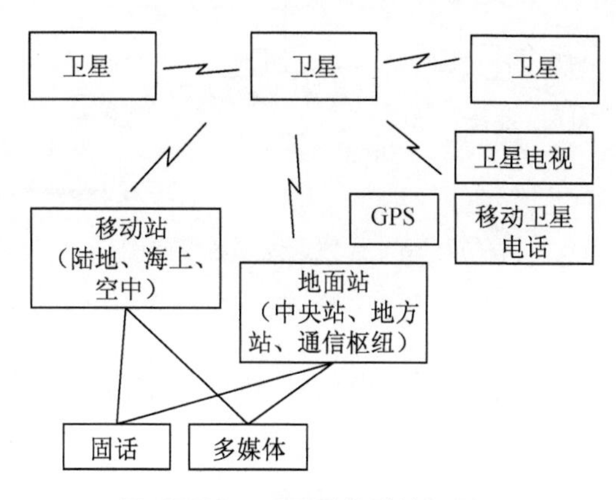

图 17.36　卫星通信系统组网图

17.14.2　移动通信

移动通信系统主要有蜂窝系统、集群系统、AdHoc 网络系统、卫星通信系统、分组无线网、无绳电话系统、无线电传呼系统等,各系统组成不同。

目前,移动通信系统一般由空间系统、地面系统组成,移动通信用户通过就近基站天线来实现信号收发,再通过基站机房进行数据交换,如图 17.37 所示。

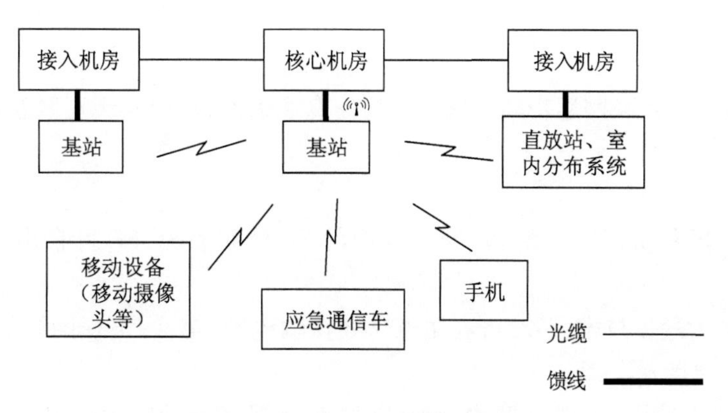

图 17.37　移动通信系统组网图

17.14.3　短波、超短波、微波、散射、大气激光

无线通信的基本原理相似,主要通过 3 种手段来实现,一是视距内天线直接通信,二是通过地面高位的中转接力站接力通信,三是通过天波反射通信,如图 17.38 所示。

部分集成天线的设备如手机、对讲机等直接进行通信,部分集成度较高的模块如大气激光通信机等不需要配套机房,其他需要进行信号监测、管理、处理、控制时,需配置机房设备。

无线机房配置一般有发射机、接收机、处理机等。

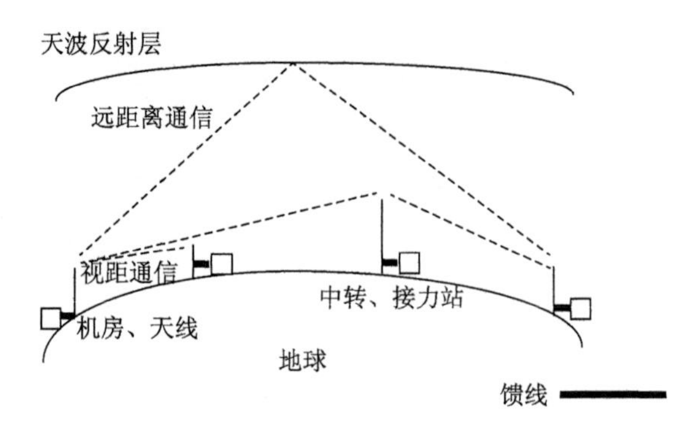

图 17.38　无线通信系统组网图

17.14.4　频谱管理

频谱监测站通过天线接收各类无线电信号,进行频谱监测和管理,并需要不同接收频率的天线,如图 17.39 所示。

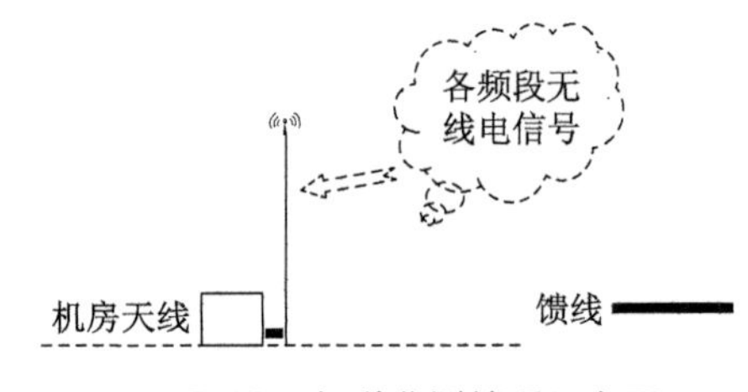

图 17.39　频谱监测管理示意图

★专业术语

三网合一:

电信网、广播、互联网逐步整合成统一的信息通信网,从而实现互联互通、资源共享,其中互联网是核心。

四网合一:

定义 1:中国移动、联通、电信、网通四网的 SP 代码整合,SP 可自由选择与运营商合作。

定义 2:电力通信技术(PLC),利用电力线传输电脑、电话、电视网络信息和电力,终端接电即可实现接入。

五网合一:互联网、无线互联网、SNS 社区交友网、语音网、短信网整合一起的网络结构。

六网合一:互联网、客户端(手机 APP)、手机网、12114(短信网址)、社区网(微博等)、社区网整合一起的网络结构。

第18章　机　房

18.1　概述

机房是开设各类设备、有人员值班维护(分全时和定时)或无人值守并为用户提供信息通信服务的室内场所,广泛应用于移动(铁通)、联通(网通)、电信、广电、铁塔、电力、铁路等运营商以及军政企等领域。

机房按功能可分为主机房(核心机房))、值班机房、动力机房、辅助机房(环境机房)。其中,核心机房包括传输机房、数据机房(交换机房)和网管机房等。

按人员值守情况可分为有人值守机房和无人值守机房。

按智能化情况可分为智慧机房和常规机房。

相关标准:

建筑部分

GB 50174—2017	数据中心设计规范
GB/T 2887—2011	计算机场地通用规范
GB/T 9361—2011	计算机场地安全要求

电力部分

GB 50054—2011	低压配电设计规范
GB 50052—2009	供配电系统设计规范
GB 50116—2017	火灾自动报警系统设计规范
GB 50314—2015	智能建筑设计标准
GB 50169—2016	电气装置安装工程 接地装置施工及验收规范
GB 50057—2010	建筑物防雷设计规范
GB 50343—2012	建筑物电子信息系统防雷技术规范

18.2　功能和配置

(1) 有线传输机房

承担光纤通信网网络运维管理和网管监测任务,保障区域内用户,提供接入服务,为各应用系统提供基础支撑平台,如图18.1所示。

配置:光端机、波分、PCM、DXC、时钟、服务器等传输及附属设备。

图18.1　传输机房

(2) 程控交换机房

承担区域内固定电话、移动电话、卫星电话等交换汇接控制任务,保障区域内电信交换用户,提供入网服务,如图 18.2 所示。

图 18.2　程控交换机房

配置:程控交换机等。

(3) 网络数据机房

承担区域内网络数据交换任务,保障区域内用户,提供网络数据用户接入服务。设备数量较多时,一般可分为网络和数据两个独立机房,如图 18.3 所示。

配置:各类服务器、路由器、交换机、集线器、安防系统、认证系统等。

图 18.3　网络数据机房

(4) 配线机房

承担区域内市话配线调度、光缆配线、电路配线、网络配线及业务障碍申告受理任务,如图 18.4 所示。

图 18.4　配线机房

配置:VDF 架、DDF 架、ODF 架、网络配线架、音频测试台等。

★要素较少和规模较小的局站,可建立综合机房、混合机房,整合集成上述常规通信要素。

(5) 人工话务机房

承担电话通信过程中人工接受呼叫、人工控制接线、拆线等任务,一般用于政府、军队、高级会议会场、大型企业业务咨询和售后等。

图 18.5　人工话务机房

配置包括后台机房和前台席位等,如图 18.5 所示。传统的后台机房设有人工交换系统,前期采用程控交换方案(大型宾馆酒店仍有使用),目前主要采用 IP 交换系统(交换机)。

(6) 网络管理中心

担负网络、网系管理任务,简称网管中心。具有大规模、多功能、综合性、复杂性的网络管理中心是执行网络管理和控制的机构,能够动态监督、组织和控制各类网络资源,提高网络服务质量,统计分析网络资源、网络运行指标,为决策提供依据和远程技术支援,如

图 18. 6 所示。

配置:网络管理系统、办公自动化系统(OA)、业务管理系统(包括人员管理、车辆管理、工程管理、设备管理、备件管理、仪表工具管理、资料管理等)、数据库系统、网管服务器等。

图 18. 6　网络管理中心

图 18. 7　指挥调度中心

(7) 指挥调度中心

担负枢纽指挥调度任务。平台实时显示各点位音/视频、全面收集人员、车辆、设备、网络等情况信息。平时可实现集中监控,应急情况下,指挥人员根据情况及时做出决策判断,并下达指令。根据不同情况,执行人员启动相应应急处置方案,如图 18. 7 所示。

配置:指挥调度系统、视频监控系统、会议电视系统、综合网管系统。

(8) 环境监控机房

担负工程、建筑和机房水、风、电、气、电磁等环境指标监测及视频监控任务。针对机房的动力和环境集中监控管理,其监控对象主要是机房动力和环境等设备,如配电、UPS、空调、温/湿度、漏水、门禁、安防、消防、防雷等。

配置:动力环境监控系统。

(9) 电源机房

担任各机房集中供/配电任务,如图 18. 8 所示。为各类设备提供不间断交流 220 V 和直流 48、24 V 或高压直流 240/380 V 电源。停电时,首先使用后备蓄电池供电。

配置:UPS(Uninterruptible Power System(Supply))不间断电源、高频开关电源、蓄电池组、稳压器、成套高压设备、成套低压配电设备等。

图 18. 8　电源机房

(10) 发电机房

担负后备电源供电任务。市电停止时,起动柴油发电机组进行供电,如图 18. 9 所示。

配置:柴油发电机组,一般为 2 台,互为主备。负载较大时,需多台并车运行。

图 18.9　发电机房

图 18.10　通风空调机房

(11) 通风空调机房

担负各机房通风和空气调节任务,如图 18.10 所示。

配置:进排风机、空调等。

(12) 泵站

担负建筑给排水任务,如图 18.11 所示。

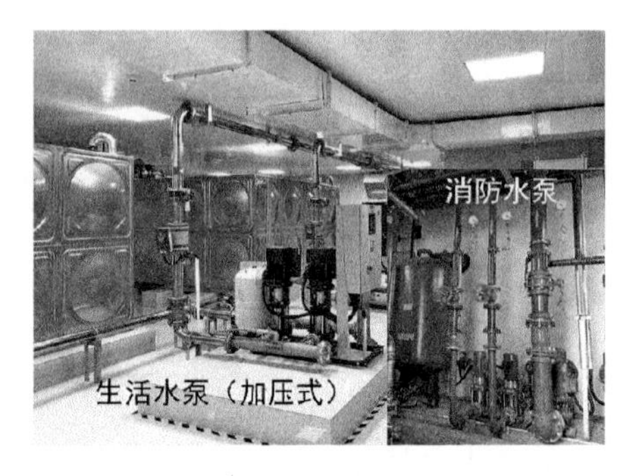

图 18.11　泵站

配置:水泵等。

(13) 广播电视电台机房

此处的广播指电视节目和声音节目的广播,它承担为用户提供声音、图像和数据的广播或交互式服务任务,并通过有线、无线(地面、卫星等)传输方式广播。

图 18.12　广播电视中心及有线机房

配置:根据功能划分,广播电视电台机房有声像中心(大屏多屏播放系统,演播室系统、广播系统、节目编辑制作系统、周边系统、播控系统、安全播出应急系统等,配置设备包括各类视/音频设备)、有线传输机房(配置见上文)、无线发射机房(配置见下文)、卫星传输机房(配置见下文)、监测机房、电源机房等,如图 18.12 所示。

(14) 移动通信基站机房

各运营商对机房的分类不同。一般而言,根据功能和规模可分为以下 3 类。

① 基站机房:最基础的语音数据处理单元,负责将数据通过核心网设备进行调度。

② 汇聚机房:又称节点站(联结县局的枢纽),一般与基站共站。负责将本地业务节点连接到骨干节点,通过物理及逻辑网络将业务汇聚、疏导到相应的业务收容节点,在网络中起承上启下的作用。

③ 核心机房:省市级枢纽,是网络交换、数据存储、流通的中心。

配置传输、时钟、网络交换、数据存储、配线设备和电源、环境、监控等设备。

(15) 其他无线要素机房

无线机房有卫星通信机房、微波通信机房、短波报务机房、无线电频谱监测机房等,其设备配置一般包括发射接收设备、功率变换设备、数据处理设备及电源设备等。

18.3 前期准备

机房建设是一个系统工程,设计要从工作实际需求出发,以人为本,在满足功能需求的前提条件下,为设备提供一个安全运行的空间,为值勤维护人员创造良好的工作环境。机房设计与施工的优劣直接关系到机房内设备是否能稳定可靠地运行,是否能保证各类信息通信畅通无阻。一个合格的现代化信息通信机房,应该是一个安全可靠、舒适实用、节能高效、美观大方和满足远期可扩的。随着经济社会的不断进步,还应对机房的安全性、可用性、可靠性、稳定性、灵活性、经济性、节能环保性等方面提出更高的要求。机房工程设计和施工主要涉及土建工程、环境工程(水风电气磁等)、电气工程、通信工程、智能工程5类。

机房建设前期准备工作包括资料收集、勘查选址、布局设计和场地布置。

(1) 资料收集

在理解用户需求的基础上,需要广泛收集各方面素材,充分参考相关法规、标准等参考资料。

(2) 勘查选址

选择机房位置时,应远离强噪声源、粉尘、油烟、有害气体,避免强电磁场干扰。机房最好建在大楼的2、3层,应尽量避免设在建筑物用水楼层的下方,尽量选在建筑物的背阴面,以减少太阳光辐射所产生的热量。另外,排烟口设在机房的上方,排废气口设在机房的下方。主机房区域的主体结构应采用大开间大跨度的拄网。电力、水、风机房宜建在1楼,与主机房隔离。

(3) 布局设计

根据用户要求和场地实际,设计至少1套最优布局方案,有条件的应设计多套方案以供用户对比选择。机房布局设计应考虑3方面的因素:①工艺需求、功能间的分配,按设备和机柜数量规划布置机房面积与设备间距;②机房的功能必须考虑各个系统的设置;③机房布局要符合有关国家标准和规范,并满足电气、通风、消防及装修艺术、环境标准等工程要求。

(4) 场地布置

在机房通信类施工前,机房、走廊等地段的土建工程需全部竣工,室内墙壁充分干燥,房门锁和钥匙齐全,并具备基础环境设施接入条件。机房地面平整光洁,满足施工要求。

机房环境要清洁、无尘,防止腐蚀性气体、废气的侵入,不允许水、气管道通过。机房顶棚、墙、门、窗、地面应不脱落,不易起尘,不易积灰,并能防尘砂侵入。屋顶不漏水,不掉灰,装饰材料应采用非燃烧或难燃材料。各种沟槽采用防潮措施,其边角应平整,地面与盖板缝隙严密。

对于基站机房,其一般要求如下:① 一般情况下,密集城区一个汇聚节点覆盖的区域面积宜为 2 ~5 km^2,一般城区宜为 5 ~10 km^2,城市郊区宜为 10 ~20 km^2。② 汇聚点应汇聚一定数量的基站及综合业务接入点。一个汇聚点终期汇聚的基站数量宜为 30 ~50 个(采用双汇聚点接入方式时,汇聚基站的数量宜为 50 ~80 个),开发区、城郊可适当放宽,但不宜少于 20 个。同时,一个汇聚点收容的综合业务接入点的数量宜为 10 ~20 个。③ 规模较大的住宅小区,其潜在用户可就近由条件较好的基站或综合业务点收容,不宜单独设置汇聚点。

18.4　建筑装修

(1) 面积

机房有效使用空间面积应充足,在满足所有设备布置的条件下,确保搬运设备的通道净宽≥1.5 m,面对面布置的机柜正面间距≥1.2 m,背对背布置的机柜背面间距≥0.8 m,当需要在机柜侧面和后面维修测试时,机柜与机柜、机柜与墙之间的距离≥1.0 m,以便于人员维护和施工。同时,要考虑远期机柜扩容需求,机房空间需有一定冗余。

(2) 承重

机房地面承重和地板承重,在满足普通机柜设备重量要求下,一般承重≥4 500 N/m^2;电源机房较为特殊,应重点考虑重量较大的工频 UPS 设备和蓄电池设备,承重水平应达 10 000 N/m^2。

(3) 层高

机房层高应在标准机柜高度基础上,同时满足防静电地板、桥架、吊架走线高度要求。42U 的标准机柜柜体高度 2 m 左右,主机房净高应根据机柜高度、管线安装及通风要求来确定,宜选择机房净高≥3.0 m。

(4) 墙体

墙体包括普通墙、承重墙、隔断墙(在隔断中讨论)、防火墙(在防火中讨论)、隔声墙(在噪声中讨论)、隔热墙等。各类功能墙体应符合建筑设计相关要求,主体采用相应的结构设计并添加特殊材料,其中承重墙不得改为他用。

(5) 门、窗

机房门的宽、高(不包含门框宽度)设置应满足机房内最大设备(或最大拆卸块)进场需求,不仅需要考虑设备初次进场,而且需考虑后期可能发生设备更换。窗应满足自然采光、通风要求,门扇、窗扇应平整、接缝严密、安装牢固、开闭自如、推拉灵活,安装玻璃的槽口应清洁,下槽口应补垫软性材料,玻璃与扣条之间按设计要求填塞弹性密封材料,应牢固严密。

(6) 隔断

有条件的机房,设备区和人员区应隔断独立,不同设备维护区间也可隔断独立。隔段可通过玻璃(门、窗、墙形式)、墙、屏风等来实现。铝合金门框、窗框、隔断墙的规格型号应符合设计要求,安装应牢固、平整,其间隙用非腐蚀性材料密封。当设计无明确规定时,隔断墙沿墙立柱固定点间距不宜大于800 mm。在施工过程中,对铝合金门窗及隔断墙的装饰面应采取保护措施。

(7) 地板

机房地面应平整光洁,可使用直铺地板和活动地板。为方便施工改造并具备防静电性能,一般使用活动静电地板。活动地板下的空间只作为电缆布线使用时,其高度≥250 mm;既作为电缆布线,又作为空调静压箱时,其高度≥500 mm。在机房内完成各类装修施工及固定设施安装,并对地面清洁处理后进行铺设。建筑地面应符合设计要求,并清洁、干燥。活动地板空间作为静压箱[注1]时,四壁及地面均应做防尘处理,不得起皮和龟裂。现场切割的地板周边应光滑、无毛刺,并按原产品的技术要求做相应处理。铺设前应按标高及地板布置严格放线,将支撑部件调整至设计高度并确保平整、牢固。活动地板铺设过程中应随时调整水平。遇到障碍或不规则地面时,应按实际尺寸镶补并附加支撑部件。在活动地板上搬运、安装设备时,应对地板表面采取防护措施;铺设完成后,要做好防静电接地处理,详见防雷接地系统。

(8) 吊顶

机房吊顶板表面应平整,不得起尘、变色和腐蚀;其边缘应整齐、无翘曲,封边处理后不得脱胶;填充顶棚的保温、隔音材料应平整、干燥,并做包缝处理。按设计及安装位置严格放线。吊顶及马道[注2]应坚固、平直,并有可靠的防锈涂层。金属连接件、铆固件除锈后,应涂两遍防锈漆。吊顶上的灯具、各种风口、火灾探测器底座及灭火喷嘴等应定准位置,整齐划一,并与龙骨和吊顶紧密配合安装。从表面上看应布局合理、美观、不显凌乱。吊顶内空调作为静压箱时,其内表面应按设计要求做防尘处理,不得起皮和龟裂。固定式吊顶的顶板应与龙骨垂直安装。双层顶板的接缝不得落在同一根龙骨上。用自攻螺钉固定吊顶板,不得损坏板面。螺钉间距:沿板周边间距150 ~ 200 mm,中间间距为200 ~ 3 000 mm,均匀布置。螺钉距板边10 ~ 15 mm,钉眼、接缝和阴阳角处必须根据顶板材质用相应的材料嵌平、磨光。保温吊顶的检修盖板应采用与保温吊顶相同的材料制作。活动式顶板的安装必须牢固、下表面平整、接缝紧密平直,靠墙、柱处按实际尺寸裁板镶补,根据顶板材质做封边处理。安装过程中,随时擦拭顶板表面,并及时清除顶板内的余料和杂物,做到上不留余物,下不留污迹。

(9) 地沟

地面1楼或地下机房应设置地沟,机房地沟主要用于容纳各类走线、排水、接地汇集等。要根据线缆数量和类型设计合适的深度、宽度。顶面使用不锈钢盖板封装。

(10) 装修装饰

机房颜色:墙、顶颜色以明朗淡雅为宜,一般使用白色装饰,涂料应为无光漆或不含硅化物的油漆。机房内饰装修应简洁,并根据相关要求在墙面合适位置张挂值班相关图表,在值班台放置电脑、电话及其他相关器材,并按要求张贴相关规定。施工时,应保证清洁。隐蔽工程(如地板下、吊顶上、假墙、夹层内)在封口前必须先经过除尘、清洁处理,使暗处表层能保持长期不起尘、不起皮、不龟裂。机房所有管线穿墙处的裁口必须做防尘处理,并用密封材料填堵缝隙。在裱糊、粘接贴面及进行其他涂覆施工时,其环境条件应符合材料说明书的规定。装修材料应尽量选择无毒、无刺激性材料,尽量选择难燃、阻燃材料或涂防火涂料。

(11) 防小动物入侵

蛇、鼠、鸟、虫等均有可能通过各种渠道进入机房,因此,机房地下通道应设置铁丝网。无人值守时,窗户、门应关闭,防止小动物入侵而导致线缆破皮甚至线路短路等故障。另外,空调、管道孔缝应采用防火泥堵塞。

(12) 防盗、防袭扰

机房应设置门锁,有条件的要设置门禁和安保告警系统等,详见安防系统。

18.5 环境

18.5.1 传输、交换、数据等核心机房

(1) 供电和接地

供电质量:(220 ± 10) V,(50 ± 1) Hz。

接地电阻:交流工作接地≤4 Ω,直流工作接地≤1 Ω,防雷保护接地≤10 Ω。

(2) 温湿度

温度:5 ~ 40 ℃。

湿度:8% ~ 80%。

温度应保持在 18 ~ 27 ℃范围内,相对湿度应保持在 30% ~ 75% 范围内。

(3) 照明

主要机房平均照度可按 300、500 lx 取值,基本操作间和辅助间平均照度可按 100、150、200 lx 取值。另外,机房照明要达到照度、均匀度、眩光限制标准,并考虑照明水平、视野内亮度分布、免受眩光干扰、光照的空间分布、颜色呈现和显色性等照明准则要求,应合理选择照明灯具,从节能考虑,可选择 LED 灯管,有条件的建筑公共区,可选择智能照明系统,以实现照明区域的自动切换功能。照明灯具应采用嵌入式安装,接线使用多股软线,软线两端接入灯口之前均应压扁并搪锡[注3],使软线与固定螺丝接触良好。灯具的接地线或接零线必须用灯具专用接地螺丝并加垫圈和弹簧垫圈压紧,灯具应固定在吊顶板预留洞孔内专设的框架上,灯上边框外缘紧贴在吊顶板上,并与吊顶金属明龙骨平行。在机房内,所有照明线必须穿钢管或者金属软管并留有余量。电源线应通过绝缘垫圈进入灯具,不能贴近灯具外壳。

应急(事故)照明:机房应采用 EPS 应急照明设计,以确保市电停止或发生事故时的人员作业或应急疏散逃生。

(4) 防潮防霉

机房设置空调或加/除湿机(过于干燥时可能加剧产生静电,此时需加湿),加强通风,防止设备受潮或发霉。

(5) 防水

机房不应设置水管,地面一楼或地下机房应设置凹槽、排水沟、地漏等积水排除设施。

(6) 防火

见消防系统。

(7) 防尘及污染控制

对于数据中心(IDC 机房),直径大于0.5 μm 的灰尘离子浓度应≤350 粒/L;直径大于5 μm的灰尘离子浓度应≤3.0 粒/L。一类、二类机房,直径大于0.5 μm 的灰尘离子浓度应≤3 500 粒/L;直径大于5 μm 的灰尘离子浓度应≤3.0 粒/L。三类机房和蓄电池室、变配电机房,直径大于0.5 μm 的灰尘离子浓度应≤18 000 粒/L;直径大于5 μm 的灰尘离子浓度应≤300 粒/L。灰尘粒子性质为非导电、非导磁和非腐蚀性。

空气污染控制要求:机房内无腐蚀性气体及烟雾,机房内禁止吸烟、炊事。

(8) 抗电磁干扰及防电磁脉冲

无线电干扰磁场强度,频率为80 ~ 1 000 MHz 和1 400 ~ 2 000 MHz 时,应不大于130 dB(μV/m);工频磁场强度应不大于30 A/m。

机房内部产生电磁干扰主要是由于电气设备内部存在寄生耦合所致。机房外部环境产生的干扰主要是通过辐射、传导或传导与辐射的耦合形成的,可通过滤波、屏蔽和接地来实现防电磁干扰。必要时,使用一体式电磁屏蔽机房以实现电磁屏蔽。屏蔽机房是依据"法拉第笼"原理所建钢板结构房子,包括六面壳体、门、窗等一般房屋要素,要求具有良好的电磁密封性能,并对所有进、出管线做相应屏蔽处理,阻断电磁辐射出入。另外,尽量合并屏蔽室,减少滤波器、缆线及配电配线数量,降低电磁脉冲的入侵概率。

使用屏蔽门,并在门框部位安装可充气皮囊,以确保无缝关门。使用截止波导窗或钢板网通风窗,兼顾屏蔽和通风散热,在门窗边框与主体活动结合部使用射频干扰垫片或导电密封圈连接,还可使用铜制梳状接触片、锯齿弹簧片、金属网等材料,以使活动部分与固定部分形成可靠的电接触。

在满足机械强度要求下,在排水、通风排烟、供油系统使用非金属管道或建筑管道,对无法非金属化处理的位置,如管口、柴油发电机组排烟管道等,应将管道与就近被覆钢筋网或接地系统进行多点焊接,并每隔一定距离用帆布材料,以形成电磁隔断并可减振降噪。通信手段上要取代传统电缆通信方式,大容量有线通信采用非金属光缆,其他信号馈线、无线通信等线缆引接使用光/电隔离技术。

在敏感电路节点使用箝位器件、电子管、继电器、同步机、氧化锌避雷器等器件,利用不锈钢纤维或铁氧体材料与混凝土配比后,用于口部、排风(烟)口,可提高电导率和防磁能力,并提高混凝土的力学性能;利用W 型六角铁氧体材料金属粉末与其他材料混合制作成涂料和轻型金属材料(如导电布和导电箔),对工程防护设施进行涂刷或缠绑;采用稀土系或铊系铜基氧化物陶瓷超导体的闭合空腔结构作为防御掩体来保护工程内部通信设备;也可采用化学镀金、真空喷镀、贴金属箔以及金属融射等新工艺在塑料表面覆盖一层导电层,以达到屏蔽电磁脉冲的目的。

(9) 防静电

静电是一种处于静止状态的电荷。当电荷聚集在某个物体或表面时就形成了静电,产生静电的原因包括接触起电(摩擦、剥离、流动、冲撞等)和感应起电。不同静电势的两个物体间的静电转移是静电放电,静电对设备危害很大。控制静电要从阻止静电产生和促使静电消散两个方面着手，常用方法主要有结构、材料、涂料控制、屏蔽隔离、接地释放、离子中和4种。其中，中和法是利用离子发生装置产生离子来快速实现中和，特别适用于绝缘物体静电消除，但受限于其成本和技术等而并未推广。各种防静电具体方法如表18-1所示。

表18-1　静电防护方法

方法	原理	对象	备注
中和法	采用离子发生装置产生异性离子来快速实现中和	静电电荷	不能取代屏蔽和泄放法
屏蔽法	采用“法拉第笼”原理来实现机房内部零电位、零电场。分为内场屏蔽（隔带电体）和外场屏蔽（隔主体）。机房设置金属屏蔽网或金属屏蔽室，确保电气导通，可靠接地；金属门、窗、防静电地板等部位应使用金属导线与室内的汇流排作等电位连接	机房整体	机房宜选择在建筑物底层中心部位，其设备应远离外墙结构柱及屏蔽网等可能存在强电磁干扰的地方
泄放法	使用腕带和脚带及穿防静电衣服、鞋、袜、手套，操作时使用防静电维修包、防静电腕带等防护器材 接触设备前触摸一下接地良好的金属设施，以释放身上的静电 入口处放置人体综合电阻检测仪， 防静电工作服采用静电导电织物制作，可将静电电荷泄放到大地，严禁在机房内脱换工作服 注意袜子和鞋垫干燥而导致电荷无法正常传导	人体	人体防静电着装人因在步行和移动带电有时高达2～10 kV，所以腕带使用时必须与皮肤接触良好，使皮肤上的瞬时静电电压小于100 V，另一端应就近可靠接至设备机架或外壳，防止其变松变脏。皮肤干燥的工人必须擦拭防静电润手霜 防静电鞋鞋底电阻必须在 0.5×10^5～1×10^8 Ω范围内；穿用时所处地面的电阻应不大于 1×10^8 Ω；避免同时穿绝缘性强或毛制的厚袜子，以及绝缘鞋垫等
	工作台等与静电接地系统相连 对一些绝缘体和设备使用抗静电剂和离子风消电器来消除纸带及工作台上的静电	配套设施	配套设施使用导电橡胶、导电塑料或金属带制作 工作椅、窗帘布应使用防静电、阻燃的织物制作 存放电路板时，应用防静电屏蔽袋进行包装
接地法	对机房内所有导体表面接地，以加快静电泄漏和导流 静电接地导体、连接线应有足够的机械强度和化学稳定性。导线为截面1.25 mm^2 以上的多股可绕的编织电线	设备	导静电地面和台面采用导电胶与接地导体粘接时，其接触面积不宜小于10 cm^2，最好安装接地安全报警装置。静电接地可以经1 MΩ限流电阻及独立的连接线与接地装置相连。接地电阻应在100 Ω以下。静电防护系统接地与保护系统接地不能串在一起 一般接地电阻在 10^5～10^8 Ω之间就足以满足静电接地的要求。当电容值保持在0.1 mF，电阻值为 10^8 Ω的条件下，泄漏时间常数为10 ms

续表

方法	原理	对象	备注
温湿度控制	利用空调或加/除湿机释放机房空气中游离的电荷,降低空气中电荷的浓度	环境	温度控制在18~28 ℃范围,湿度控制在40%~70%范围,注意机房的湿度应适当,以不结露为宜,以免因湿度过大而损坏设备
涂料法	在机房内饰(内墙和顶棚等)表面喷涂导静电环氧涂料;送风管道和送风口使用导电涂料和导电三聚氰胺材料,以避免空气流动而产生静电积聚	建筑装修	耐老化、耐候、耐水性能,表面电阻在10^6~10^9 Ω范围;摩擦起电电压为零
材料法	使用抗静电添加剂、防静电器具、静电消除剂和静电消除设备,如使用静电台垫、专用地板、专用地线	综合	—
结构法	使带电物体表面光滑以及周围环境更清洁,以减少尖端放电	设备	—
增加电导率	选择电导率高的机房室内装饰材料(如地面、地板、墙面、墙纸等)与地充分接触;对绝缘材料部位(如光磁盘、显示器屏幕、设备外壳等处)采用外部喷洒、涂敷、擦拭抗静电剂的方法来提高材料的表面电导率	设备建筑	注意:抗静电剂具有较持久的抗静电效果,并要求无腐蚀性和无毒性
其他措施	使用一些静电消除剂和静电消除设备,如离子风静电消除器、感应式静电消除器等,在一定程度上缓解静电放电	综合	—
制度管理	落实安全生产制度、风险评估制度,加强安全管理,重视工艺环节控制	综合	在设备安装、操作管理等过程中采取严格的防范措施
设计	区分不同类型机房,对设备、空调、内装修设计采取措施	综合	确定微电子器件绝缘膜耐静电击穿电压、整机选用的敏感器件耐静电击穿电压、工程中选用的设备耐静电性能

从机房设计方面,应考虑:①铺设防静电活动地板,注意不要使用表面光滑美观但无防静电功能的陶瓷地板,地板的金属支架、墙壁、顶棚的金属层应汇接并与终端台地线分别汇接至总地线母排。其中,防静电地板应经限流电阻及连接线与接地装置相连,限流电阻的阻值为1 MΩ。②墙壁、顶棚表面应光滑平整,工作台和椅应防静电。③确保良好可靠的接地,其电阻低于10 Ω。④控制机房的温湿度在合理的范围(参考表18-2)。⑤在必要时加装静电消除器(中和器)。⑥机架应配置防静电手环,以释放人体的静电。

表18-2　防静电对机房温湿度的要求

级别	温度(℃)	相对湿度(%)
A	21~25	40~60
B	18~28	
C	10~35	

(10) 防漏电

漏电是电器外壳和市电火线由于连通后对地存在一定的电位差而产生的,机房设备漏电的原因有连接不牢、接线错误、电路积尘、绝缘损坏、安全距离不够、接地系统故障、电力保护措施不力等,因此,要做好接地、绝缘、电器隔离,安装漏电保护器,并确保电闸、保险丝处于良好状态。

保护接零:为了保障人身安全,避免发生触电事故,在正常情况下将设备不带电的金属部分(外壳)和系统零线进行直接相连。

(11) 噪声控制

噪声控制主要从噪声源和传播途径两方面着手。一方面要对振动设备进行减振处理;发声设备进行消声处理,另一方面要从设备结构优化和建筑选材、建筑结构优化方面出发,通过吸声、隔声来控制室内噪声,确保室内噪声≤70 dB。可采用隔声墙或隔声罩、对振动设备采用减振垫、排气排烟管道安装消声器等措施控制噪声。另外,可在墙面、吊顶安装木丝板、矿棉板和泡沫塑料等材料做降噪处理。

(12) 抗震

机房及设备应满足至少 8 级以上抗震要求,所有机架应使用 4 颗以上膨胀螺钉固定在地面。使用防振机柜,通过地震时的变形吸收能量,以减小振动。机箱机柜外壳设计要选择用不锈钢轧板以确保强度,机架支架采用弹力式机架,构成减震结构。此外,还有升降防振地台、地震滑行器、内地板防振支架、防爆墙及安全缓冲区等措施。

(13) 防误操作

重要的机架应设置门锁,防止非专业人员误操作而造成阻断、事故。

(14) 节能环保

节能环保设计包括环保材料的选择、节能设备的应用、电力系统节能分析、动力环境系统节能控制、IT 设备的智能控制及优化、避免数据中心过度的规划、IT 设备新型的节能技术应用、智能管理软件应用等;在机房设计上,要合理设计机房的密封、绝热、配风、气流组织等结构,降低空调使用成本;在设备控制上,可增加虚拟服务器的使用,以使硬件在不增加能耗的情况下处理更多的工作量,在服务器不使用时将其自动转换为节能状态;在空调使用上,只在设备需要时开启制冷,利用液体冷却装置吸收的热量发电并储存起来以备后用,利用热工学和 3D 建模原理来优化机房制冷气流流动。电力系统要合理分配电能,UPS 效率的提高能有效降低对电力的需求,达到节能的目的。此外,还可使用新型节能环保技术、工艺、方法、设备等,以确保 IT 系统、机械、照明和电气等取得最大的能源效率和最小的环境影响。

18.5.2 电源机房

(1) 温、湿度:① 安装有高频开关电源、蓄电池等设备的电源机房或有人值守的电源机房的温度要求为 20 ~ 30 ℃,开机时相对湿度为 35% ~ 75%;② 发电机房温度要求为 5 ~ 40℃,相对湿度为 30% ~ 85%;③ 使用空调的机房,室内电源设备在任何情况下均不能出现结露状态;④ 无人值守且无高频开关电源、蓄电池等设备的电源机房温度要求为 20 ~ 30 ℃,开机时相对湿度为 35% ~ 75%。其中,安装阀控式密封铅酸蓄电池的机房最高温度不宜超过 30 ℃。

(2) 防尘:机房内应采取有效的防尘措施,防止爆炸、导电、电磁尘埃和腐蚀金属、破坏绝缘的气体进入机房。

(3) 噪声:① 选择噪声小的电源设备,减少机房内噪声;② 机房选址时,远离振动力较强、噪声较大的地区;③ 远离其他机房,单独建造油机发电机室,并采取减振、隔音措施。

(4) 照明:① 机房照明以电照明为主,避免阳光直接射入机房内和设备表面上。② 机房照明一般要求有3种:正常照明,市电供电的照明系统;保证照明,机房内备用电源(发电机组)供电的照明;事故照明,正常照明电源中断而备有电源(发电机组)尚未供电时,暂时由蓄电池供电的照明系统(EPS)。

(5) 防火:① 电源机房的防火应符合机房内不准使用易燃材料的装修要求。对机房内隔墙、管道、桌椅及门窗等均应采用不可燃材料。② 机房内严格明火管理、严禁吸烟,严禁使用炉具、电热器具。③ 禁止存放易燃易爆物品。④ 重要电源机房应安装火灾自动检测和告警装置,并配备相应的灭火装置。⑤ 电源设备、供电线路安装应规范,禁止乱拉临时电源线。电源线与信号线分开敷设,电源线采用铜芯阻燃电缆,载流量与载荷相符,禁止超载荷运行。⑥ 各类保险丝、熔断器要符合规定,电池室、油机房的储油间应采用防爆灯具,安装排风设备,将电源开关设在室外。⑦ 电缆沟内线缆整齐,无积水杂物。⑧ 根据不同部位合理配置消防器材,机房内应配置手提气体灭火器、防毒面具。⑨ 机房中应设固定式灭火系统。

(6) 防水、防潮:① 机房加湿要注意安全;② 机房内不应采用水喷淋消防系统;③ 机房的地面及缆沟内无明显积水、水浸;④ 机房的地板、天花板、墙壁不得有明显潮湿发霉和结露、滴水现象;⑤ 在洪水易发地区的通信台站,电源机房应采取防水灾措施。

(7) 其他要求:① 电源机房的门窗、地槽、孔洞及管线应采取防止小动物进入机房的措施;② 电源设备的安装应采取抗震加固措施,应符合 YD/T 5059-2005 要求;③ 电源设备的电磁兼容性应符合 YD/T 983-1998 要求;④ 机房内无线电干扰环境的磁场强度在频率0.15～1 000 MHz 时不大于126 dB;⑤ 磁场干扰强度不大于800 A/m。

(8) 无人值守电源机房环境与安全:① 无人值守的电源机房应安装火灾自动检测和告警装置,并配备相应的灭火装置。② 应具有良好的防御自然灾害的能力,具有抗雷击、抗地震、防火、防水防盗、防小动物入侵等可靠的隔离或防护措施。③ 机房内的监控设备除了监控本身告警信号外,还应具备对环境的遥控、遥测功能,可收集站内的环境告警信息,并备有专门的辅助通道可将告警信息传送到相应的维护中心或主管部门。如果通信设备无环境监测功能,则必须另配监控设备,并与专用的告警通道连接。④ 机房应根据重要性建设被盗告警系统。⑤ 机房的门窗应防盗、防撬、防冲砸。

18.6 配套系统设施

(1) 电气系统

核心机房供/配电系统应为380 V/200 V、50 Hz,供电质量达到A级。电源配置包括市电、柴油发电机组、UPS电源等。供/配电方式为双路供电系统,并配置UPS电源、高频开关电源及柴油发电机设备,使用双电源自投自复配电箱来实现自动切换。动力和通信供电应分离,空调系统和其他用电设备单独供电,避免空调系统启停对重要用电设备的干扰。配电柜、配电箱应有短路、过流保护,其紧急断电按钮与火灾报警连锁。配电箱、柜内应预留备用电路,作为机房设备扩充时用电。机房内用电插座分为两大类,即 UPS 插座和市电插座。机房各工作间均预留备用插座,并安装在墙壁下方供设备维修时用。电缆(电线)在铺设时应该平直,电缆(电线)要与地面、墙壁、天花板保持一定的间隙。不同规格的电缆(电线)在铺设时要有不同的固定距离间隔。电缆(电线)在铺设施工中按相关标准施工,弯曲半径要有留有适当的余度。地板下的电缆应穿钢管或在金属线槽里铺设。机房内不同电压的电源插座应有明显标志。机房内严禁存放易燃、易爆等危险物品。楼板预留孔洞应配有安全盖板。

(2) 通风系统

为保证室内空气环境符合规定要求,应对机房进行通风。通风按作用范围分为全面通风和局部通风。全面通风是对整个机房进行通风换气,局部通风是将室外新风直接送至局部地区,或将污浊空气和有害气体从源头直接排出,以防止其扩散。通风按风动力的不同分为自然通风和机械通风。自然通风是靠室内外气温差形成的热压与室外风造成的风压作用来实现,机械通风是利用通风机产生的抽力和压力,并借助通风管道进行室内外空气交换。

(3) 空调系统

空调,即空气调节器,可对机房内空气的温度、湿度、洁净度、气流速度等参数进行调节和控制,以满足各类机房对空气环境的不同要求。空调组成一般包括冷热源设备,冷热介质系统、末端装置等部分和其他辅助设备,主要包括水泵、风机和管路系统。

机房内需安装空调,设备在长期工作条件下,要求室内温度为 5 ~45 ℃,相对湿度为 8% ~80%。新的设计使用精密空调控制,精密空调又称恒温恒湿空调,具有大风量、热负荷变化等特点,用于环境条件要求高的机房,其气流组织采用下送风、上回风,即抗静电活动地板静压箱送风,吊顶天花微孔板回风,其新风量设计取总风量的 10%,中低度过滤,新风与回风混合后,进入空调设备处理,以提高控制精度,节省投资,方便管理。

(4) 防雷接地系统

防雷:雷电(直击雷、感应雷)对机房人员、设备可能造成致命危害,应采取可靠的防雷措施,采用避雷针、避雷带、避雷网,并在前端配置避雷器(浪涌保护器 PLD)。

由于感应雷电过压幅值在无屏蔽架空线上最高可达 20 kV,故应严格做好防雷措施,以防患于未然。具体方法:①做好线路防雷。在动力室电源线总配电盘上安装并联式专用避雷器构成第 1 级防雷衰减。在机房配电柜进线处,安装并联式电源避雷器构成第 2 级防雷衰减。机房布线不能延墙敷设,防止雷击时墙内钢筋瞬间传导墙雷电流,瞬间变化的磁场在机房内的线路上感应产生瞬间的高脉冲浪涌电压把设备击坏。②对机房电气电子设备的外壳、金属件等实行等电位连接,并在低压配电电源电缆进线输入端加装电源防雷器。③机房设置等电位连接环。

接地:接地一般可以分为工作接地、保护接地和防雷接地。工作接地又可分为交流工作接地和直流工作接地。

对机房进行联合接地:交流工作地、直流工作地、保护地、防雷地宜共用一组接地装置,其接地电阻按其中最小值要求确定。如设备直流地与其他地线分开接地,则两地极间应间隔25 m。将设备直流地与机房抗静电接地及保护地严格分开以免相互干扰,采用T50 ×0.35铜网,所有接点采用锡焊或铜焊以使其接触良好,保证设备稳定运行并要求其接地电阻为1 Ω以下。机房抗静电接地与保护地采用软扁平编织铜线直接敷设到每个房间,地板可就近接地,以确保静电电荷迅速入地。防雷接地电阻要求小于10 Ω。地线的具体指标要求:交流配电系统安全地、设备工作地和总配线架防雷地应采用联合接地,且接地电阻不大于1 Ω,表18-3列出了不同应用场合对接地电阻的要求。计算机终端保护地线不得使用交流配电系统的保护地线,需与交换机GND相连。总配线架防雷地线应能够泄放异常情况引起的过剩电荷,满足国标对配线架的接地要求。外线电缆屏蔽层在总配线架处应与防雷地相连。从接地桩到设备上接地螺杠的连接电缆应采用铜芯,并尽可能缩短长度。所有的接地连接件应加防腐保护。接地螺杠必须用机械方法加以紧固。机房内应有地线排,以便于设备地线连接。所有的接地连接件应加防腐保护。接地螺杠必须用机械方法加以紧固。

表18-3 通信局站的接地电阻要求

接地电阻(Ω)	适用范围	依据
<1	综合楼、国际电信局、汇接局、万门以上程控交换局、2 000路以上长话局、1级传输枢纽	《程控电话交换设备安装设计暂行技术规定》
<3	2 000门以上1万门以下程控交换局、2 000路以下长话局,2级传输节点	
<5	2 000门以下程控局、光缆端站、载波增音站、地球站、微波枢纽站、移动通信机站	
<10	微波中继站、光缆中继站、小型地球站	
<20	微波无源中继站	《微波站防雷与接地设计规范》

(5) 排烟系统

完整的排烟系统是由风机、管道、阀门、送风口、排烟口以及风机、阀门与送风口或排烟口组成的联动装置。

(6) 消防系统

由控制中心和外围消防自动报警及控制系统组成。消防控制中心包括智能火灾报警控制主机,用于集中报警及控制。消防控制中心的外围报警及控制包括光/电感烟探测器、感温探测器、组合控制器和气瓶等。设备位于各楼层现场和端子箱内。施工现场应有性能良好的消防器材。

① 自动喷淋灭火系统:由洒水喷头、报警阀组、水流报警装置(水流指示器或压力开关)等组件以及管道、供水设施组成,能在发生火灾时以自动喷水的方式实现灭火,用在仓储、走道等无在用设备的场所。

② 吸氧隔绝系统:2 s内吸空无人机房室内空气,以达到隔绝氧气灭火的效果。

③ 灭火器:内置化学物品,是一种可携式灭火工具。按化学成分可分为泡沫、干粉、卤代烷(1211)、二氧化碳、清水等;按动力来源可分为储气瓶式、储压式、化学反应式;按移动方式可为分手提式、推车式。

④ 消火栓:分为室内、室外两种,室内型包括消火栓、水带、水枪。

(7) 安防系统

① 安防系统(Security & Protection System,SPS),是以运用安全防范产品和其他相关产品所构成的入侵报警、视频安防监控、出入口控制、防爆安全检查等系统;或由以上系统组合和集成的电子系统或网络。

② 门禁系统。门禁管理系统的主要目的是保证重要区域设备和资料的安全,便于人员的合理流动,对进入这些重要区域的人员实行各种方式的门禁管理,以便限制人员随意进出。验证形式有密码识别、语音识别、卡片识别、指纹识别、人脸识别、虹膜识别、复合识别等。

(8) 集中监控系统

① 视频监控。监控布点要避免死角,在每一排机柜之间安装摄像机。各出入口的空间较大时,可考虑采用带变焦的摄像机,在每一排的机柜之间,根据监视距离配备定焦摄像机即可。如机房有多个房间,应分别安装摄像机。产品选型及技术要求:电视监控系统图像信号应满足图像信号技术指标的要求。复合视频信号幅度(1 ±0.3)V(峰-峰),黑白电视水平清晰度≥350 TVL,彩色电视水平清晰度≥270 TVL,黑白电视灰度等级≥8。信噪比≥38。一般情况下,定焦摄像机在光照度变化较大的场所应选用自动光圈镜头并配置防护罩,在光照稳定光源充足的地方,用固定光圈镜头以降低成本。图像信号应保持24 小时录像,录像方式可采用硬盘录像,也可采用传统的录像系统。闭路电视控制系统宜配置视频动态报警、远程传输功能。

② 环境监控。监控配件包括:红外、门浸、水浸、烟感、温感等。各级监控中心应能动态监控设备的状态,发现故障及时告警。应具有多事件多点同时告警功能,并确保告警准确无误。监控系统的软、硬件应采用模块化结构,具备灵活性和扩展性,以适应不同规模监控系统和不同数量监控对象的要求。监控系统不应影响被监控设备的正常工作,不应改变原设备的自动控制功能。监控系统对被控设备进行控制或参数设定时,其控制值应始终保持在安全限值以内。监控系统应具有良好的电磁兼容性,被监控设备产生电磁干扰时,监控系统应能正常工作;同时,监控设备本身不应产生影响被监控设备正常工作的电磁干扰;监控系统应能监控具有不同接地要求的多种设备,任何监控点的接入均不应破坏任何设备的接地系统;监控系统应有自诊断功能,出现故障能及时告警,监控设备出现故障时,不应影响被监控设备的正常工作;监控系统硬件应采用不间断电源供电;监控系统应具有良好的人/机界面和中文支持能力,故障告警应有明显清晰的可视听信号。监控系统的测量精度要求为:电量一般优于2%;直流电压优于0.5%;蓄电池单体电压测量误差≤ ±5 mV;非电量一般优于5%。

(9) 网管网系统

网管网是接收、处理和传送网络管理信息的电信支撑网,通过工作站、标准化接口将网络管理人员和操作人员与被管电信设备联系起来,以实行对全网运营的有效管理。

18.7 设备配置要求

通信设备(Industrial Communication Device,ICD)包括机房的有、无线通信设备。设备配置的一般要求如下。

(1) 冗余和容错

为确保设备故障时通信不中断,路由、线缆、模块、机盘、设备、系统、网络、供电等应根据需求合理设置冗余备份。根据具体需求,可设置冷备份或热备份,并提供容错机制。系统必须具有一定的容错能力,保障在意外情况下不中断用户的正常工作。

(2) 不间断

通信不间断:通过热备份来实现通信不间断。

供电不间断:分别设置2路市电引入,再使用不间断交、直流供电系统和柴油发电机组。

(3) 双电源输入

通信设备一般设置2个以上电源输入端子,其电路设计方式可多样化,并可设置为多路直流输入型、多路交流输入型、交直流混合输入型。设备机框内对应设置2个以上电源模块(板)。

(4) 电磁兼容及抗干扰

为防止一些电子产品产生的电磁干扰影响或破坏其他电子设备的正常工作,设备要充分考虑电磁兼容设计。电磁兼容要求在相同环境下,涉及电磁现象的不同设备均能接受其他设备产生的干扰并正常运行。

(5) 低噪

设备应采用低噪声电路设计,散热风扇应采用静音风扇设计。

(6) 环保节能

设备电路应采用低功耗设计,宜采用变频技术降低功耗。

(7) 散热

高温环境下,可能使设备故障频发。如蓄电池在25 ℃以上时,环境温度上升10 ℃,设备使用寿命将降低一半;计算机系统CPU风扇散热不佳时经常会死机或自动重启;网络设备情况相同,因此,设备散热十分重要,除外部强制散热措施外,设备本身应采取自散热设计。

(8) 系统的稳定性、可靠性、经济性、安全性

系统在一定的时间内运行应不发生异常或故障。在规定的条件和时间内可完成规定功能,系统的设计、使用成本应经济合理。系统应带有保护电路,以确保运行安全。发生故障时可保护电路工作,不至于引起大量经济损失。

18.8 机房运维智能化

目前,中继式或终端式小型通信局站设备配置少、容量小且结构简单。如无落地业务条件下,其组织架构更为精简。小型局站一般设备组成包括高频开关电源、阀控式铅酸蓄电池组、光端机、波分设备、OTN设备、PCM、光配、数配、音配、电源列柜、柴油发电机组、ATS自动控制屏等。由于机房的值勤维护工作需要大量的人力和时间来完成,随着智能技术的不断

发展,为降低企业运营成本,智能无人化值守将成为未来趋势,所以立足运营商现有局站建设基础,结合开展无人机巡线等新技术,未来机房运维应对策略:①保持现有设备不变,引接各通信和动环设备声光电告警,集成至一个统一的网管监控平台,实现远程值守,遇主要故障告警时,派人到现场解决问题。该方案投资最小,技术最为简单,只需采集各类告警信号,释放了传统全时值守力量。②立足现有设备进行改造,利用 AI 和机器人技术,通过提前备份一定的替代模块、机盘等,当故障发生时,机械臂自动工作,使用替代法更换故障模块、机盘等,同时通知设备责任人。责任人通过远程视频查看故障处置过程,适时到现场处置。该方案投资中等,需提供各设备接口协议和各类故障处置方案,进一步释放了应急故障处置力量。③更新升级现有设备,全部采用新型智能设备,实现故障自动监测定位,系统自动倒换保护,从而真正意义上实现智能无人值守。该方案改造彻底,但投资成本高,操作难度大。④大力推广新技术的应用。部分机房新技术如表 18-4 所示。

表 18-4　机房新手段的应用

模块数据中心	每个模块具有独立的功能、统一的输入输出接口,不同区域的模块可以互相备份,通过相关模块的排列组合形成一个完整的数据中心,分为仓储式、微模块、集装箱 3 种
精密空调	能够充分满足机房环境条件要求的机房专用精密空调机,又称恒温恒湿空调
模块式 UPS 电源	采用模块化设计电路,主机柜无复杂电路,便于维护更换
高压直流	采用 240 V 直流供电,同时兼顾 99% 的机房交流用户
光伏发电	利用半导体界面的光生伏特效应而将光能直接转变为电能的一种技术,主要由太阳电池板(组件)、控制器和逆变器 3 部分组成,主要部件由电子元器件构成
超级电容	不同于传统的化学电源,是一种介于传统电容器与电池之间、具有特殊性能的电源,主要依靠双电层和氧化还原赝电容[注4]电荷储存电能,但在其储能的过程并不发生化学反应,这种储能过程是可逆的,也正因为此超级电容器可以反复充放电数十万次
快速充电	快速使蓄电池达到或接近完全充电状态的一种充电方法,一般使用大电流快充技术
无线充电	源于无线电能传输技术,可分为小功率无线充电和大功率无线充电两种方式。小功率无线充电常采用电磁感应方式,大功率无线充电常采用谐振方式。由于充电器与用电装置之间以磁场传送能量,两者之间不用电线连接,所以充电器及用电的装置都可以做到无导电接点外露

注释

[注 1]送风系统是减少动压、增加静压、稳定气流和减少气流振动的一种必要配件,它可使送风效果更加理想。

[注 2]设置供工作人员在高空行走和工作的走道。

[注 3]预焊。

[注 4]又称法拉第准电容,并非真正意义上的电容,目前学术上定义仍有分歧。

第 19 章　工程建筑

19.1　定义

通信工程既可理解为通信建设工程(含建筑工程、线路工程,如表 19-1 所示),也可理解为通信设备安装工程(如表 19-2 所示)。本章的主要讨论对象为通信建设工程中的建筑工程,主要针对地下工程和地面大型综合建筑工程进行讨论。

表 19-1　通信线路工程类别划分表

序号	项目名称	1 类工程	2 类工程	3 类工程	4 类工程
1	长途干线	省际	省内	本地网	—
2	海缆	50 km 以上	50 km 以下	—	—
3	市话线路	中继光缆或 2 万门以上市话主干线路	局间中继电缆线路或 2 万门以下市话主干线路	市话配线工程或 4 千门以下线路工程	—
4	有线电视网	—	省会及地市级城市有线电视网线路工程	县以下有线电视网线路工程	—
5	建筑楼综合布线工程	—	10 000 m^2 以上建筑物综合布线工程	5 000 m^2 以上建筑综合布线工程	5 000 m^2 以下建筑物电话布线工程
6	通信管道工程	—	48 孔以上	24 孔以上	24 孔以下

表 19-2　电信设备安装工程类别划分表

序号	项目名称	1 类工程	2 类工程	3 类工程	4 类工程
1	市话交换	4 万门以上	4 万门以下	1 万门以下	4 000 门以下
2	长途交换	2 500 路端以上	2 500 路端以下	500 路端以下	—
3	通信干线传输及终端	省际	省内	本地网	—
4	移动通信及无线寻呼	省会局移动通信	地市局移动通信	无线寻呼设备工程	—
5	卫星地球站	C 频段天线直径 10 m 以上及 Ku 频段天线直径 5 m 以上	C 频段天线直径 10 m 以下及 Ku 频段天线直径 5 m 以下	—	—

续表

序号	项目名称	1 类工程	2 类工程	3 类工程	4 类工程
6	天线铁塔	—	铁塔高度 100 m以下	铁塔高度100 m以下	—
7	数据网、分组交换网等非话业务网	省际	省会局以下	—	—
8	电源	1 类工程配套电源	2 类工程配套电源	3 类工程配套电源	4 类工程配套电源
注:新业务发展按相对应的等级套用					

19.2 分类

通信工程建筑按建设场地可分为地下通信工程和地面建筑工程。其中,地下工程根据形态的不同可分为地道式、掘开式、地下室式、半地下室式。人防等大型地下通信工程建筑可分为环境控制区(包括给排水室、通风空调室、电站等)、信息通信区、指挥区、办公作业区、维护人员休息区以及人员物资藏匿区。中小型工程建筑则综合性较强,功能分区较小,一般可分为环境设备区、通信设备区、办公区 3 块。

按工程规模,可分为小型、中型、大型工程。

按网络组网方式,可分为集中式、分布式。

19.3 工程基础概念

工程涉及生产生活的各个方面,表 19-3 列出了工程相关的主要概念。

表 19-3 工程基础概念

概念名称	解释
工程造价	工程的建设价格,是为完成一个工程的建设,预期或实际所需的全部费用总和
工程概算	建设项目在初步设计阶段计算工程投资与造价的设计文件
工程预算	是对工程项目在未来一定时期内的收入和支出情况所做的计划,可通过货币形式来对工程项目的投入进行评价并反映工程的经济效果,是加强企业管理、实行经济核算、考核工程成本、编制施工计划的依据,也是工程招、投标报价和确定工程造价的主要依据
直接费	与直接工程相关的支出,是工程支出的主要部分,由直接工程费和措施费组成
间接费	由规费、企业管理费组成
税费	由国务院、省人民政府规定的,且允许列入工程成本的费用,税金由国家税法规定的应计入工程造价内的营业税、城市维护建设税和教育费附加组成,是国家机关以及社会管理共用的资金

续表

概念名称	解释
规费	企业缴纳税金后,再向相关部门缴纳的费用,是与企业运营归有关部门专门资金
施工合同	又称工程合同、包工合同,指发包方(建设单位)和承包方(施工单位)为完成商定的建筑安装工程施工任务判定的明确相互之间权利、义务关系的书面协议
招投标	是应用技术经济的评价方法和市场经济的竞争机制的相互作用,通过有组织、有规则地开展择优成交的一种相对成熟、高级和规范化的交易活动
公开招标	采购人按照法定程序,通过发布招标公告,邀请所有潜在的不特定的供应商参加投票,采购人通过某种事先确定的标准,从所有投标供应商中择优评选出中标的供应商,并与之签订合同的一种采购方式
邀标	又称选择性招标,是由采购人根据供应商或承包商的资信和业绩,选择一定数目的法人或其他组织(不少于3家),向其发出招标邀请书,邀请其参加投票竞争,从中选定中标供应商的一种采购方式
议标	国外在建筑领域还有一种使用较为广泛的采购方法,被称为议标,实质上是谈判性采购,是采购人和被采购人之间通过一对一谈判而最终达到采购目的的一种采购方式,不具有公开性和竞争性,因而不属于通用的招标投标采购方式。我国招、投标法不允许议标
竞争性谈判	采购人或代理机构通过与多家供应商(不少3家)进行谈判,最后从中确定中标供应商的一种采购方式
询价	特指一种政府采购手段,即询价采购,是指询价小组根据采购人需求,从符合相应资格条件的供应商中确定不少于3家的供应商并向其发出询价单让其报价,由供应商一次报出不得更改的报价,然后,询价小组在报价的基础上进行比较,并确定成交供应商的一种采购方式
单一来源	也称直接采购,指采购人向唯一供应商进行采购的方式,适用于达到限购标准和公开招标数额标准,但所购商品的来源渠道单一,或属专利、首次制造、合同追加、原有采购项目的后续扩充和发生了不可预见的紧急情况不能从其他供应商处采购等情况,其特点是没有竞争性
工程实施流程	勘察-设计-施工-竣工-验收
工程勘查	为满足工程建设的规划、设计、施工、运营及综合治理等需要,对地形、地质及水文等状况进行测绘、勘探测试,并提供相应成果和资料的活动
工程设计	运用科技知识和方法,有目标地创造工程产品构思和计划的过程
工程施工	是建筑安装企业归集核算工程成本的会计核算专用科目,是根据建设工程设计文件的要求,对建设工程进行新建、扩建、改建的活动。工程施工下设人工费、材料费、机械费、其他直接费等4个明细
工程变更	是在工程项目实施过程中,按照合同约定的程序,监理人根据工程需要,下达指令对招标文件中的原设计或经监理人批准的施工方案进行的在材料、工艺、功能、功效、尺寸、技术指标、工程数量及施工方法等方面的改变,统称为工程变更
竣工验收	指建设工程项目竣工后开发建设单位会同设计、施工、设备供应单位及工程质量监督部门,对该项目是否符合规划设计要求以及建筑施工和设备安装质量进行全面检验,取得竣工合格资料、数据和凭证,是施工全过程的最后一道程序,也是工程项目管理的最后一项工作。应该指出的是,竣工验收建立在分阶段验收的基础之上,前面已经完成验收的工程项目一般在竣工验收时不再重新验收

续表

概念名称	解释
工程结算	是指施工企业按照承包合同和已完工程量向建设单位(业主)办理工程价清算的经济文件。工程建设周期长,耗用资金数大,为使建筑安装企业在施工中耗用的资金及时得到补偿,需要对工程价款进行中间结算(进度款结算)、年终结算,全部工程竣工验收后应进行竣工结算。在会计科目设置中,工程结算为建造承包商专用的会计科目。工程结算是工程项目承包中的一项十分重要的工作
工程项目目标控制	施工成本控制、进度控制、质量控制、风险管理、安全和环境管理
工程项目分析	可行性分析、可靠性分析、经济性分析、可持续性分析
四新	新产品、新技术、新材料、新工艺
相关单位	建设单位、施工单位、监理单位、设计单位、勘察单位
甲乙方	合同(不限于工程合同)通常是由两方签订的,也存在三方甚至多方,但主要是两方,习惯上将签约双方称为甲方和乙方。理论上,谁称为甲方、谁称为乙方都是可以的。通常习惯将出卖方、供应方、赠予方、委托方、授权方、定制方、贷款方、出租方、定作方、发包方、转让方等称作甲方,将买受方、使用方、受赠方、借款方、承租方、承揽方、承包方、受让方等称作乙方
工程相关资料	从工程建设项目的提出、筹备、勘测、设计、施工到竣工投产等过程中形成的文件材料、图纸、图标、计算材料、声像材料等各种形式的信息总和,简称为工程资料
建筑十大分部	地基与基础、主体结构、建筑装饰装修、建筑屋面、建筑给水排水及采暖、建筑电气、智能建筑、通风与空调、电梯以及建筑节能工程
十大验收	防雷验收、电梯验收、环保验收、人防验收、景观验收、档案验收、分户验收、消防验收、规划验收、节能验收

19.4 设计计算

工程建筑内的综合布线是一种模块化的建筑物内部或建筑群之间的信息传输通道,系统汇总语音及数据的传输线路,支持语音、数据、图文、多媒体等传输应用,详见第16章。

系统的设计和计算需先分析用户的需求,分析楼层数量、楼层可用面积及实施的范围,确认配线间和网络机房位置,确认系统范围是否包括计算机网络通信、电话语音通信、有线电视系统、闭路视频监控等系统。根据需求统计信息点数量、水平及垂直布线数量、配线间数量、设备间数量,最后完成图纸设计,其流程如图19.1所示。

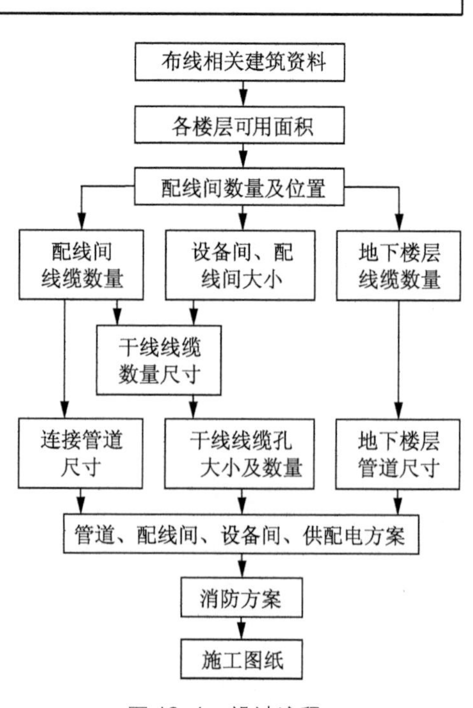

图19.1 设计流程

★工程建筑的布线组网

从物理角度来看工程建筑,其按数量可分为独幢式和多幢式。无论是独幢式还是多幢式建筑,都有不同的功能分区。通过分区交换机可实现不同分区间的一网互联,如图19.2所示。

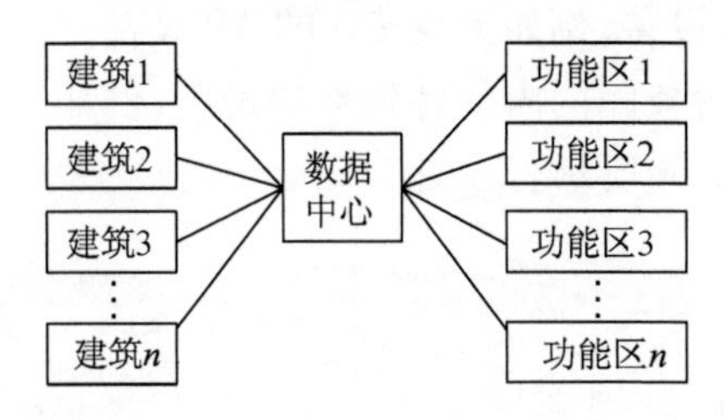

图19.2　综合布线系统拓扑图

如果从网络的角度来看工程建筑,则不需在意建筑间的物理分隔,无论是否在一幢建筑内,所有场所均为网络系统的节点之一,其网络设计将得到最大限度地简化。可结合运用第16、17章组网知识进行设计。

工程建筑综合布线系统主要是针对建筑物内部及建筑物群之间的计算机、通信设备和自动化设备,一般都为星形结构,系统的分层星形拓扑结构如图19.3所示。

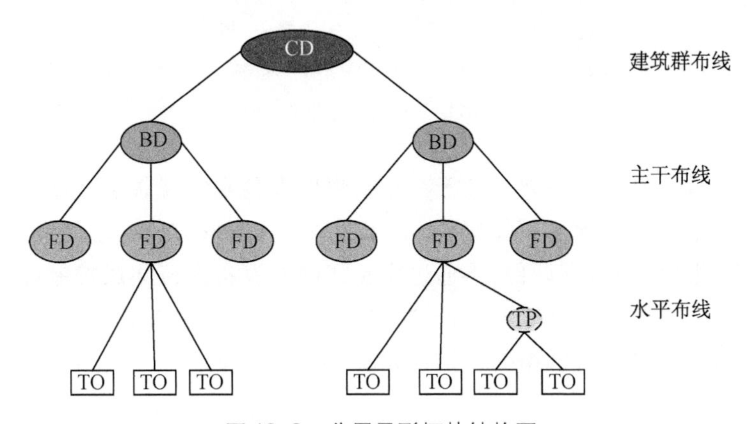

图19.3　分层星形拓扑结构图

以校园组网为例,网络包括校园计算机局域网、交互式多媒体教学系统、学校自动化办公系统、学校教学和管理综合信息系统,其网络拓扑结构如图19.3所示。

校园计算机局域网的建设是学校信息化建设的基础,建设完成后能满足学校现代化教学及管理的需要,实现教育现代化、提高教学水平。校园计算机局域网的整体架构为:

(1) 校园出口。校园出口层主要负责对校园网用户的统一接入,出口层除了要保证校园内外的数据传输,还需要考虑保证边界安全。

(2) 核心层交换机。核心层负责整个校园网的高速互联,一般不部署具体的业务。核心网络需要数据中心部署服务器和应用系统,为校园网内部和外部用户提供数据和应用服务。

(3) 网络管理层。完成对网络设备、服务器等进行管理的区域,包括告警管理、性能管理、故障管理、配置管理、安全管理等。

(4) 汇聚层。将众多的接入设备和大量用户经过一次汇聚再接入核心层,扩展核心层接入用户的数量。

(5) 接入层。负责将各种终端接入校园网络,通常由以太网交换机组成。对于某些终端,还要增加特定的接入设备,例如无线接入的 AP 设备。

(6) 终端应用层。包含校园网内的各种终端设备,例如 PC、笔记本电脑、打印机、传真、手机、摄像头等,如图 19.4 所示。

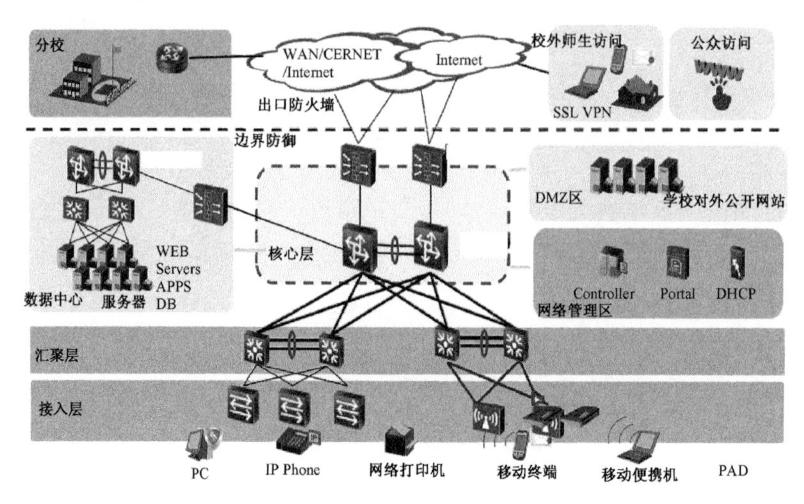

图 19.4　校园网络拓扑图

交互式多媒体教育系统主要是基于交互式硬件设备来实现教学互动,常用硬件设备有电子白板、液晶书写屏、液晶一体机等。可以把文本、图形、视频、动画和声音等信息知识综合处理在一起,做成教学课件,再通过交互式硬件设备进行集成控制操作,完成交互式教学,可以实现远程实时教学、演讲培训、班班通等一系列交互式操作。基于校园网网络的交互式多媒体教育系统网络拓扑结构如图 19.5 所示。

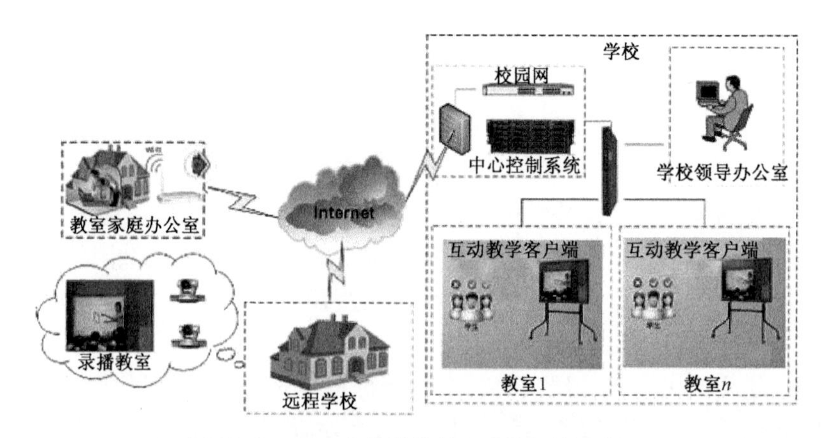

图 19.5　交互式多媒体教育系统网络拓扑图

学校自动化办公系统、学校教学和管理综合信息系统则是根据不同学校需求开发设计的专用系统。既有通用的功能,又能融入不同学校的管理特色。

19.5　环境要求

工程内机房环境要求见第 18 章机房环境。工程内相对湿度和温度应达到设计标准，无标准时按下列指标执行：

（1）通信设备房间相对湿度不超过 75%，温度不超过 30 ℃；

（2）通道相对湿度不超过 85%，机械设备房间相对湿度不超过 80%；

（3）油机房相对湿度不超过 80%，温度不超过 35 ℃。

19.6　工程系统设备

（1）通风工程

常规通风工程由进风系统、送风系统和排风系统组成，其结构原理同机房通风系统。由于工程由多个机房组合而成，存在体量大、长度长的特点，其进排风设计难度较大，大型工程需要分段接力通风设计。

电站通风要求：

① 必须不间断供给柴油发电机组燃烧所需的空气；

② 需要不断地排除电站中的有害气体并送入新鲜空气；

③ 保证电站所需温、湿度；

④ 柴油发电机组通过水冷或风冷（较少）方案降温。

热源型通信机房通风要求：包括各类存放设备的功能型机房、变压器室、电池室应加大通风力度，强制散热，确保设备安全。

基本无余热机房通风要求：包括配供电室和各控制室、计算机室、器材仓库及办公室等余热较少的机房，区分有人值守和无人值守，应进行除湿保温处理，排除有害气体。

（2）空调工程

为确保工程内部的正常温、湿度，应通过防潮除湿的控制，主要的使用设备有空调、加湿机、除湿机等。具体措施：

① 使用自然通风实现除湿防潮；

② 使用空调加热和通风来实现除湿防潮；

③ 使用除湿机除湿防潮；

④ 当工程外湿度大于内部湿度时，使用机械除湿法，即用冷冻降湿机除湿；

⑤ 使用固体吸湿机除湿；

⑥ 隔断工程区域，分段进行防潮；

⑦ 利用季节特点，合理开、闭门。

工程渗漏水：要根据点、线、面具体渗漏情况，采取注（浆）、抹（面）、堵（漏）、凿（槽）、疏（导）、排（水）、引（流）等方法进行综合整治，争取“标本兼治”。同时，要注意归档处理情况，及时处理新渗漏点。

除菌：微生物细菌对工程内人员的身体健康会造成影响，应采取通风换气、空气消毒、整洁内部环境等措施。

(3) 排烟工程

排烟系统由挡烟壁(活动式和固定式)、排烟口、防火排烟阀门、排烟道、排烟风机和排烟出口组成。按防护单元设置,可分为3种布置形式:

① 完全独立的排烟系统;

② 排烟风机和排风机共用,管道相对独立的排烟系统;

③ 排烟排风完全合一的排烟系统。

(4) 给排水工程

① 给水:其功能一方面要满足地下工程内人员、设备的用水,另一方面要将废水及时排出工程。按工作过程分为取水工程、输水工程、净水工程、配水工程4个部分。

② 排水:排水的任务是收集和排除工程内部的生活污水、机械废水、洗消废水等,其组成包括排水管网、污水处理系统。

(5) 噪声控制工程

电站的柴油发电机组是工程内最大噪声来源,应进行降噪处理,确保维护人员健康。具体措施:

① 使用低噪低排机组;

② 使用隔声罩;

③ 使用隔声间,它由隔声门、隔声窗构成,墙面使用吸声材料填充;

④ 使用消声器,包括阻式、抗式、阻抗复合式、微孔板式;

⑤ 机组使用隔振底座;

⑥ 风机使用消声器降噪;

⑦ 水泵及管路系统应注意选材合理,合理设计管路,并增加弹性管,减小振动以及使用管夹吸声内衬结构。

(6) 消防工程

见消防系统。

(7) 安防工程

见安防系统。

19.7 老旧工程及楼宇的智能化改造

各类地下工程和地面建筑工程由于建设年代久远,其现状难以满足现代化和信息化要求。具体表现在:①缆线老化,布局错乱,资料失真。各类交、直流电力电缆因年久老化,绝缘性能呈不同程度地降低,甚至低于0.1 MΩ,供电、施工安全存在极大隐患;各类强电电缆、弱电电缆(信号、控制线等)经多次设备变迁,临时敷设、应急代通缆线未及时撤收、强弱电缆混搭等现象普遍存在,缆沟、地板、吊顶、壁墙及夹壁内各类缆线纵横交错,既影响美观,又影响安全;经多次线路增减、设备扩容和机房布局变化,使得竣工图纸与实际情况出入很大,给工程维护及整改带来极大不便。②管道器件、维护设施腐蚀现象明显。由于地下建筑普遍潮湿,各类给排水、供油等管道及配套阀门、开关、接头等器件,经湿气长期侵蚀而不断生锈老化，在管内液压作用下穿孔而造成渗露，可能引发电路短路甚至触发爆炸、火灾，又因其路由隐蔽，发现难度较大。③应急安全设施、特种作业工具不全。部分工程的安防设施不全或层次低，如一般门禁系统仅设置一层，且仅停留在密码刷卡识别的低层次。灭火器设置与环境不匹配，烟雾报警及自动喷淋系统不灵敏，无法有效灭火，甚至加重破坏。由于缺少特种作业工具，机械化作业程度低，从而导致高、深、窄处作业耗时、困难、危险。④建筑装饰破旧。老旧工程的地、墙、顶等立面装饰较为破旧，无法适应时代发展，造成粉尘、污物积累，不利于机房环境卫生，并影响精密设备的安全稳定运行。

随着信息技术和电子技术的高速发展，为地下工程、建筑楼宇智能化建设的改造和设备稳定性、可靠性的提高创造了有利条件。要充分利用大数据、云计算、物联网、人工智能等技术，大力加强智能楼宇和智能型地下人防工程建设，提高无人值守水平。一是实现监控管理自动化。建设以计算机控制管理为核心，以综合网管为平台，并含有各种传感器和反馈执行器的综合监控系统，实现电力、照明、通风空调、给排水、污水处理、供油、消声等设施的实时监测、分散控制和集中监管。二是实现安全防护自动化。在出入口、核心机房、重要库室安装防盗、防袭扰报警系统和面部、指纹识别系统；在重点部位安装视频监控系统及环境变化告警系统；安装有害气体监测告警系统，并与通风系统联动；综合运用消防告警、自动喷淋、环境调节技术，以实现火灾控制；构建全网防黑客病毒入侵系统。三是实现值勤办公自动化（Office Automation，OA）。基于WEB的客户机/服务器体系结构，综合运用各种通信网络手段，确保工程内全媒体信息的高速流转，并实现与相关单位部门的指令传达、信息交换和资源共享；开发配套软件，改进传统办公模式，强化值勤信息化管控水平，提升工作效率。

第 20 章　室外通信设施

20.1　概述

室外通信设施又称户（野）外通信设施，具有直接、辅助通信（供电）或保护、警示等作用，是区别于室内用的通信相关设施。

20.2　电信网

（1）户外光电缆和天馈线：见第 1 章市话电缆、第 2 章光纤光缆、第 9 章天馈线。

（2）标石及标石套：用混凝土、金属或石料制成并埋于地下或露出地面、或在基岩露头上凿制，在中心镶嵌铁质或瓷质标心用以标定控制点点位的永久性标志，如图 20.1 所示。标石可分为普通标石、接头标石、巡检标石、转弯标石等。标石套是为增强标石识别度和美观而制作的套于标石上的外护套。材质一般为白色塑钢、PVC 等。

图 20.1　光缆线路标石及标石套

（3）警示牌和铭牌：又称标志牌、标牌，用于警示附近有埋地或架空光缆，防止人为误操作而导致光缆阻断受损，如图 20.2 所示。路面铭牌一般采用金属原色不锈钢，架空、地面警示牌材质一般为塑钢或不锈钢、铝合金，管道铭牌一般使用铝制和塑钢。室外油墨多色印制，以确保耐老化、不褪色。

图 20.2　警示牌和铭牌

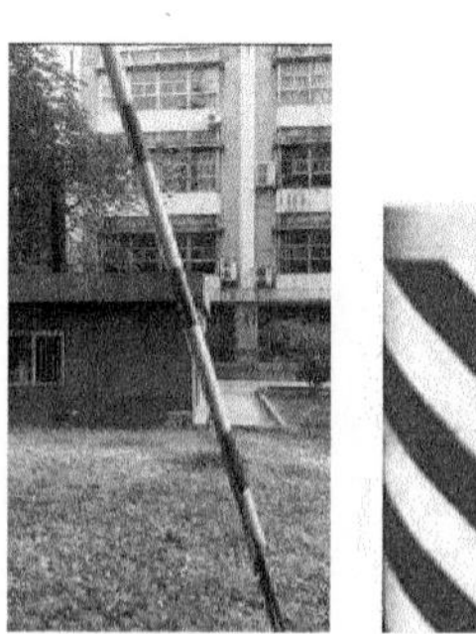
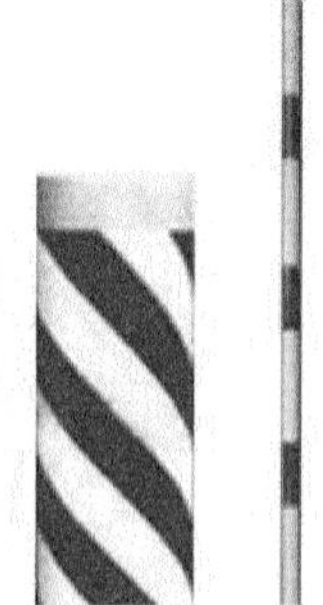

图 20.3　反光标志

（4）反光标志：道路架空光缆和杆线防撞、限高警示提示标志，如图 20.3 所示。其材质一般使用反光膜材料，确保夜间可见。

（5）线路加固设施（漫水坡、挡土墙、护坡等）：永久性土建设施，用于加固各类埋地

(平地、山体、水底等)光缆线路,如图 20.4 ~20.7 所示。

图 20.4　沙袋和石笼加固

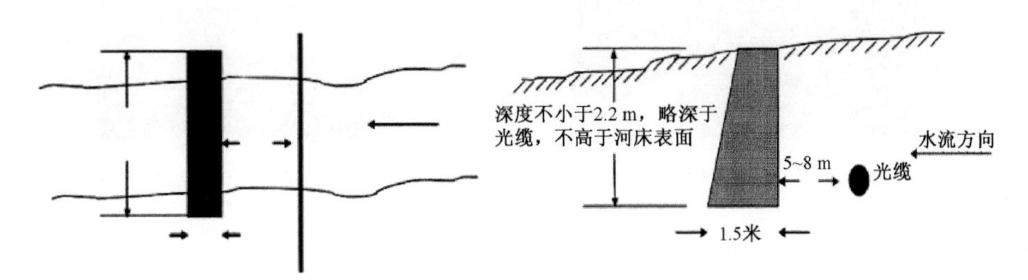

图 20.5　漫水坡及其尺寸要求

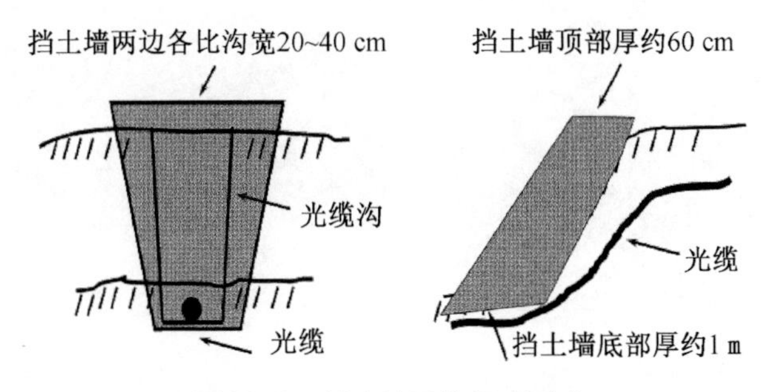

图 20.6　挡土墙及其尺寸要求

图 20.7　护坡

（6）光缆交接箱：光缆交接箱是一种为主干层光缆、配线层光缆提供光缆成端、跳接的交接设备，如图 20.8 所示。光缆引入光缆交接箱后，经固定、端接、配纤，使用跳纤将主干层光缆和配线层光缆连通。

图 20.8　光缆交接箱

图 20.9　电信铁塔

（7）铁塔：用于架设接收、发射天线，如图 20.9 所示。

（8）电杆：架设架空光缆的杆线，如图 20.10 所示。

图 20.10　电杆

图 20.11　基站

（9）人井、局前转换井：见第 15 章。

（10）基站：公用移动通信基站是无线电台站的一种形式，是指在一定的无线电覆盖区中，通过移动通信交换中心，与移动电话终端之间进行信息传递的无线电收发信电台，如图 20.11 所示。按功能及规模可分为宏站、微站、直放站、射频拉远站、边际站、室分系统等。按结构形式可分为挂墙式、抱杆式、机柜式、笼架式、集成仓式、车载式、土建机房式（见第 18 章机房）等。

（11）巡检系统：又称巡更系统，巡检系统是一种监督巡逻、巡检过程的装置，由信息钮、识读器、网管组成。其中，信息钮一般置于室外特殊标石上，装置信息钮的标石称为巡检标石。另外，还可放置一个信息钮于机房，作为起始点和测试点，如图 20.12 所示。

图 20.12　巡检信息钮

（12）通信车辆：包括应急通信车、通信抢修车等，如图

20. 13 所示,用于应急通信和障碍抢修抢建。

图 20. 13　通信车辆

(13) 载波增音站、电缆充气站:目前极少使用。

20. 3　电力网

(1) 电力电缆

用于长距离输电的电力电缆造价较高,一般用在地下管道、地下综合管廊中,见第 10 章电力电缆。

(2) 架空导线

① 定义和分类

架空导线是长距离输电的主要导体,一般情况下使用普通裸导线输电,超高压条件下需要使用分裂裸导线。架空绝缘导线(高压)则用于 10 kV 以下配电环境复杂的市区,以避免短路接地及雷击线路。

a. 裸导线:仅有导体而无绝缘层的导线,其中包括铜、铝等金属和复合金属圆单线,以及各种结构的架空输电线用的绞线、软接线、型线和型材,可用作电线电缆导电线,也可在电机、电器、变压器等装备中用作构件。

按材质,可分为裸铜线、裸铝线、裸铝合金线、双金属线等。

按形状结构,可分为圆单线、裸绞线、软接线和型线等。

其型号命名由类别、特征和派生 3 部分组成。

b. 分裂导线:指超高压输电线路为抵制电晕放电和减少线路电抗所采取的一种导线架设方式,是裸导线的一种形式。普通分裂导线的分裂根数一般不超过 4,超高压输电线路的分裂导线一般取 3 ~4 根。表 20-1 列出了导线分裂数和电压等级对照表。

表 20-1　分裂数和电压等级对应表

分裂方式	2 分裂	4 分裂	6 分裂	8 分裂
电压(kV)	220	500	750	1 000

优点(同单根导线相比):电场小、输电容量高,并可减少电晕损失、电磁干扰,无线电噪声低、稳定性好。

c. 绞线:以绞合单线绕绞线轴等角速度旋转和较线匀速前进运动实现的,常用铜、铝两种金属绞制成各种规格截面以及各类的电线电缆的导线电芯，是裸导线的一种形式。裸绞线常用于架空线路，适用于工作频率较高、单股线材的集肤效应和邻近效应损耗过大的场合。

② 选型

架空导线的选用：主要用于输电线和配电线路中，输电线路电压等级较高、输电容量较大，常用钢芯铝，强度要求较高的电力输电线路可采用钢芯铝合金线。另外，配电线路电压等级较低、输电容量较小的用户网络的电力传输线，大多采用铝绞线。

架空输电线的选用应从使用条件和架设环境等两个方面来考虑。对于重要的输电线路，应根据传输容量、电压等级、相分裂根数、经济电流密度、无线电干扰水平和受力状态等综合因素来确定导线的截面和结构形式；一般线路只采用单根导线，高压、超高压输电线路(330 kV 及以上)常采用分裂导线，而且宜采用钢比为 7% 的钢芯铝绞线，以节约钢材，降低造价；特高压(1 150 kV，目前世界最高输电电压)采用多根分裂导线输电，如 8、12、16 根分裂等。

环境条件和架设条件特殊时，应选择相应的特种导线以满足使用需要。具体方法：在重冰区地段或大跨越线，可分别选用高强度钢芯铝合金或钢芯铝包钢绞线；在高海拔地区或电站用的软母线，可选用扩径导线，以减少电晕损失；在大容量线路可选用耐热铝合金导线，以提高输电容量；在风激振动频繁地区可采用自阻尼导线；在冰害严重的地区输电线路可采用防冰雪导线；在工业区、沿海等腐蚀性气氛严重的地区应选用防腐型导线，以提高导线的使用寿命。

(3) 电力铁塔(10 kV 以上)：输电线路铁塔，按其形状一般分为酒杯形、猫头形、上字形、干字形和桶形，图 20.14 所示为干字形电力铁塔，按用途分为耐张塔、直线塔、转角塔、换位塔(更换导线相位位置塔)、终端塔和跨越塔等，主要材料一般使用 Q235(A3F)和 Q345(16Mn)两种。

图 20.14　电力铁塔

图 20.15　电线杆

(4) 电线杆(10 kV 以下及低压)：即架电线电缆的杆线，是电力基础设施之一，如图 20.15 所示。

(5) 变电箱(Substation)：电力系统中对电能的电压和电流进行变换、集中和分配的场所的箱体，内置变压器，一般为干式，如图 20.16 所示。

(6) 变压器：利用电磁感应原理来改变交流电压的装置，由初、次级线圈和铁芯(磁芯)构成，分为油式(油枕式、油浸式)和干式两类，如图 20.17 所示。

图 20.16　变电箱

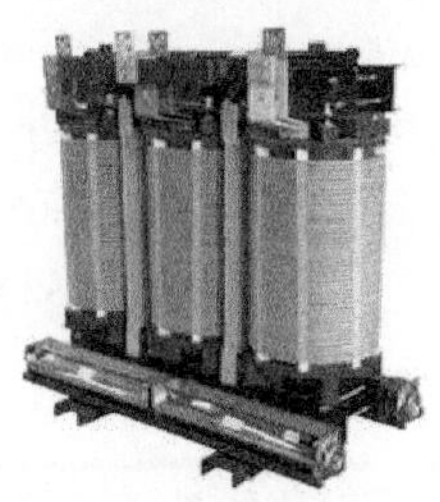

图 20.17　油式变压器和干式变压器

(7) 警示牌和铭牌:又称标志牌、标牌,用于警示附近有高压电缆,防止人为误操作而导致电缆阻断受损甚至发生触电事故,如图 20.18 所示。

图 20.18　警示牌和铭牌

(8) 反光标志:道路架空电线电缆防撞、限高警示提示标志,如图 20.19 所示。

图 20.19　反光标志

(9) 变电站:对电压和电流进行变换、接受电能及分配电能的场所,如图 20.20 所示。

图 20.20　变电站

(10) 无人机巡检:利用无人机进行电力线路巡查巡视及故障处置的一种方式。

(11) 电力车辆:应急电源车(移动电站),分为拖车型、汽车型、方舱型内置柴油发电机组,可提供应急电源。其中,电力抢修车可提供电力抢修,如图 20.21 所示。

图 20.21　电力车辆

20.4 其他室外设备设施

其他网系涉及的常见室外设备设施见表 20-2。

表 20-2 其他室外设备设施

设备名称	功能	图示
室外摄像头及云台	监控特定室外场所的摄像头,具备防雨、防晒等基本要求,部分需具备红外夜视效果。云台是稳定器,起到平衡与稳定作用	
天线(场)	接收、发射无线信号,实现无线通信,多个天线组成天线场	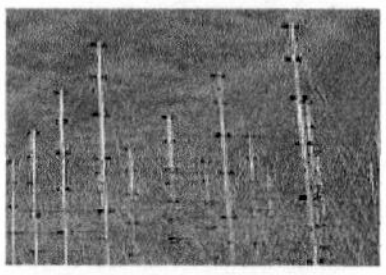
卫星天线	接收、发射卫星信号,实现卫星通信	
无线站	微波站、无信电收发信站、卫星地面站等	
太阳能电源(阵列)	利用太阳能来实现光伏转换,多余能量存储于蓄电池,多套设备组成阵列	
风能电源(阵列)	利用风能带动电机发电,多余能量存储于蓄电池,多套设备组成阵列	
空气能热水	把空气中的低温热量吸收进来,经过氟介质气化,然后,通过压缩机压缩后增压升温,再通过换热器转化使水加热,用压缩后的高温热能来加热水温	
冷却塔	空调冷却交换设施	
水库	空调或电站水冷交换设施	

第21章　标签标识

21.1　定义

标签(Label),是对事物所额外加上的识别用信息的纸卡或牌子,图21.1示出了各类纸质标签。标识(Mark,Sign),又称标志,表明特征的记号或表明某种特征,指记号、符号或标志物,用以标示,便于识别。

信息通信标签标识,是附着在被识别组件上的标识符的物理体现,用于标记信息通信机房内和室外各种设备、线缆、端接点、接地装置、敷设管路等相关信息的介质,以便于专业人员维护和非专业人员识别。标识的设计使用寿命不应低于粘贴标识的元件,其内容、材质、尺寸、颜色、位置应符合相关规定。

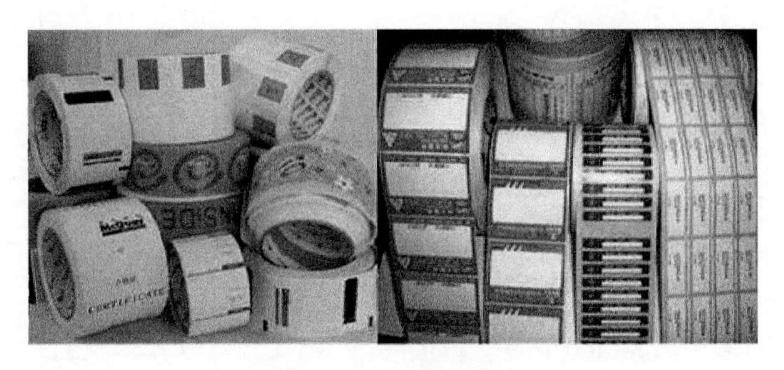

图21.1　各类纸质标签

21.2　结构材质

标签一般由面材、胶水、底纸组成,从上而下有上表涂层、基材、紧固涂层、粘胶、次上表涂层(硅油层)、底纸组成,如图21.2所示。

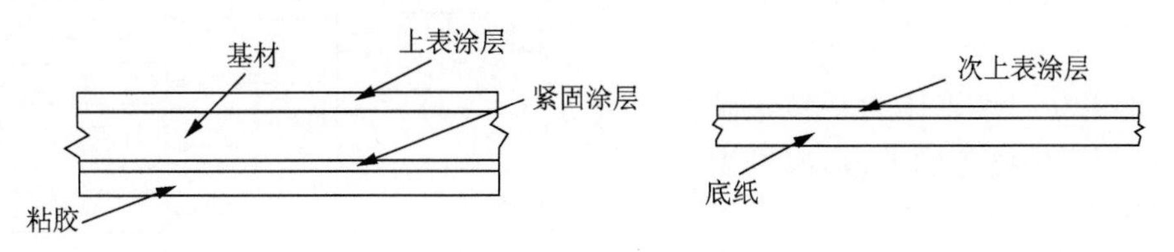

图21.2　标签结构图

标签材质主要有纸、乙烯、聚酯、尼龙、聚酰亚胺、聚烯烃等。背胶一般条件下使用不干胶材质,永久性丙烯酸乳胶由于其稳定性好而常用于背胶材料并广泛应用。

标识、标牌材质有铝合金、聚合类材料、PVC、不锈钢、铝、塑钢、球墨铸铁等。

21.3 分类

（1）按打印方式，可分为热转移打印标签、激光打印标签、喷墨打印标签、针式打印标签和手写标签标识。

（2）按材料，可分为纸标签、乙烯标签、聚酯标签、尼龙标签、聚酰亚胺标签、聚烯烃套管标签等；标识可分为铝合金标识、聚合类材料标识、PVC 标识、不锈钢标识、铝标识、塑钢标识、球墨铸铁标识等。

（3）按用途，可分为线缆标签、设备标签、机架标签、吊牌标签、套管标识、管道标识以及安全警示标识等。

（4）按使用场所，可分为室内、室外用标签标识等。

★一维码和二维码标签

一维码，又称条形码（Barcode），是将宽度不等的多个黑条和空白按照一定的编码规则排列、用以表达一组信息的图形标识符。

二维码，又称二维条码（2-Dimensional bar code，或 QD Code，Quick Response），用某种特点的几何图形按一定规律在平面（二维方向）分布的黑白相间的图形记录数据符号信号。

条形码和二维码作为新型记录形式，可用于标签印刷上，形成可识别的标签信息记录。

图 21.3 所示为行业内常见的一种按用途分类的标签标识。

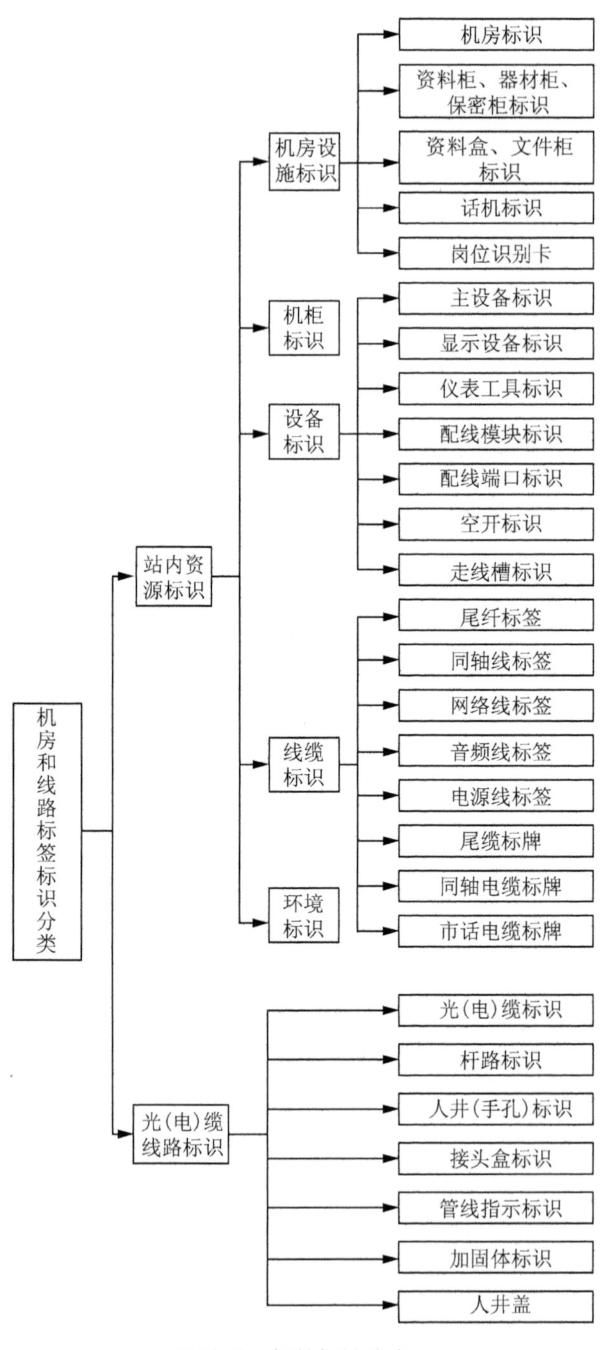

图 21.3　标签标识分类

21.4　注释和编码

完整的标识系统应包含设备名称以及该设备的位置、起始点和功能等详细信息，合理的注释编码应英汉结合、数字字母组合，做到简单明了。

注释：标签一般使用制式打印，内容一般包括编号（序列号）、名称、型号、厂家、用途、开通时间、使用单位和责任人、联系方式等要素。

编码：在机房中，各路信号连接线汇集在一起，位置集中、数目庞大。如果不对每一条连接线进行编码，将会对日后的维护带来不便。在制作接头和连接前，应先进行两头编码。编码的原则是简单、直观。过于复杂抽象的编码不便于维护。

编码宜采用字母和数字混合的编码。设备类以 AV 视频线为例，使用“VD102”表示视频（V）分配器（D）一号机（1）的第 2 个输出口（02）。通过编码明确了信号性质、信号来源、设备编号、端口位置等关键信息。配线配电类以插座为例，使用“02B-C06-08”表示 02 楼层、B 设备间、C 机架、06 配线架、位置 08。

标签标识应能够全面涵盖所描述设备的各项具体信息，但又要尽量做到简洁、清晰、规范。其内容一般使用汉字、英文和阿拉伯数字形成注释说明和编码。以下结合实际范例进行说明。

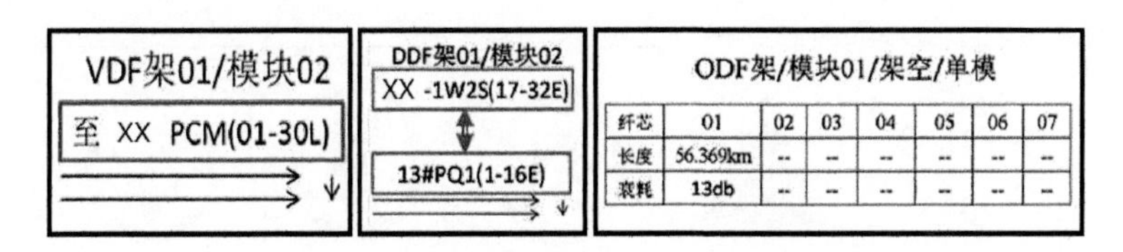

图 21.4　音频、数字和光纤配线模块标签

最基础的音频、数字、光纤配线模块标签如图 21.4 所示。其中：数配、音配模块宜注明模块编号，以及系统时隙号和对应设备端口号；光配模块宜注明 ODF 模块名称，接入纤芯编号，纤芯公里数，纤芯衰耗。

数字、光纤配线架端口标签设置如图 21.5 所示。其中，宜注明通达方向和对应端口信息。

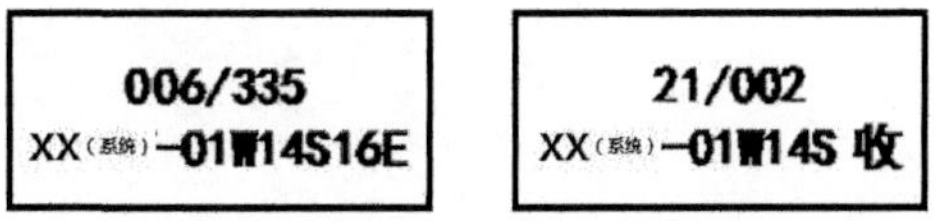

006/335
XX（系统）-01W14S16E

21/002
XX（系统）-01W14S 收

图 21.5　数配、光配端口标签

对于常见的线、缆材，其标签标牌设置如图 21.6 所示。其中，宜注明本、对端端口编号及业务名称。

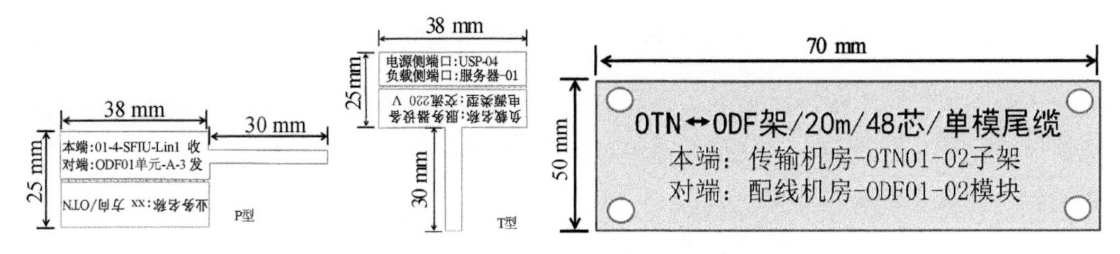

图 21.6　线材、缆材标签和标牌

机房主要标识如图 21.7 所示。

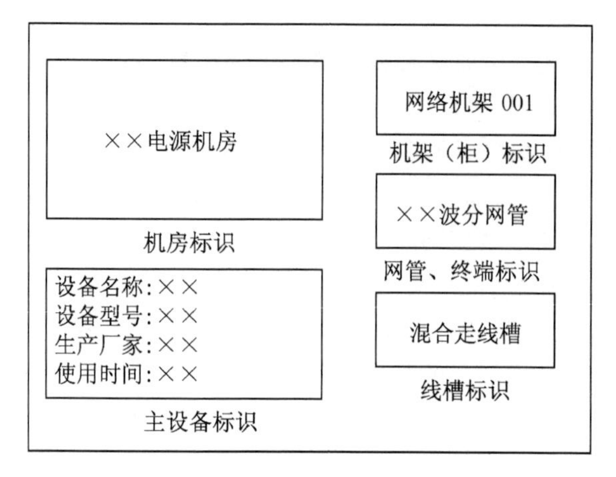

图 21.7　机房各类标识

此外,显示器、各类开关、电话机、仪表工具、机房内文件资料柜、器材柜、资料盒、文件框等可根据需要制作相应的标识。值班人员也可制作相应的岗位识别卡(工号牌)。

机房各类环境标识如图 21.8 所示。

图 21.8　环境标识

户外标识主要应用于各类电信户外设施,并以通信线路标识为主体,主要包括光电缆标识,杆路标识,人井,手孔标识,人井盖标识,接头盒标识,管线指示标识,加固体标识等,相关制作要求这里不进行讨论。

21.5　制作

标签的制作方法一般包括以下几种：

（1）直接写在组件上作为标识，即直接使用永久性标识；

（2）使用预先打印的标签，即根据实际需要提前打印的标签，用于确定其引入引出方向；

（3）使用手写的标签，是较为简单的一种标签，通常用于临时施工、设备变动；

（4）使用借助标签软件设计和印刷的标签，用于需求数量较大的情况，可自定义制作；

（5）使用手持式热转印打印机印刷的标签，用于印制少量的标签，可现场对应制作；

（6）使用颜色代码标签，由生产厂家提供，用于区别不同服务和应用。

21.6　设计选型

工业标签的基材与民用普通纸基标签区别较大，需正确选择基材以确保使用要求。工业标签的选择要求如下：

（1）使用环境，包括温度变化范围、湿度、光照强度、粘贴位置情况、户内和户外使用情况、特殊使用环境（酸碱、有机溶剂、盐雾腐蚀等）；

（2）标签基材和粘胶的要求，包括防静电、绝缘、防火、厚度达标、耐撕扯、永久粘胶、易撕揭粘胶、重复使用粘胶、基材颜色等；

（3）粘贴方式，根据标签的用途和使用环境确定，包括平面粘贴、缠绕式粘贴、旗形粘贴等；

（4）打印方式、打印机和色带，根据用户提出的需求确定标签的打印方式，并选择计算机打印或标签打印机打印，使标签及打印效果都符合相关标准；

（5）尺寸大小，根据标签的粘贴方法和位置来确定。

（6）成本，合理选择成本，避免劣质标签长时使用发生脱落丢失或字迹模糊难辨情况。

第 22 章　网络与信息智能

22.1　定义和概述

22.1.1 相关概念

通信和计算机网络技术的结合,引领了新的信息革命,而信息和智能技术的结合,则将这场革命推向高潮。期间网络、信息和智能技术不断改造传统的工业化和机械化,并向生产生活纵深推进,其相关概念如表 22-1 所示。

表 22-1　相关概念

专业名称	具体解释
信息化	以计算机为主的智能化工具产生新生产力的过程。信息技术(Information Technology, IT)是以微电子和光电技术为基础,以计算机和通信技术为支撑,以信息处理技术为主题的技术系统的总称
自动化	机器设备、系统或过程在没有人或较少人直接参与下,按照人的要求,通过自动检测、信息处理、分析判断、操纵控制来实现预期目标的过程。自动化偏重于硬件,其发展方向是智能化
智能化	基于信息通信技术、计算机网络技术、行业技术、智能控制技术等多学交叉的综合科学,是自动化发展的更高级阶段,代表了人类文明的发展趋势。智能化偏重于软件,其目标是实现自动化
智慧化	是升级版的智能化,实现人/机交互角色最优化,在计算机、数学外,还把哲学、心理学、生理学、语言学、人类学、神经科学、社会学、地理学等相融合
数字化	将许多复杂多变的信息转变为可以度量的数字、数据、再建立适当的数字化模型,将其转变为一系列二进制代码,引入计算机内部进行统一处理
网络化	利用通信技术和计算机技术,把分布在不同地点的计算机及各类电子终端设备互联,按照一定的网络协议相互通信,以达到所有用户都可以共享软件、硬件和数据资源的目的

"六化"是信息智能时代的必然产物,其发展程度是时代发展进步的重要特征。它们之间密切相关,并存在交叉融合。由于学术界还未形成标准的术语定义,导致它们虽是独立范畴,但界面并不完全清晰,十分容易混淆,因此,需要厘清它们之间的关系。

(1) 数字化和数据化

信息化和数字化中存在数字和数据的概念,对于它们间的关系,前面曾提过,数字化将模拟数据转换为计算机可以识别的"0"、"1"二进制码,强调的是过程。而数据化则是对事物或现象、过程经数据量化处理后的描述,用以记录、分析、使用和重组事物或现象、过程,其更侧重结果。通过表报资料量化分析是数据化的重要方法,数据化按结构条理对信息进行组织,确保信息可查、可溯、可用,以解决相关决策问题,因此,数据化也是信息化的一个重要手段。

（2）信息化和数字化

信息化、数字化以及智能化都与信息、计算机密不可分。信息化和数字化的区别，主要有以下几点：

一是理念思维不同。信息化构建之初，政、企的目的都是通过建立一套电子化工具来实现管理，主要考虑的是如何管好管严，对用户对象的实际需求、执行困难等往往考虑过少。而无论管理者的出发点如何之好，被管理者都会存在抗拒心理，这是管理学中的天然矛盾，应用效果可想而知；而数字化思维正好相反，企业从用户、服务型政府从服务对象的需求出发进行建设，极大提升了使用者的积极性，效果立竿见影。例如，一个“休假人员管理系统”的计算机软件和一个“员工假日福利登记”的手机APP，后者的执行效果往往会比前者好很多。因此，在实现目标一致的前提下，把信息管理系统置于后台，把数据采集推到前端，以对象为主体设计系统，人性化开发是信息化的一个重要方向。

二是共享程度不同。信息化在2000年左右兴起时，互联网的成熟度不高，因此，在管理者和服务对象之间，企业和消费者之间并未实现真正通连，从而形成了一个个数据割裂的“信息孤岛”，同一单位的各部门或各单元之间多系统共存，经常各自为政，重复建设，浪费严重。例如以往的数据统计工作，各部门都有一套独立系统，反复填报造成效率极为低下；而数字化的本质是基于共享的数字化，通过打通单元间壁垒寻求数据效益最大化，简单、快捷、有效的交流让供求间、单元间产生天然通连自觉。

三是过程流程不同。信息化对应的实际过程更多停留在线下，仅少量的过程借助信息手段提升；而数字化则可把全过程放在线上。传统做法下，如自动化办公系统中的业务审批操作，软件可线上实现大部分流程，但最后一步仍要真人审批才能过关，而这一步骤可能需要耗时很长。这种“半成品”造成了信息化的无奈，却并非真实度或安全性在限制，更多的是传统在“作祟”，市场下企业若是这般重复作业，必将上涨成本，降低服务水平，最终导致客户的大量流失。

四是应用价值不同。信息化主要应用于政、企部门单元的垂直管理，形成的大量数据分散在不同的系统中，数据滞后、冗余、有误，系统升级困难，未打通通道并发现数据真正价值；数字化管理基于数据的准确和单元的连通，多用于企业。由于市场让不适应时代和市场的系统应用快速淘汰，生存下来的系统应用都能精确瞄准效益利润，通过业务流程互联互通和数据挖掘实现效率和价值最大化。这里不是说信息化不需要数据准确和互联互通，只是多数没做到而已。

五是地位影响不同。由于人们思考问题的方式并未改变，信息化充其量只是一个辅助工具，无法改变事物本质，以现实世界为主是其原则。因此它受外部影响大，特别遇机构改革、业务调整、人事变动时，无法快速适应需求的变化，抗冲击能力弱；数字化则在技术和使用者思维上同时完成了世界数字体系重塑，系统在人类与数字、现实的不断交互中完成了优化升级，抗风险能力很强。

目前信息化普遍存在平台不统一、集成程度低、决策支持力弱、功能扩展难、个性解决方案缺乏等问题，政、企都迫切需要打破壁垒，借助数字化改造等技术手段，推动效率提升和数据价值开发。要注意的是，数字化并非将信息化推倒重来，而是在已有信息系统的基础上，采用网络、信息、智能等技术手段进行二次优化整合，以满足数字时代的新要求。

(3) 自动化和智慧智能

自动化、智能化、智慧化三者都与机器分不开,这里的机器可以是带单片机或嵌入系统的设备,也可以是机器人或计算机。真正意义上的自动装置出现在机器时代,而智能和智慧则形成于计算机时代。

总体而言,自动化相对简单,它依据程序指令,让机器判定常见的几种不同工况并执行对应操作,因而多用在重复性的工作或流程之中,但这在没有计算机的工业时代已经是最先进的技术了。后来随着计算机和信息技术的发展应用,其应用开始拓展,在工业、工程里自动化逐步开始替代复杂工作,并向非工业、工程领域不断扩展,其概念开始延伸为机器替代体力劳动,还替代或辅助脑力劳动,与智能化的定义出现了交迭。因此,智能化可以看作是自动化更高级阶段。机器从冰冷的金属发展到人类助手,经历了局部自动化到综合自动化再到智能、智慧阶段,这实际上是技术应用从简单到复杂,从小系统到大系统的过程。这个过程逐步演进,连续而不可分割,存在重叠却没有明确的界限。

自动化和智能化的出现,把人类从繁重的体力劳动和复杂的脑力劳动中解放,替代人类在恶劣、危险的环境中作业,极大地降低了人力成本,改善了劳动条件,提高了生产效率,成为现代化的重要条件和显著标志。关于自动、智能和智慧三者的区别,主要有以下几点。

一是对象内容不同。自动化一般针对生产过程,实现无人干预下,机器自动按照程序或指令运作,主要用在工业、工程等领域;智能化则面向各领域全过程,并以业务活动居多,实现辅助人类思考决策,其内容丰富,涉及面广,应用领域宽。

二是能力目标不同。自动化偏重于硬件,强调机器的执行能力,其操作流程、适用对象,执行指令及实现方式都要提前设置并固化,一旦超出预设范围会导致操作失败甚至发生故障,其发展方向是变得更加“智能”;智能化偏重于软件,更强调系统的分析学习能力(同样需要预设),面对超限情况,能通过自主学习逐步改进解决问题的方式,其目标是更加“智慧”,进而实现机器完全自动。

三是社会影响不同。自动化的出现取代了“蓝领”,延伸了人类功能器官,解放了劳动力;智能化则取代了“白领”和技术人员,解放人类大脑。

四是发展阶段不同。如果说自动化和智能化让人工发展到自动再进阶为自主,那么智慧则将这种自主不断从初级升级为“类人”甚至“超人”。因此,智慧是智能的更高阶段,机器文明的最高形式是智慧。机器的智能程度要达到甚至超过人类的水平,应具备类似人的灵敏准确的感知、完备的记忆联想、自适应的学习分析、严密的计算对比、正确的思维判断、行之有效的决策和执行。此时,人与机器,机器与机器之间均可轻松实现互联互动。

以前,自动化程度再高的机器也顶多被认为是服务人类的工具,直到计算机的发明,“电脑”开始逐步追赶人脑。为证明自己世界第一高等智慧生物的地位,人机智力对战从未停止过。事实证明,机器的智力水平在快速提高,以棋类为例,1963 年人与计算机的首次对抗中,当时国际象棋大师大卫·布龙斯还能就让一子,但没成功,为挽回面子,只好不让子再来一局。1996 年,虽然当时世界排名第一的国际象棋世界冠军加里·卡斯帕罗夫以 4: 2 战胜了 IBM 的超级电脑“深蓝”(Deep Blue),但也输了 2 局。到了 1997 年,卡斯帕罗夫马上以 2.5∶3.5 输给了“深蓝”，人类首次在正式比赛中败北。谷歌（Google）旗下 DeepMind 公司的阿尔法围棋（AlphaGo）比其“前辈”更为出色，它可通过“深度学习”提升自己。2016 年 3 月，它以 4∶1 战胜了围棋世界冠军、职业九段棋手李世石，2016—2017 年，它在与中日韩数十位围棋高手进行的快棋对决赛中连续 60 局不败，2017 年它又以 3∶0战胜了当时排名世界第一的围棋冠军柯洁。此时，它已打败天下无敌手，棋力超过人类顶尖水平。其后推出的 AlphaGoZero 则更为厉害，它直接摈弃了人类棋谱，仅靠深度学习成长，它对旧版本的战绩是全胜。记得十几年前，我们玩棋牌游戏时想赢卡片机还是比较容易的，但今天使用稍微高端一点的 APP，普通人已基本没有机会取胜了。

智能化主要依托人工智能技术，在信息技术高度发达，大数据和云计算快速发展的今天，人工智能更是大显身手，在生活中已无处不在。打开手机的应用平台，无论是新闻还是购物，APP 总能推送给我们最想看的内容频道，仿佛肚子里的蛔虫一般，比我们更了解自己。不仅仅在电商、平台、工业制造等常见领域，如今智能化已经逐渐渗透到生产生活的方方面面，并不断推陈出新。不难预见，未来人类将更加依赖人工智能，机器将在许多场合取代人类，在决策上扮演更为重要的角色，取得远超过今天的成就。

随着智能不断走向智慧，人类逐渐开始有了未来机器取代人类的危机感。应该说，智慧是人类独有的，机器再“聪明”也是人类赋予的，即使计算机处理数据速度和能力超过人类万亿倍，机器应该也达不到人类智慧的水平。其进一步的健康发展，需要爱好和平的人类去正确引导，愿科幻电影和小说中出现的那一幕悲剧永远不会出现。

同时还要看到，目前市面很多产品应用远未达到智能水平——最多只是算是程度较高的自动化而已，却为了市场噱头而给产品应用添加智能甚至智慧的标签来误导民众。用户本期待智能化的享受体验，却有被程序化的感觉，此类产品应用除增加一点方便性外，甚至舍本逐末，并无其他任何意义。真正意义的智能化产品应用至少应具备“思维”和交互功能，可够满足用户个性需求，让用户获得“主人”之感。

（4）计算机网络和信息、智能

如果说《信息论》和《控制论》是信息智能的理论原点，那么，计算机，网络，以及机械、电力电子、微电子等则是信息智能实现的基础。特别是当代，计算机网络的作用变得尤为关键。

计算机网络也称计算机通信网，由智能的计算机设备和基础通信网络两大要素组成。计算机网络刚出现时，受限于当时的计算机硬件和通信网络，最初的定义到了今天可能不再适用。今天，关于计算机网络的定义方式有许多种，包括从逻辑上、从用户角度、从连接关系、从功能上定义等，其中一个最为通用的定义是：利用通信线路将地理上分散的、具有独立功能的计算机系统和通信设备按不同的形式连接起来，以功能完善的网络软件及协议实现资源共享和信息传递的系统。最简单的计算机网络就只有两台计算机和连接它们的一条链路，即两个节点和一条链路。

网络化、信息化（包括数字化）和智能化是 21 世纪的基本特征。网络有两层意思，一是指网络通信，二是网络应用。其中第一层的网络通信是信息技术和智能技术的基础，网络化下的数字、信息、智能技术得到了广泛的应用。而反过来，信息通信技术让网络不断完善，智能技术则促进了智能化网络的实现；对于第二层的网络应用来说，数字化是网络应用的实现的必要手段,数据化为网络整合了大量的资源,信息化是网络的基础,智能化让各种应用更为高效,它们共同促进了网络的快速发展。

22.1.2 信息智能技术的基础

信息智能技术的发展离不开计算机、网络和通信,同样也离不开芯片、软件、硬件、以及电子、机械等基础技术的支撑,相关的基础技术定义如下表:

表 22-2 相关定义

技术名称	具体解释
数据库	按照数据结构组织、存储、管理数据的“仓库”,是大量可共享使用的数据集合。数据库技术是一种计算机辅助管理数据的方法,是通过研究数据库的结构、存储、设计、管理以及应用的基本理论和实现方法,并利用这些理论来实现对数据库中的数据进行处理、分析和理解的技术,属于信息系统的核心技术
编程	指程序员通过编辑程序让计算机执行的过程,它是实现人类和机器沟通的工具,编程需要使用到语言
数据存储	数据以某种格式记录在计算机内部或外部的存储介质上。随着存储技术的发展,逐步出现了网络存储和云存储
软件	是一系列按照特定顺序组织的计算机数据和指令的集合,分为系统软件、应用软件和中间件,软件由程序及其相关文档组成,其中程序是计算任务的处理对象和处理规则的描述,文档是为了便于了解程序所需的阐明性资料。程序必须装入机器内部才能工作
管理信息系统	管理信息系统(Management Information System,MIS)是一个以人为主导,利用计算机、网络通信以及其他信息手段,进行管理信息的收集、传输、加工、储存、更新、拓展和维护的系统。其定义随着管理信息系统结构原理和计算机通信技术的进步而不断更新
电力电子	电子技术包括信息电子技术和电力电子技术两大分支。信息电子技术主要用于信息处理,而电力电子技术则主要用于电力变换。电力电子技术是指通过器件对电能进行变换和控制的技术,它在特定电路结构中,周期性改变电路中功率半导体器件的通断,从而改变了电能的形式
微电子	微电子技术是建立在以集成电路为核心的各种半导体器件基础上的高新电子技术,其特点是体积小、重量轻、可靠性高、工作速度快
微处理器	微处理器由一片或少数几片大规模集成电路组成的中央处理器,能完成取指令、执行指令,以及与外界存储器和逻辑部件交换信息等操作,是微型计算机的运算控制部分。微处理器的运算能力决定了计算机的能力
机电一体化	又称为机械电子技术,融合了机械技术和电子技术、计算机技术、信息技术等、控制技术等学科技术。未来将向着智能化、模块化、网络化、微型化和系统化发展

数据的存储离不开信息存储介质。存储介质又称为存储媒体,是指存储二进制信息的物理载体,具有表现对应“0”和“1”的两种相反物理状态的能力,存储器的存取速度取决于这两种物理状态的改变速度。

目前使用的存储介质主要有半导体器件、磁性材料和光学材料,常见存储介质如表22-3 所示。

① 用半导体器件做成的存储器称为半导体存储器。从制造工艺的角度又把半导体存储器分为双极型和 MOS 型等。

② 用磁性材料做成的存储器称为磁表面存储器，如磁带、磁盘、磁卡。

③ 用光学材料做成的存储器称为光表面存储器，如光盘存储器。

表 22-3　常见电子信息存储介质

磁带	录音磁带、录像磁带、计算机磁带、仪表磁带等	
磁盘	软盘	3.5、5.25 in 等
	硬盘	按接口：ATA、SATA(Ⅰ、Ⅱ、Ⅲ)、IDE、SCSI、光纤通道、RAID、SAS、USB 等
	移动硬盘	固态(SSD)、机械(HDD)等
	U 盘	按接口：USB、OTG 等
磁卡	SD(miniSD、microSD、TF、SDHC、SDXC)、MMC(RSMMC、MMC PLUS、MMC moboile、MMC micro)、MS(记忆棒)(MS PRO、MS Duo、MS PRO Duo、M2、Compact Vault)、PCle、SM、CF、XD 等	
光盘	格式：CD(CD-DA, CD-G, CD-ROM, GD-ROM, CD-PLUS, CDROM XA, VCD, CD-I, Photo-CD, CD-R, CD-RW, SDCD, MMCD, HD-CD)、DVD(DVD + RW, DVD-RAM)、UMD、EVD 等 颜色：绿、蓝、金、紫、银 影碟机：VCD、超级 VCD、DVD、EVD、HVD、HDV 等	

22.2　发展历史

数字、网络、信息、智能、智慧等都是当下最流行的科技热词，要弄清它们的前世今生和演进过程，首先需要厘清它们的发展脉络。

人类社会的发展史最早从原始时代开始，经历了农业文明、工业文明，现在处于信息文明时代，未来还将走向智能时代。农业文明里出现了许多技术雏形，到了工业文明时代，人类先后经历了两次工业革命，第一次是蒸汽机革命，第二次是电力革命。有人认为当前人类已经进入第三次甚至第四次技术革命阶段，而未来技术发展更有无限可能。据统计，第一次工业革命以来，人类在近两百年时间内创造出的生产力超过了以往几千年创造的生产力总和，而到了信息时代创造的生产力更是惊人，超过了历史上任何时期。

对于信息智能技术而言，有两条发展线，一是遵循通信——信息通信——数字化——信息化的发展线，二是遵循自动——智能——智慧的发展线。它们都是从原始社会开始就有了交流和减负的需求，而在农业时代人工或手工劳动过程开始出现技术萌芽，到了工业和电气时代正式形成现代理论，并发明了最初产品，而后快速发展，到了信息时代，开始了技术交叉和融合。另外，信息智能所依赖的网络、计算机、机械、电子技术等基础技术也分别有着自己的发展线。

由于近代通信部分的历史在本书综述部分已提及，这里不再赘述，本章主要按时间顺序谈谈信息、智能技术的发展简史,未作清晰的技术分界。

22.2.1 农业文明的技术雏形

通信是人类的基本需求,古代通信以声、光通信和运动通信为主。早在远古时代,我国就用击鼓、烟火传递信息,西周时建立了较完整的邮驿制,此后不断完善,到清朝中叶,近代邮政制度建立。古代传下来的通信典故有“烽火戏诸侯”“飞鸽传书”“鸿雁传情”等。

国外灯塔起源公元前7世纪的古埃及,至今仍有国家使用,18世纪法国人研制了通信塔,另外旗语和信息旗在国外海上的应用也十分广泛。

而简单自动化装置在没有电,没有机械的古代也同样存在,被称为“奇技淫巧”。我国早在《列子·汤问》就记载了工匠偃师向周穆王进献歌舞机器人的事,史料记载的还有黄帝时代的指南车,三国诸葛亮发明的“木牛流马”,隋炀帝时期的飞仙机器人,汉末魏晋时期出现的记里鼓车,东汉张衡发明的浑天仪、候风地动仪、水运气象台等。古代中国的“机器人”雏形,能歌善舞懂乐器、会捕鱼、会运输,甚至还会化缘赚钱,这些记载虚虚实实,极大激发了人类的灵感。

在国外,公元1世纪,亚历山大时代的古希腊数学家希罗发明了以水、空气和蒸汽压力为动力的机械玩具,可自己开门,还能借助蒸汽唱歌。公元3世纪,希腊人发明了水钟。另外,古代传说中的各种暗算机关,也算是早期自动化装置的尝试。据说,达·芬奇为路易十二制造过供玩赏用的机器狮,也属于最简单的机器人。

到了近代,1662年日本的竹田近江利用钟表技术发明了自动机器玩偶。1738年,法国天才技师瓦克逊发明了一只会叫会喝水,会游泳,甚至会进食排泄的机器鸭。1773年,瑞士钟表匠道罗斯父子利用齿轮和发条原理连续推出了不同类型自动玩偶,有的拿着画笔和颜料绘画,有的拿着鹅毛蘸墨水写字,有的会弹奏音乐。1657年惠更斯发明了钟表。

古代的中国第一经《易经》中就出现了“阴”“阳”(即“0”“1”)符号化的思想,距今2600多年前,中国人还发明了算盘,算盘之前还有算筹。《周髀算经》出现了“算法”;9世纪波斯数学家Al-Khwarizmi,提出了算法英文名称“Algorithm”。公元3世纪,古印度科学家巴格达发明了阿拉伯数字。1642年,帕斯卡发明手摇计算机,1679年,莱布尼茨开发了现代二进制系统,并于1703年出版了《二进制算术的说明》。

由此可见,原始需求让人类很早就开始了技术的探索,通信、自动装置、数字思想等出现雏形,但由于技术与理论都没有真正形成,以上只能属于萌芽阶段。

22.2.2 工业文明的理论技术形成

工业时代机械和电力的发明让许多想法成为现实,此期间有许多重要的时间点需要载入史册。

18世纪60年代,英国发起了第一次工业革命,以蒸汽机作为动力机被广泛使用为标志,开创了以机器代替手工劳作的时代。它既是技术发展史上的一次巨大革命,更是一场深刻的社会变革。

1788年,瓦特为解决工业生产中蒸汽机的速度控制问题,将离心式调速器与蒸汽机的阀门连接,构成蒸汽机转速自动调节系统,这项发明开创了自动调节装置研究应用的先河。自动化技术后来经历了技术形成、局部自动化、综合自动化和智能控制四个阶段。

19 世纪 60 年代后期,欧、美、日等国开始了第二次工业革命,以电器的广泛应用为最显著标志。

在 19 世纪,电报、电话、传真等相继被发明,电磁波被发现,电、磁技术的发展使人类既可以利用金属导线来传递信息,又可以通过电磁波来进行无线通信,人类通信进入新的时代。其中 1837 年,美国人莫尔斯发明电报机是近代通信发展的起始事件。

1839 年达盖尔发明了世界上第一台照相机。

1842 年 Ada Augusta 写出了世界上第一个程序代码(关于第一位程序员,另一说法是 Ada Lovelace——拜伦女儿)。

1876 年贝尔发明世界上第一部电话。

1913 年,爱德华·贝兰制成了世界上第一部用于新闻采访的手提式传真机。

同年,吕西安、莱维利用超外差电路制作成了收音机。

1925 年世界第一台电视机面世。

1946 年 2 月 14 日,美国人莫克利和艾克特发明世界上第一台电子计算机"ENIAC",主要用于科学计算,人类计算能力大幅提升。之后,计算机经历了电子管、晶体管、中小规模集成电路、大规模和超大规模四个发展时代。

1946 年,美国福特公司的机械工程师 D. S. 哈德首先提出用自动化一词来描述生产过程的自动操作。

1947 年,巴丁、布莱顿与肖克莱发明了晶体管,此后,微电子技术诞生。

1948 年诺伯特·维纳提出了现代控制论,其思想和方法已经渗透到了几乎所有的自然科学和社会科学领域。后来,自动化理论发展主要经历了经典控制论、现代控制论、大系统控制论和智能控制论四个时期。

同年,香农提出了现代信息论的最初思想。

1950 年,著名的"图灵测试"诞生,艾伦·图灵认为,如果一台机器能够与人类展开对话(通过电传设备)而不能被辨别出其机器身份,那么称这台机器具有智能。同年,图灵预言创造出具有真正智能的机器的可能性。他对算法的发展起到了重要作用。

1954 年美国人乔治·戴沃尔设计了世界上第一台可编程的机器人。

1956 年人工智能诞生。

1957 年,通用电气研制出第一个晶闸管,电力电子技术诞生。

1959 年恩格尔伯格发明世界上第一个机器人。

20 世纪 60 年代,机械和电子结合,机电一体化(Mechanicaland Electronical Engineering)初步形成,1971 年概念被正式提出。

1962 年,数据库概念提出,20 世纪 70 年代,第一代数据库系统出现。

1969 年底,美国阿帕网正式投入运行。

1973 年,以太网技术发明,阿帕网转为互联网。

同年,马丁·库帕发明了世界上第一部商业化手机。

1974 年,TCP/IP 协议被提出,1983 年,阿帕网核心协议改为 TCP/IP。

1975 年,柯达公司史蒂芬·沙森开发出了世界上第一台数码相机。

1976—1978 年,Intel 公司的 MCS - 48 单片机诞生。

1980 年,通用以太网标准提出,很快取代了令牌环网和令牌总线网。

1986 年,NSFnet(美国国家科学基金会主干网络)创建。

1991 年 8 月 6 日因特网上的万维网公共服务首次亮相。

1994 年 NSFnet 转为商业运营。

1995 年互联网中接入了许多其他重要网络。

1996 年,互联网(Internet)一词已广泛流传,此后 10 年间,互联网成功容纳了原有计算机网络中的绝大多数。

2000 年 12 月中国移动正式推出了移动互联网业务品牌“移动梦网”,“国产”的移动互联网隆重登场。

22.2.3 信息文明的技术爆发

现在,我们正处于计算机、网络、信息、智能时代的交织期(按照有些学者观点,该时代起始于 20 世纪中叶),并不是说第二次工业革命已经结束(电力系统也在不断升级换代,没有任何人说过电力的发展已到达极限),这是一个技术交迭的时代,在这个时代里,新技术新理论不断发展,交叉学科、综合学科不断形成。

1980 年左右,大数据概念提出。

1994 年,中国成为第 77 个接入国际互联网的国家。

1995 年,比尔·盖茨在《未来之路》一书首次提到物联网(另一说是 1991 年麻省理工学院的 Kevin Ash-ton 教授提出)。

而历史可以追溯到 1956 年的云计算则在 2006 年正式被提出。

2019 年,中国三大运营商 5G 商用套餐正式上线,国家成立 6G 技术研发工作组和专家组,中国联通和中国电信已分别展开技术研究。

2019 年,我国网民数量超 8.54 亿人,数字经济规模达 31.3 万亿元。

22.2.4 智慧时代的畅想

未来,新技术、新理论、新应用将不断出现,颠覆人类生产生活……

22.3 网络时代的新生态

生态概念来自生物学,指一个由不同类型生物种群及其所处环境通过相互影响与制约而构成的一定时期内动态平衡的统一整体。大至森林,小至池塘,都可以构成一个完整的生态圈。网络时代的新生态应该包括政府、企业、组织、联盟、行业、个人组成的高度集成的系统。联动、共生、发展、竞争、淘汰是这个生态的主题。人力、物品、资金以及信息、知识、技术等在生态圈中不断流动和循环。产能过剩的背景下,同质竞争变得异常残酷,而即便是新生事物,如果不被用户接受同样面临着迅速淘汰,“物竞天择”“适者生存”“优胜劣汰”等生物学法则在网络生态下均能适用。

计算机、网络通信、互联网、人工智能等 20 世纪的重大发明,每次结合都能给人类带来意想不到的惊喜。计算机和网络通信结合,极大提高了协作效益,到了互联网时代,计算机和互联网的联姻,产生了计算机互联网,缩短了时空距离,带来了人类生产生活的巨变。现在,传统的计算机网络在智能手机、移动通信、智能制造等新技术的快速发展下,催生了许多新的形态,如移动互联网、互联网+、工业互联网、物联网等,网络对于世界的影响之大,完全可以用改变生态来形容。在中国,3G时代技术开始赶超全球,到了4G、5G时代已经全面领先,出现的以互联网为核心基础的移动互联网、物联网的应用方式开始引领世界潮流。

移动互联网是当前最热门的网络方式。与传统计算机网络不同,移动通信终端与互联网相结合,用户使用手机、PDA等无线终端,通过移动网络随时随地访问互联网,从而获取信息和各类服务。在中国,移动互联网的受众达8亿多人,手机上网用户超12.9亿户(一人多部手机)。许多人没有经历计算机网络时代就直接进入了移动互联网时代。由于用户数量庞大,中国的移动互联网的发展速度极快,而它的潜力和发展前景仍然无法估量。它与计算机互联网相比,有着本质的不同,并非手机颠覆了计算机,而是互联网经济颠覆了传统的经济。掌上生活和移动支付也成为中国区别其他国家的网络重要特征。

基于计算机互联网和移动互联网等的网络时代的生态基本特征应该包括了在线、无距、交互、关联、简便、高效、透明、平民等。

现代人已经离不开手机和网络了,因为它们是连接人类需求和供给之间的必备工具和手段。例如万能的度娘可以帮你搜索寻找未知,应有尽有的淘宝能满足你足不出户的购物愿望,而微信和QQ让你实现远程社交。除了中国BAT巨头外,还有滴滴打车、百度地图、百度网盘、新浪微博、网易邮箱、美团、支付宝、抖音、快手等陪伴着我们的生活日常。人们还借助文字阅读、图片查看、影音播放、下载传输、游戏聊天等软件工具从网络文字、图片、声影中带给自己极其丰富的精神生活享受。

不仅于此,互联网的应用还有很多,商务、政务、媒体、社区、办公、娱乐……线下有的,线上全部都有,基于这些功能,互联网带来的生态重塑是全方位的,表现在以下几个方面。

1. 经济上,互联网颠覆并革新了社会经济相关的各个传统行业,整体重新塑造了一个互联网经济,从此线上与线下经济互相依存、互为支撑。在互联网生态布局之下,"单打独斗"不再可行,创意融资,协同作战成为王道。传统企业纷纷通过体系重构,实现生态战略的布局。生产者、消费者等主体对象,制造业、零售业、金融业、地产业等行业,供应链、资金链、销售渠道等环节通过强烈的生态反应,不断创造全新价值。

2. 产业上,网络催生了网络媒体、电子商务、网络娱乐、网络教育、远程医疗、社交网络、网络金融等大量新兴行业,虽然几乎所有传统行业都能在线上找到其对应行业,但相对于传统行业而言,新产业带来的是交易渠道、交易方式、商品展示和信用交易的全面革新。

3. 生活中,由于大量的行业、产业迁移到了互联网,人们通过网络即可完成工作、消费、学习及娱乐,互联网发展成为一个与现实生活紧密联系的虚拟世界。虚拟生活衍生出了许多新的服务,同时溢出新的商业价值,而未来这一空间还会持续增长,其中一些甚至可能占据生活主体,形成长期虚实融合的新生活方式。

4. 文化上,互联网形成了自己的文化,由于不受时空限制,网络极大地拓展人们的交际范围。在遵循法律的前提下,各种信息、观点、创意时刻在交流碰撞。人们不仅能从此中获取有价值的信息与知识,还能通过这一低门槛、高效率而平等的途径获得发言权,特别是自媒体的出现,让任何人随时可能带上主角光环,同时也可以随意分享评价——当然其中不乏负面典型。

5. 价值观上,网络时代没有秘密,即时通信让任何人都可以通过网络媒体、社交网站或论坛等多种平台发布信息,网络倡导共享、协作、民主、自由、平等理念,强烈冲击着传统思维,网络个体更加自信、开放、包容,也更加注重自我个性释放、需求满足和权利追求。

6. 现象上,互联网与现实世界有着明显不同,许多现象级事件让人印象深刻,例如小事很容易被放大,旧事很容易被新的事件覆盖,而陈年往事也经常被包装翻新,真伪更难辨识。新型文化、小众经济等也能在网络中各行其道。网民成为不可忽视的群体等。

而未来,互联网生态将全面迎来更广更深的整合,万物将被纳入大网。相比互联网的主体是人,物联网的用户则延伸扩展到了任何事物之间,某种意义上说,"互联网+"的任何形式未来都会被包括在物联网之内。在物联网里,日常小数据不断被收集,最终聚集成大数据,用以优化设计和辅助决策。而物品定位、设备遥控、家电管理等更不在话下,移动互联网的广泛应用全面改变中国人的生活方式,未来物联网将进一步带来无法想象的颠覆,对于移动互联网而言,人们更多的选择是主动加入,而在物联网里,任何人和物都是其组成部分,那时可能当你路过一块石头,它都能掌握你的基本信息。

22.4 信息智能时代的主要技术支撑

按照未来学家托夫勒的观点,第3次浪潮是信息革命。从20世纪50年代中期开始,其代表性象征为"计算机",主要以信息技术为主体,重点是创造和开发知识。随着农业时代和工业时代的衰落,人类社会正在向信息时代过渡,跨进第3次浪潮文明,其社会形态由工业社会发展到信息社会并进入"E时代"。信息时代的新技术如表22-4所示。其中,大多数技术已进入实用阶段。

表22-4 信息时代新技术

名称	具体解释
大数据	Big Data,又称巨量资料,指经过处理的海量、高增长率和多样化的信息资产,用以辅助人、机决策。"大数据"概念最早由维克托·迈尔·舍恩伯格和肯尼斯·库克耶在《大数据时代》中提出,指不用随机分析法(抽样调查)的捷径而采用所有数据进行分析处理。大数据有4V特点,即Volume(大量)、Velocity(高速)、Variety(多样)、Value(价值)
物联网	IoT,Internet Of Things,是互联网、传统电信网等信息承载体、可实现"万物"间互联互通的网络。物联网是新一代信息技术的重要组成部分,也是信息时代的重要发展阶段。物联网是"物物相连的互联网",其核心和基础是互联网,其用户端延伸和扩展到了任何物品与物品之间。物联网的应用范围十分广泛。人们可通过电子标签查询联网物体的具体位置,可通过控制中心对机器、设备、人员进行集中管理、控制;也可以对家庭设备、汽车进行遥控,以及搜索位置、防止物品被盗等;同时,通过收集日常"小数据",聚集成大数据,用以优化设计和决策思考
5G通信	Fifth-Generation,指移动电话系统第5代,也是4G的延伸。据称该技术可在28 GHz超高频段以1 Gb/s以上的速度传送数据,且最长传送距离可达2 km。利用该技术,下载一部高画质(HD)电影只需1 s。

续表

名称	具体解释
云计算	Cloud Computing，一种基于互联网的计算方式，通过这种方式共享的软/硬件资源和信息可按需求提供给计算机和其他设备，云即网络、互联网。云计算是继 20 世纪 80 年代大型计算机到客户端-服务器的大转变后的又一巨变。用户可直接利用云而不再需要了解“云”中基础设施的细节，不必具有相应的专业知识，也无须直接进行控制。云计算描述了一种基于互联网的新的 IT 服务增加、使用和交付模式，通常涉及通过互联网来提供动态易扩展且经常是虚拟化的资源。云计算的出现，标志着计算能力成为互联网的一种流通商品
人工智能	Artificial Intelligence，AI，是研究、开发用于模拟、延伸和扩展人的智能的理论、方法、技术及应用系统的一门新的技术科学，是计算机科学的一个分支。通过分析智能实质，生产开发出一种新的能以人类智能相似的方式做出反应的智能机器。该领域的研究包括机器人、语言识别、图像识别、自然语言处理和专家系统等。人工智能从诞生以来，其理论和技术日益成熟，应用领域也不断扩大。可以设想，未来人工智能带来的科技产品将会是人类智慧的“容器”，也可能超过人的智能
虚拟实境	Virtual Reality，VR，也称灵境技术或人工环境，是利用电脑模拟产生一个三维空间的虚拟世界，提供使用者关于视觉、听觉、触觉等感官的模拟，让使用者宛如身临其境，可以及时、全方位地观察三维空间的事物。使用者进行位置移动时，电脑立即进行复杂运算，将精确的 3D 影像传回而产生临场感。虚拟现实看到的场景和人物全是假的，是把人的意识代入一个虚拟的世界。VR 需要辅助设备实现
增强现实	Augmented Reality，AR，是通过计算机系统提供的信息来增加用户对现实世界感知的技术。它将虚拟的信息应用到真实世界，并将计算机生成的虚拟物体、场景或系统提示信息叠加到真实场景中，从而实现对现实的增强。在视觉化的增强现实中，用户利用头盔显示器，把真实世界与电脑图形合成在一起，便可以看到真实的世界围绕着它
介导现实	也称混合现实（MR），是数字化现实加上虚拟数字画面，与 AR 接近。传统 AR 技术运用棱镜光学原理折射现实影像，视角不如 VR，MR 则结合两者优势，将 AR 技术更好地体现，AR 和 VR 是 MR 的子集
无人机	又称无人驾驶飞机（UAV），是利用无线电遥控设备及其自备程序控制装置操纵的不载人飞行器。从技术角度定义可以分为无人直升机、无人固定翼机、无人多旋翼飞行器、无人飞艇、无人伞翼机等。与载人飞机相比，它具有体积小、造价低、使用方便、环境要求低、生存力强等优点
现代立体电影	在 3D 视频基础上，综合应用立体成像、动漫制作技术、光电技术、无线定位、追踪技术、人/机交互、机电一体化技术、视频播放技术、音频控制技术、计算机编程、声学控制等技术模拟电影场景中的气味、烟雨雾、座椅的振动等场景，以更好配合剧情，感受电影中所带给人的身临其境的感觉。其构成要素有立体放映系统、特效座椅与特效设备、环境特效与特效设备、扩音系统、计算机控制系统等
裸眼 3D	Three-Dimensionald，可简单理解为用户不用带 3D 眼镜即可看到 3D 画面。使用计算机技术在平面中显示三维图形，模拟现实三维空间，具有立体感，但需一定的位置、角度要求
全息投影	Front-projected Holographic Display，又称虚拟成像技术，是利用光衍射原理记录并再现物体真实的三维图像的技术。它不仅可以产生立体的空中幻象，还可以使幻象与表演者互动

续表

名称	具体解释
智能制造	Intelligent Manufacturing,IM,是一种利用光栅原理,由智能机器和人类专家共同组成的人机一体化智能系统,它在制造过程中能进行智能活动,如分析、推理、判断、构思和决策等
互联网 +	利用信息通信技术以及互联网平台,让互联网与传统行业进行尝试整合,创造新的发展生态。是创新 2.0 下的互联网发展的新业态,是知识社会创新 2.0 下的互联网形态演进及其催生的经济社会发展的新形态
移动互联网	将移动通信和互联网结合成为一体,是互联网技术、平台、商业模式和应用与移动通信技术结合实践的活动的总称
工业互联网	工业系统与高级计算、分析、感应技术以及互联网连接融合,通过智能机器间连接并最终将人机连接,结合软件控制
NGN	下一代网络(Next Generation Network),又称次世代网络。在一个统一的网络平台上以统一管理的方式提供多媒体业务,整合固定电话、移动电话业务,增加多媒体数据服务及其他增值型服务,未来话音交换采用软交换技术,平台采用 IP 技术,逐步实现统一通信,其中 VIOP 将是重点。软交换之后的 IP 多媒体系统(IP Multimedia Subsystem,IMS)更为先进,采用 IMS 核心网络,采用 SIP 协议实现接入无关性,可完美实现移动固网结合,以及语音、数据、视频三重融合

新一代网络和信息智能的主要支撑技术包括了大数据、云计算、人工智能、区块链、AR/VR、4G/5G/6G 通信技术等。

5G 作为一个即将实际应用的新技术,本书很荣幸见证了其“现在进行时”,早在 2013 年 5 月 13 日,三星宣布成功开发第 5 代移动通信技术(5G)的核心技术。其后许多国家的运营商都宣布了技术路线图,并开始试用。我国在 5G 技术研究应用上走在了世界前列,2017 年,我国公布了 5G 中频频谱,2018 年开始在部分城市部署 5G 基站,同年华为完成全球首个 5G 通话测试并发布首款 5G 商用芯片,中国联通也公布了 5G 部署,重庆首个 5G 连续覆盖试验区建设完成并亮相多项 5G 应用。同年首个完整意义的国际 5G 标准出炉。2019 年,我国工信部向三大运营商和广电正式发放商用牌照,三大运营商正式上线了 5G 商用标准。5G 手机早已问世,下一步,许多地区将启动 5G 基础设施的大规模建设,相信不久以后,多数人都能用上 5G。与此同时,2019 年,我国成立了 6G 技术研发工作组和专家组,中国联通和中国电信已分别开始了相关技术研究。

大数据和云处理技术的发展目前已经比较成熟,在许多行业都相继开展了应用。大数据让数据成为一种资源,数据管理也成为了核心竞争力,大数据的出现,让人类从“bit、Byte、KB、MB、GB、TB”的传统数据时代跨入了“PB、EB、ZB、YB、BB、NB、DB···”的“天文级”数据时代。大数据中心的建设已经全面铺开,2015 年,贵州开始了全国首个大数据综合试验区的建设,成为南方基地,截止目前,全国已形成了三大中心、八大节点的格局。云计算具有高灵活、可扩展和高性价比的优势,它出现后迅速替代了传统的网络应用模式,在现在的 APP 中广泛应用。大数据的意义在于数据使用和价值开发,由于数量级巨大,需要采用分布式架构实现数据处理,而云计算就充当了最合适的角色,经过云处理的大数据才能实现价值,两者正在不断深度结合,未来两者的关系将更为密切。

很多人认为,未来三大热门技术指的就是 VR/AR、人工智能和区块链。前面说过,人工智能是未来人类生产生活的主要依托,其重要性毋庸置疑。除现实世界外,另一个虚拟世界将不断繁荣,属于计算机多媒体和人机交互技术的 VR/AR,将是未来人类在现实世界和虚拟世界切换的必要工具。区块链起源于虚拟世界的比特币,但并不局限于货币,其去中心化的特质让它将数据准确安全地从中心节点扩展到全网络,可以在金融、保险、医疗、政务等领域大显身手。三个技术的发展前景不可估量,它们也因此被写入了国家的产业发展战略。未来在它们的带动下,将产生大量创业和就业机会,许多大学也抓紧启动了学科改革,开设了相应的课程。

信息智能的发展,需要机器提供更强的算力,更优的算法、更专业的平台、更高效的网络、更有效的数据,因此可以预见的是,代表算力的芯片技术,代表算法的人工智能技术,代表平台的软件技术,提供、处理数据的大数据和云处理技术,包括计算机程序设计、数据库开发、多媒体处理、数据存储、信息安全以及底层的机械、电子、计算机硬件、网络、通信、传感、控制等技术在人类永无止境的追求之下会得到持续不断的发展。

22.5　信息智能技术的典型应用

22.5.1　信息化办公

办公信息化(Office Automation,OA),信息化办公是指在办公过程广泛运用信息化技术、办公数字化、办公无区域化、办公无时差化等,实现将组织与异地的分支机构、人与人、上下级部门之间组成了网状结构,可以保持实时联系;即使网络中的每个人身处异地,也能及时了解和处理单位事务;即使相隔万里的多个人之间,也可以同步协调工作;还可处理文本、语音、图形、图像、动画、视频等多媒体数据。

按照办公信息系统所能支持的最高层次,办公信息系统可划分为事务处理型、信息管理型和决策支持型 3 种。办公信息系统也可以按其所服务的组织机构划分为若干层次。例如,政府办公信息系统有中央部委、省市、地、县等办公信息系统之分;企业有总公司、分公司、工厂、车间等层次的办公信息系统;此外,社会团体等也有相应的分级结构。各层次还可按功能划分为若干子系统。办公信息系统还可按行业的特点划分为以下类型:① 事务型。以文字处理和事务处理为主的办公信息系统,如行文系统、订单处理、民航订票、编辑出版、图书馆等。② 专业型。服务对象为多种专业机构,如律师、会计、审计事务所和设计院等。③ 案例型。以案例为主的办公信息系统,如用于法院、公安、医院等的办公信息系统。④ 生产型。以生产管理为主,主要涉及生产的计划、组织、指挥、控制等,而以经营管理为辅,或称生产经营型办公信息系统。⑤ 经营型。以经营管理为主,主要涉及市场需求、供销流通、预测决策、用户服务等,如用于银行、公司、商店等的办公信息系统。⑥ 政府型。如各级政府的办公系统及其信息中心等。

常见信息化办公设备如表 22-5 所示。

表 22-5　信息化办公设备

设备名称	具体解释	图示
传真机	FAX,备有传真硬件和软件的微机也可发送和接收传真图像,是企、事业单位常用的通信工具之一	
打印机	Printer,也称作列印机,是一种电脑输出设备,可以将电脑内储存的数据按照文字或图形的方式永久输出到纸张或者透明胶片上。打印机的种类很多,按打印元件对纸是否有击打动作分为击打式打印机与非击打式打印机;按打印字符结构分为全形字打印机和点阵字符打印机;按一行字在纸上形成的方式分为串式打印机与行式打印机;按所采用的技术分为柱形、球形、喷墨式、热敏式、激光式、静电式、磁式、发光二极管式	
复印机	Copier,指静电复印机,是一种利用静电技术进行文书复制的设备。复印机属模拟方式,只能如实进行文献复印。复印机按工作原理可分为光化学复印、热敏复印、静电复印和数码激光复印 4 类。今后将向数字式复印机方向发展,使图像的存储、传输以及编辑排版(图像合成、信息追加或删减、局部放大或缩小、改错)等成为可能,可通过接口与计算机、文字处理机和其他微处理机相连	
扫描仪	Scanner,利用光电技术和数字处理技术,以扫描方式将图形或图像信息转换为数字信号的装置。通常被用于计算机外部仪器设备,通过捕获图像并将之转换成计算机可以显示、编辑、存储和输出的数字化输入设备。可分为笔式、便携式、滚筒式、馈纸式、平面扫描仪等类型。	
电话	略	—
标签打印机	标签打印机指可以编辑多种文字、条形码等多种字符,通过热转印的打印方式打印在不干胶贴纸上的打印机,可以应用在办公室、工厂、电厂、仓库及商场等多种场合	
电子白板	一种多媒体教学设备,安装在学校用于教学的教室或大厅中。电子白板通常由台式计算机、触摸式白板、投影仪、音响、话筒等电子设备组成,是一种新兴、电子化、智能化的教学模式。有些地区的学校已经将电子白板和学生的电子书包联合起来	

22.5.2　信息化家庭

信息化家庭,又称数字网络家庭(Home Network),指融合家庭控制网络和多媒体信息网络于一体的家庭信息化平台,是实现家庭信息设备、通信设备、娱乐设备、家用电器、自动化设备、照明设备、保安(监控)装置及水电气热表设备、家庭求助报警等设备互连和管理,以及数据和多媒体信息共享的系统。家庭网络系统构成了智能化家庭设备系统,提高了家庭生活、学习、工作、娱乐的品质,是数字化家庭的发展方向,也是家庭网的发展方向。其实质是现代信息技术的家庭化,通过信息资源的深入开发和广泛应用,不断提高家庭管理水平、生活效率和生活质量,促进家庭社会化。狭义而言,家庭信息化是指通过有线或无线方式,在家庭内部建立集家庭控制网络和多媒体信息网络于一体的家庭信息化平台,可实现信息设备、通信设备、娱乐设备、家用电器、自动化设备、家居设施（照明及水、电、气、热等表设备等）、家庭安防设施（监控及家庭求助报警等设备）等家居设备的互联、管理以及信息化资源的共享和控制。

22.5.3　行业数字化和智慧化

目前，新技术、新模式、新业态、新产业的快速发展，已成为经济发展的新动能和新增长点，国家也正在大力推动数字技术与实体经济深度融合，无论是“互联网 +”概念的提出，还是 2018 年在福州召开的首届数字中国建设峰会和乌镇召开的第 5 届世界互联网大会，都在引领着时代经济科技发展的潮流。随着技术的飞速发展，智慧应用已无处不在，根据国家规划，九大重点领域示范工程分别为智能工业、智能农业、智能物流、智能交通、智能电网、智能环保、智能安防、智能医疗、智能家居。表 22-6 列出了智慧技术在几个典型行业的应用。

表 22-6　智慧化技术的应用

名称	具体解释
智慧医院	利用互联网、物联网、云计算、大数据等相关技术，通过智能化检测、互联互通来实现居民和医务人员、医疗机构、医疗设备之间无障碍互动，包括友好的医患交流、智能检测、智能医疗服务、医疗事业管理等。 【远程医疗】通过计算机技术、遥感、遥测、遥控技术，充分发挥大医院或专科医疗中心的医疗技术和医疗设备优势，对医疗条件较差的边远地区、海岛或舰船上的伤病员提供远距离诊断、治疗和咨询服务，旨在提高诊断与医疗水平、降低医疗开支、满足广大人民群众保健需求的一项全新的医疗服务。目前，远程医疗技术已经从最初的电视监护、电话远程诊断发展到利用高速网络进行数字、图像、语音的综合传输而实现实时的语音和高清晰图像的交流，为现代医学的应用提供了更广阔的发展空间
智慧校园	以传统校园和网络技术为基础，通过信息化手段和工具来实现校园环境、资源、人员活动数字化，为师生和管理者提供数字化服务，通过多媒体技术，直观生动地呈现知识，提升教师教学效率和学生学习兴趣，让知识更易理解。 【网络教育】又称电子教学、现代远程教育，是一种通过电子通信手段来实现远距离教学的数字化教学系统，是传统教学环境的重要辅助形式，解决传统面授教育存在的局限，实现信息时代全民教育、优质教育、个性化学习和终身学习
智慧政务	又称电子政务，以现代信息技术为基础，构建移动互联网公共服务平台，具备政府信息公开、各类信息可查、随时随地可用的功能，全方位覆盖市民日常生活，通过将政府管理和服务职能整合优化来实现公共管理高效精准、公共服务便捷惠民，社会综合效益显著
智慧警务	整合各警务部门海量离散的数据，利用云计算、大数据、视频分析等技术，提供一站式大数据分析及应用服务，为信息检索、情报研判分析和科学决策提供全方位支撑，可大幅提升警务工作效率，并促进业务、管理的重大变革
智慧交通	依托传感技术及 ICT 技术，基于交通信息网络、城市道路交通信息系统和交通监控信息资源，使用统一管控平台，加强对城市主干路网交通信息和运营车辆的动态信息采集、汇总、融合，从而提高运输效率、缓解交通阻塞、提高路网通行能力，减少交通事故，降低能耗

续表

名称	具体解释
智能泊车	依托停车场后台管理系统和门禁、地磁、红外感应等装置，连接管理平台和用户手机终端来实现车位预告、车牌识别、自动导航、自动泊车、智能付费等功能，可合理疏导车流，优化停车管理
智慧水务	通过数据采集、无线网络、水质水压表等在线监测设备，实时感知城市供排水系统的运行状态，并采用可视化的方式有机整合水务管理部门与供排水设施，形成城市水务物联网，可将少量水务信息进行及时分析与处理，并做出相应的处理结果辅助决策建议，以更加精细和动态的方式管理水务系统的整个生产、管理和服务流程
智慧井盖	由于井众多，涉及燃气、供热、供水、雨水、污水、中水、电力、照明、通信、信息、交通、公安交通、广电等行业，为方便管理，通过物联网技术来实现井盖智能化管理，防止井盖丢失，当漫水超一定数值将自动报警，实现状态监控、实时报警、自动巡检、及时处置等功能
智慧城市	应用包括园区、社区、商场等，把新一代信息技术充分运用在城市的各行各业之中，是城市信息化高级形态。智慧城市基于互联网、云计算等新一代信息技术以及大数据、社交网络、微观装配实验室（Fab Lab）、智能家居控制系统（Living Lab）、综合集成法等工具和方法的应用，营造有利于创新涌现的生态，实现全面透彻的感知、宽带泛在的互联、智能融合的应用，以及以用户创新、开放创新、大众创新、协同创新为特征的可持续创新

除此之外，智能化、数字化广泛用于农业、旅游、环保、消防、物流等领域，涵盖各行各业。

22.5.4 智能条件下的生活和工作

（1）信息化生活和工作体验

工作和生活是人类最重要的活动。人类文明发展至今日，信息化技术已趋于成熟，并在日常生产生活中不断应用更新，给人们的工作生活带来了极大便利，前期只出现在影视文学作品里的虚幻场景很多都演变成了现实。下面让我们体验一下现有技术条件下智能化的一天吧。

清晨，一支悠扬淡雅的歌曲逐渐唤醒主人，在声控操作下，灯光开启至合适亮度，窗户、窗帘自动打开，新的美好的一天从此开启。

进入卫生间，感应灯自动亮起，在背景音乐下，主人舒服地完成了洗漱。离开时，电器自动关闭。

餐厅内，牛奶和面包均已按昨夜的程序自动加热，家庭成员开始享受健康早餐。

吃完后，走进更衣室，天气预报提示室外温、湿度条件和着装建议。

离开家门，不用烦琐的检查，一键确认。此时，灯光全部熄灭，电器停止运行，门、窗全部关闭。同时，安防系统开始布防，监控摄像头开始启用。

无人驾驶车辆根据预定行程程序行驶，自动日程表提示今日重要事项及预定时间。把孩子送到学校、妻子送到商场后，男主人今天首先要拜访一位重要客户。车辆行驶到达客户办公区自动停车，下车后，办公区的自动泊车系统将车辆安全入库。

门禁使用人眼和指纹双重识别,可视电话将来客信息即时送至客户秘书,秘书迅速向领导请示后,邀请男主人到会客室会晤。

结束愉快会谈后,汽车将男主人送回自己办公室休息。此时,男主人想查看家里的宠物状态,因此,用手机登录打开了视联网系统,家中的各个关键位置一览无余。接着,男主人通过远程视频系统和远方的家人进行了视频通话,得知老家正在推行智慧农业,只需拍摄几张种植物叶子不同角度的照片并上传平台,大数据系统即可出具“诊断书”,并开出“药方”;在老家的养老院中,传统护工的工作已被机器人取代,他无比欣慰。接下来的时间,男主人使用办公自动化系统进行办公,办公过程便捷、高效、绿色,无纸化上传下达,语音智能识别,设计、绘图采用计算机辅助系统,大数据支持决策,视频会议远程可视,沟通交流畅通无阻,而他的合伙人则直接在家“SOHO”。

另一边,女主人通过自动约车系统约了一辆附近的专车,可控制高速段行驶的整个过程,车辆无须停留等待,直接通关,摄像头自动识别车牌,手机终端自动扣费。然后,女主进入商场挑选新衣服,其实她在前一天已进入网店进行了 VR 模拟试穿,虽然款式很喜欢,但还是有些不放心。进入实体店后,扫描系统对她的体形进行数据入库,开始了裸眼 3D 试装展示,几分钟内便可随意更换数十件服饰造型。对比几套服装效果后,女主人才开始真正试穿,果然和虚拟试穿的一样合身。然后,下单,手机扫码支付便携高效。买完衣服,女主人还与老朋友见了面,喝了咖啡,全程有机器人周到服务。最后,她进入无人超市购物,通过扫描识别、自动支付快速完成了购物全过程。人力成本的控制,使服务质量得到了进一步提高。

小主人所在的智慧校园中,无处不在的网络学习、融合创新的网络研究、透明高效的校务治理、丰富多彩的校园文化以及方便周到的校园生活,让小主人渡过了愉快的一天,今日的学习主题恰好是“做信息智能时代的主人”。

一天里,家里的家务机器人也没闲着,扫地、熨衣、浇花等一样也没落下,标准不比人工低。

下班途中,接完了妻子和小孩,手机指令通过无线网络发送,家里的空调启用、热水器加热。回家准备好食材后,剩下的工作都交给自动烹饪机,就可以等待吃饭了。当餐厅灯光调节、背景音乐打开时,全家人开始享受浪漫的晚餐。

晚餐后,利用家庭影院系统,家人一起看了一场最新的电影大片,交流了今天美好的用户体验,而自动洗碗机则代劳清洁碗筷等全部工作,减轻了大量劳动。

看累了,准备入睡。小机器人通过讲故事、哼歌成功地将小主人哄睡,灯光自动关闭,温湿度合理调节,保证了良好的睡眠环境。然后,夜视安防系统启用,全家安然入眠。

这就是信息智能化条件下真实的一天。信息化和智能化给生活、办公带来了颠覆性的变化,也给人类带来了极大便利。

(2) 智能家居体验

事实上,信息化家居带来的便利远非如此,其安防、自控、家电、综合信息服务等功能已十分强大。

① 智能安防。经身份验证,可以登录信息化平台并看到安防系统显示的实时状况和安防设备本身运行情况,选择布防或撤防;掌握家人回家时间和随行人员情况;区域介入报警,通过探测和监控结合,遇非正常入侵时,触发报警,同时通知主人和保安,监控系统

同步录像;视频监控系统可随时查看实时情况,音响系统可实现和房中的人对话预警,大幅提高了安全度。当家中有老人或孩子时,可通过放置一个无线发射器来准确地掌握人员位置,便于发生意外时寻找。真正实现图像声音并茂,可视可听、可监可控,可以有效地分辨和处理误报等传统问题,真正将住户和家里的安防系统互动起来。当设备出现问题时,同时通知主人和维护公司,两方协商上门维修时间。

② 自动控制。配套设施实现自动控制,通过网络控制灯光控制器、空调控制系统、吸尘系统、定时钟、自动喷淋系统、游泳池自动清扫和冲水系统、自动割草机、可视对讲系统、电话系统、镜子除雾系统、地板加热器、自动浇水器、窗帘自动开/关系统、无线电话号码告知器、漏水探测器、自动钥匙寻找器、动物驱赶器、烟雾探测器和煤气探测器等智能设备,并且可以显示其运行状态。系统出现问题时,通知业主的同时,通知维护公司上门维护。遇突发情况时,立即通知主人和相关的人员。主人外出时,可以登录平台,查看各种设备实时运行状况,并可随时更改设置,可以远程控制开关,不必担心出门时忘记关闭门窗、水龙头和煤气等。个人可自定义模式和参数,根据内外部温度、是否在家、时间等因素来设定设备的启停,也可设定程序让系统根据外部环境的变化来自动调节运行模式,甚至可以将计算机中编好的程序下载到各系统的控制模块中,大多数模块可采用嵌入式芯片作为主控芯片,实现独立运行而不再依赖总控计算机。

③ 智能家电。家中空调、冰箱和家庭影院等智能家电系统均上网。当系统出现故障时,自动发送信息到相关的服务中心,同时,也发给主人,通过网络服务中心和主人约定系统维护时间。可通过平台看到冰箱里存放食品,自动提示每天该购买的内容。如果和相关的商场联网,还可以告诉主人购买地点和物品价位。对方如果有配送中心,配合社区信息平台还可以实现网上购物。家庭影院系统可以根据设定,自动录制每天需要的新闻、电视剧、音乐会、流行的歌曲等节目,自由地支配时间观看。

④ 家庭综合信息系统。家庭综合信息部分包括财务管理、日程安排、家庭成员的个人档案和个人计划、生活常识咨询、兴趣爱好培养等。财务管理功能对家里的收入、支出、投资等进行有效管理,并给出合理化建议。日程安排功能对个人约会、家庭成员的生日、结婚纪念日和家庭成员其他集体活动等重要日程都可自动提示,确保不会因为工作繁忙而忘却一些重要的事情。生活常识咨询方面,如果家里有小孩需要照料,它可以给你小孩的饮食、护理和教育方面提出建议。当有老人需要护理时,可方便地给老人建立个人档案。

(3) 无人化生活体验

智能化不断取代传统人力,无人化是许多业态未来的发展趋势。

2016 年 8 月,中国首家无人超市落地广东,24 h 营业,首次购物时通过手机“扫一扫”进行实名注册后,当顾客进店购物时店门自动关闭,在十几平方米的空间内,无一工作人员,却拥有上千种日用品,打造一个完全属于个人的购物空间。由于无人工成本,商品价格优惠 20% ~30% 。顾客选择好商品后,全部置于收银感应台位置,系统显示总金额。当支付完成后,系统自动开门。出门时,感应门处摄像头自动识别是否还有其他未支付商品。购物过程发生任何问题,可随时联系在线客服。

2018 年 10 月 28 日,海底捞全球首家无人餐厅在北京正式营业,“吃货”们从等位、点餐、厨房配菜、调制锅底和送菜，店里没有洗菜工、配菜员、传菜员，只有机械手臂和机器人。

2018 年 11 月 11 日，阿里的无人酒店在杭州正式开业，酒店中没有一个服务员，顾客通过自动身份证认证和人脸识别后，机器人通过识别，核对客人身份信息，并启动引导程序，带客人入住房间。房间内的设备无须人工操作，通过天猫精灵下达指令；人脸识别后，酒店内的配套场所以及点餐消费全部自助，退房结算也只需手机轻松一点，全程无他人参与。

22.6　网络和信息安全

安全包含了物理安全和逻辑安全两个方面，其中物理安全涉及通信、计算机及相关设施的安全；逻辑安全则是指数据和信息的安全，包括了数字和信息的完整性、保密性和可用性等。任何一个方面受到影响都可能造成数据丢失、系统瘫痪、情报失窃等不可挽回的后果，因此要兼顾两个方面。

信息安全的研究起始于 20 世纪 60 年代，由于当时计算机结构简单，涉及安全的范围很窄，且相对简单。随着计算机性能的提高和广泛应用，网络、信息开始面临着巨大的风险和挑战，漏洞、后门、木马、病毒等层出不穷，黑客的攻击手段也是花样百出且日新月异，特别在云和交互性网络下，用户更容易受到安全威胁。当然，“道高一丈”的规律之下，加密、认证、协议等技术不断发展，各类防火墙、杀毒软件、入侵检测、漏洞扫描系统等开始流行，人们的防范意识也在不断增加。而随着法规政策相继出台，信息安全、网络安全的研究和应用也逐渐成为国家战略，未来的安全将在融合开放的大背景下继续探寻新的发展方式。

（1）信息安全

指信息系统（包括硬件、软件、数据、人、物理环境及其基础设施）受到保护，使信息及信息系统免受未经授权的进入、使用、披露、破坏、修改、检视、记录及销毁，确保系统连续可靠正常地运行，且使信息服务不中断，最终实现业务连续性。它涉及计算机科学、网络技术、通信技术、密码技术、信息安全技术等综合性技术，主要包括信息的保密性、真实性、完整性、未授权拷贝和所寄生系统的安全性。网络环境下的信息安全体系是保证信息安全的关键，包括计算机安全操作系统、各种安全协议、安全机制（数字签名、消息认证、数据加密等），直至安全系统，如 UniNAC、DLP 等，只要存在安全漏洞，就可以威胁全局安全。

（2）网络安全

网络安全是指网络系统的硬件、软件及其系统中的数据受到保护，不因偶然、恶意的原因而遭受破坏、更改、泄露，且系统连续可靠正常地运行，网络服务不中断。它包含网络设备安全、网络信息安全、网络软件安全，具有保密性、完整性、可用性、可控性、可审查性的特性。

保密性是网络安全信息不泄露给非授权用户、实体或过程、供其利用的特性；完整性是数据未经授权不能进行改变的特性，即信息在存储或传输过程中保持不被修改、不被破坏和丢失的特性；可用性是可被授权实体访问并按需求使用的特性，即当需要时能否存取所需的信息,如网络环境下拒绝服务、破坏网络和有关系统的正常运行等都属于对可用性的攻击;可控性是对信息的传播及内容具有控制能力;可审查性是出现安全问题时提供依据与手段。

22.7 未来展望

知识经济时代信息呈爆炸式增长,如果第三次技术革命——信息革命已经开始,那么基于大数据、云计算和物联网的人工智能最有可能引爆第四次技术革命。

2003 非典过后,催生了一些新的行业,以电商最为典型,淘宝和支付宝就从彼时兴起,同时,通信宽带业务也得到井喷式发展,包括电视、电话及可视电话、电视会议、网络视频等均为如此。

2020 新冠疫情期间,各种业态也在悄然发生改变,有理由相信,不久远程教育、在线医疗、居家办公、新型物流,无人经济等将加速迎来“春天”。其实居家办公的“SOHO”一族早已大有人在,除了在线销售产品和服务可以赚钱,通过流量也一样可以吸引广告从而发家致富。人们长期居家让抖音和快手组成的“消遣”时代继门户时代、社交时代、购物时代后迅速崛起。而疫情过去后,基于网络的一些新常态很可能会形成,包括了送药、送书等不常见物流配送,包括多功能多出口的综合服务 APP,还包括无人超市、自助食堂等无人化经济,远程服务和同城服务内容更加多样,多样化的需求让个性定制也将成为可能,而 5G、区块链、VR、AR 等项目也将加速上马……

展望未来,互联网通信、智能终端、大数据、物联网、人工智能等将不断融合,人类的工作、生活、学习的环境和方式等将迎来颠覆性的改变,随着未知领域的不断探索,更多不可能将成为现实。基于目前的技术发展态势,未来信息智能的发展将呈现出以下趋势。

(1) 创新驱动经济、社会快速发展,知识经济、数字经济、共享经济蓬勃发展。

(2) 信息时代生态系统加剧重塑。

(3) 信息开放程度越来越高,全球化加速。

(4) 技术融合、跨界融合形成常态,学科交叉、知识交叉进一步加速。

(5) 生产生活场景全面信息化,车辆交通、家居家电、工业生产等各行各业充斥着科技元素。

(6) 在人性第一原则之下,以人为本成为时代主题。

(7) 环保与节能变得更为重要。

再乐观地预测下几个热门的信息智能技术的未来。

(1) 网络进入万物相连和时空互联时代

智能家居、日常办公、穿戴设备等让万物互联互通的时代雏形已然呈现。物联网之后,可视网(Visual Network)、意图网(IBN)、语义网(Semantic Web)、共生网(Symbiotic Web)、同步网(Simultaneously Web)、智慧网(Intelligent Web)、大规模网络(Massive Web)等下一代概念网也将出现。5G、6G 通信也将成为现实,网络将超越时空,连接过去与未来。新的网络功能更加强大,也将更方便、快捷和安全。

（2）机器人将在不同场合应用

现在机器人出现最多的地方还仅停留在工厂车间和工程中，未来见到的机器人将不断增多，酒店、餐厅、商场、家庭等都能看到，它们功能外形各式各样。

（3）AR、VR主导体验型生活

今天远程服务和线下服务各具特色，但单方面来说，无论是购物，还是教育、医疗、娱乐等都存在着不可避免局限性。未来基于AR、VR的人机交互和多媒体技术，能让人在虚拟和现实之间随意切换，让兼得“鱼和熊掌”成为可能。

（4）虚拟世界不断繁荣

虚拟社区、虚拟货币、虚拟形象、虚拟社交等虚拟技术不断完善，将带来另一个世界的不断繁荣。

（5）智能终端功能更加强大

更多人性化应用开发成为现实，应用终端可实现更多功能，满足人类各类需求。同时，虚拟终端也将出现，随时随地无需终端也可在空气幕中实现通信和各种信息应用。

（6）芯片技术得到突破

高端芯片技术得到突破，芯片性能不断得到提高，体积不断缩小，可满足人类各式需求，探索外太空、深入海底等计算需求得以满足。在芯片算力提升下，智能家居、智能办公更为人性化。

（7）自动无人技术

依托高速计算、复杂判断和实时控制的无人技术在5G、大数据和人工智能的发展下不断成熟，无人驾驶汽车等进入生活应用。

（8）新技术新材料不断应用

云技术、量子通信、纳米材料、石墨烯、新能源、3D打印等在信息、智能领域得到不断应用。

（9）工业进入3.0、4.0时代

两次工业革命后，工业3.0时代在自动化基础上，广泛应用电子、信息、数字、智能技术，进一步提升生产制造过程的自动化控制程度。而未来的工业4.0将应用更多的机器人，逐步全面替代人类体力和脑力劳动，中国智造、高端制造迎来高速发展。

（10）面临新挑战

病毒技术，黑客技术水平不断提升，网络信息安全形势日益严峻，信息基础设施建设和个人信息保护将面临严峻挑战。全球化条件下的竞争异常激烈，技术迭代速度加快。

套用一句流行歌词，信息智能正处在一个“最好的时代也是最坏的时代”，因为各式新需求五花八门，而各路新技术百花齐放，各行各业迎来了一个前所未有的“大洗牌”，似乎到处都是机会。而现实的市场和残酷的全球化竞争会将任何跟不上节拍的企业、产品、应用、创业者等悉数淘汰，生存法则之下，没有人能够幸免，自然生态机制被展现得淋漓尽致。

技术时代的更替标志并非发明应用了某个新理论或技术，而是成型的产品推广到了每家每户并被广泛接受，正如当年的电视和今天的智能手机。回眸三四十年前，对绝大多数人来说，那时没有手机、没有网购，没有社交平台，生活的最大的娱乐只有电视，但似乎人们都很快乐。当时代将所有新技术推到了人们面前，就连“铁老大”“电霸”“三桶油”从最初的不屑到最后“火线加入”时，大众如何才能回绝？不可否认，这是时代的进步，但还是要看到，它同样剥夺走了时间和自由。今天，网络聊天群已然没有当初的热闹了，聊天工具也因为工作生活的无缝连接让许多人感到懊恼，快乐似乎突然变成了奢侈品，经历纷繁芜杂的喧嚣之后，可能越来越多的人会在闲暇之余选择返璞归真的田园生活。最后，愿科技真正造福人类！

参考文献

[1]朱林根. 现代建筑电气设计施工手册[M]. 北京:中国建筑工业出版社,1998.
[2]任广平. 市话通信电缆线路施工与维护[M]. 北京:解放军出版社,1994.
[3]俞兴明. 通信传输线缆的设计制造及测试[M]. 北京:国防工业出版社,2011.
[4]潘品英. 新编电动机绕组布线接线彩色图集[M]. 北京:机械工业出版社,2000.
[5]丁士昭. 通信与广电工程管理与实务[M]. 北京:中国建筑工业出版社,2018.
[6]杨波,周亚宁. 大话通信[M]. 北京:人民邮电出版社,2012.
[7]孙青华. 光电缆线务工程[M]. 北京:人民邮电出版社,2011.

致　谢

在此书完成之际，需要感谢的人很多。

首先，要感谢吴先生。2005 年刚入行时，我还是一个菜鸟，经过一个月的潦草集训后便直接开工了。在半年内，我面对了不下 50 位不同层次、不同风格的教员，尝试了各种学习方式。在多数情况下，通信专业授课是从“帧结构、开销”入门。我未到“门口”就已晕头，但环境逼着自己速成。经历辗转反侧，我向吴先生提议是否可以从线缆、接头等看得见、摸得着的简单要素入门？作为资深通信人，他肯定地告诉我“没人干过，但完全可行”，并鼓励我多观察，多摸索，多提问，多总结，所谓条条大路通罗马，坚持走下去，只要大致方向没错，绕点弯路还是能到达终点的。很多登入殿堂的通信人往往不屑于线缆等基础设施这类“边边角角”，认为不值得一谈，但恰恰相反，它们很重要，它们甚至暗藏一把通向近路的“金钥匙”。目前，吴先生已从通信转行到监察行业，此间跨度也是十万八千里，相信也会遇到当年我跨行入门问题。鉴于职业的“敏感性”，我与他联系甚少，但我心依旧停留在 2005 年的那个山清水秀的山沟，人单纯、饭量好，仿佛彼此还在严肃地交流业务。没有他当年的鼓励，就不会有我今天的心得。

到目前为止，信息和通信仍然是两个若即若离的兄弟——分与合，很大程度上仍取决于领导决心、专家意图，甚至是某个经办项目的预算。当然，时代的滚滚车轮势不可挡，“信、通”两兄弟最终必将走向密不可分的深度融合，而不是当初为了“做大、时尚”才把信息化生硬加入通信大家庭。说到信息化，这里要特别鸣谢大潘和聪哥两位兄弟——信息技术的急先锋，其共性是才高、人帅、低调，特别是在网络、数据、音/视频方面，通过多个工程施工积累了丰富的经验，又在解决实际难题中不断完善知识结构，顺便做成了“大家”。他们在本书的信息化相关章节给予了极大的支持。另外，他们的另一个相似点是执着——无论是工作还是生活，当年大城市大 BOSS 向他们伸出橄榄枝时，他们或是顾家，或是情怀，仍然过着平淡日子，不为其所动，这一点我甚是佩服。

其次，要感谢刘高工和飞飞，一位是 30 多年传输专业资深专家，另一位是无线领域技术大拿，分别在有线传输、无线相关章节给予了大力帮助。通信原理相同，但方式千差万别，有线无线、传输交换、水风电气，虽然一专多能的人才大有人在，但要把所有技术问题都摸透实在太难，如现在大型的通信枢纽依然存在专业分工。至于学习，术业有专攻，一开始不必贪大求全，先从某一个专业入手，由简至繁、循序渐进，待学透学精后，再去抓下一个专业，慢慢培养综合业务能力，这样也符合科学规律。

另外，要感谢思贝、小郭、华伟、余磊等兄弟姐妹在关键时刻的拔刀相助，使我攻克学术内外的部分障碍。

最后，要感谢我的家人。事实上，创作的整个过程是痛苦的，耗烟、费脑且特别耗时。由于自身工作繁忙，基本上是利用晚上和周末的时间进行写作，所以牺牲了大量陪伴家人的时间，虽然其间也出现了许多不和谐的小插曲，但最后还是得到家人理解。相比成稿后的喜悦——终于可以不用加班了，一切困难也将随风而去。我认为，人还是要有“诗和远方”的，特别是到了中年，在知识、时间、物质基础有一定积累的条件下，完全可以厚积薄发的动力去实现儿时的梦，大胆地放开去做，不要消磨宝贵的时光，不必留下“遗憾是美”的错觉。